키트루다 스토리

키트루다 스토리

2022년 10월 7일 초판 1쇄 찍음
2024년 4월 19일 초판 3쇄 펴냄

지은이　김성민
일러스트　김성민
책임편집　다돌책방
디자인　프라이빗엘리펀트
본문조판　아바 프레이즈
마케팅　서일

펴낸이　이기형
펴낸곳　바이오스펙테이터
등록번호　제25100-2016-000062호
전화　02-2088-3456
팩스　02-2088-8756
주소　서울 영등포구 여의대방로69길 23, 한국금융아이티빌딩 6층
이메일　book@bios.co.kr

ISBN　979-11-91768-04-6　03470
ⓒ 김성민

책값은 뒷표지에 있습니다.
사전 동의 없는 무단 전재 및 복제를 금합니다.
이 책에 사용된 일러스트의 저작권은 바이오스펙테이터에 있습니다.

키트루다 스토리

KEYTRUDA

머크 Merck & Co.는
어떻게
면역항암제를
성공시켰나

김성민 지음

BIOSPECTATOR

들어가는 말

'면역항암제도 기존 항암제와 같이 암의 종류와 세부 적응증(indication)을 고려해 개발해야 합니다! 그렇게 키트루다를 성공시켜 가는 머크를 이해해야 합니다.'

운이 좋게 2016년 기자 일을 시작했다. 기자 일이라는 것은 어딘가에 속하기 어렵다. 과학자처럼 어떤 분야를 깊게 알기 어렵고, 신약개발자처럼 머리와 손으로 직접 물질을 만들어내지도 못한다. 의사처럼 현장에서 환자를 치료하고 생사를 결정하는 순간을 맞기도 어렵다. 기자는 수많은 사람과 수많은 일을 만나지만, 그 자체로는 과학도 산업도 의료도 아닌 애매한(?) 위치에 있다.

그런데 기자라는 일이 가진 이런 애매함이, 누군가에게 특별한 도움이 될 수도 있겠다는 생각이 들었다. 기초 과학자를 만나보고 신약개발자를 만나보면 서로 다른 점이 많다는 것을 알게 된다. 신약개발자와 의사도 마찬가지다. 기자이기에, 이 모든 사람들을 따로따로 만나보며 알게 되는 것들이다. 기자가 되어 이들을 만나서 궁금한 것을 물어보면, 모두가 속시원하게 설명해주지 못했다. 모두 자기 분야에서 연구와 공부를 게을리하지 않는 성실한 사람들이었지만, 오히려 그렇게 매일매일 충실한 하루를 보내고 있었기에 옆에서 어떤 일이 벌어지고 있는지 알 수 없었던 것 같다.

　그런데 시간이 지나면서 나에게 질문하는 사람들이 생겨나기 시작했다. 기자는 여러 사람을 만나고, 여러 가지 일에 관심을 기울여도 된다. 이 과정에서 얻게 된 것들 있었다. 그리고 그것들로 할 수 있는 일이 있겠다는 생각이 들었다. 책을 써보자는 욕심을 내게 되었고, 욕심을 채우다보니 세 번째 책까지 오게 되었다.

　내가 기자 일을 시작하던 2016년은 면역항암제라는 개념이 항암제 분야에 자리 잡기 전이었다. 면역항암제에 쏠리는 관심은 대단했고, 그 속에서 매일같이 발표되는 큰 규모의 인수 딜(deal)과 임상 결과들을 따라가기 바빴다. 돌이켜보면 정확하게 무슨 뜻인지도 모르고 기사를 썼던 것 같다. 그런데 나만 그랬던 것 같지는 않다. 면역항암제 분야 전문가, 신약개발자, 애널리스트 모두 예상하지 못한 의외의 실패와 의외의 성공이 연이어 터지고는 했다.

　나는 글로벌 면역항암제 업계 소식을 따라가는 한편, 차세대 면역항암제를 개발하겠다는 여러 바이오테크 관계자들을 만날 수 있었다. 한 이벤트를 들여다보고 이제 조금 알겠다는 느낌을 받고, 한 명의 전문가를 만나면 어느 정도 알 것 같은 기분이 들었지만, 이런 느낌과 기분은 자고 나면 금세 사라지고는 했다. 그러다가 머크(MSD)라는 회사가 궁금해지기 시작했다. 아마 2019년 중반 즈음이었던 것 같다. 2019년에 한국과 외국의 면역항암제 소식을 취재하면서 키트루다에 대해 쓴 기사가 100개도 넘었다. 2018년은 머크의 키트루다 매출액이 선발주자였던 BMS의 옵디보를 앞지른 해였는데, 자연스럽게 머크를 볼 수밖에 없었을 것이다.

머크를 취재하면서, 구체적으로 설명할 수는 없지만 무언가 다르다는 느낌을 받고는 했다. 새로운 면역항암제 약물의 메커니즘이나 화려한 임상개발 전략만으로는 머크를 설명할 수 없었다. 머크를 움직이는 더 큰 뭔가가 있는 것 같았다. 머크와 키트루다에 관심을 가지게 되었고, 매일 같이 발표되는 면역항암제에 대한 소식을 정리했다.

정신없는 2019년을 보내고 키트루다에 대해 뭔가를 써보고 싶다는 막연한 결심을 하게 됐다. 면역항암제를 취재하면서, 면역항암제도 기존 항암제처럼 적응증을 바탕으로 이해해야 한다는 생각이 들었다. 머크의 키트루다와 BMS의 옵디보 사이에 좁히기 어려운 차이가 벌어지고 있었고, 머크는 암 치료제 임상시험에서 마술 같은 일들을 보여주고 있었다. 머크가 키트루다를 가지고 벌이고 있는, 여러 암에서 나타나는 복잡한 사건들을 바이오테크 신약개발자에게 한 호흡에 알려주고 싶다는 마음이 들었다. 이전 두 권의 책에서는 과학과 산업에 초점을 맞춰서 글을 썼다면, 세 번째는 산업과 임상 현장 쪽으로 옮겨보고 싶은 생각도 있었다. 산업은 과학보다 느릴 수 있지만, 과학이 증명되는 최전선이기 때문이다. 2021년 말까지 키트루다와 관련해서 쓴 기사 235건을 정리했고, 책을 만들면서도 계속해서 기사를 썼다. 그렇게 쓴 276건의 기사를 바탕으로 책 작업을 진행할 수 있었다. 면역항암제라는 키워드로 쓴 700여 건의 기사도 책 작업을 하는 데 도움이

되었다.

2022년 10월 현재는 제약기업과 바이오테크 모두에게 어려운 시기다. 2021년 말부터 투자유치와 기업공개(IPO), 창업, 인수 딜 모든 면에서 정체를 겪고 있다. 많은 글로벌 회사들이 문을 닫고, 대규모 구조조정이 이어진다. 제한된 자원으로 임상개발에 초점을 두면서 초기 연구를 중단하고 있다는 소식도 끊이지 않는다. 누군가는 이러한 어려움이 1년, 길게는 2년까지도 갈 것이라고 내다본다.

그러나 이는 한편으로 기회의 시간이기도 하다. 시장의 침체 속에서도 사이언스의 진전은 멈추지 않기 때문이다. 2022년 7월 미국의 대표 생명과학 벤처캐피탈인 아치 벤처 파트너스(ARCH Venture Partners)는 어려운 시장 속에서도 지난 35년간 가장 큰 규모인 29억 7,500만 달러 규모의 12번째 펀드를 마감하면서, 그 어느 때보다 강한 의지를 드러냈다. ARCH 공동창업자인 로버트 넬슨(Robert Nelsen)은 "사이언스는 시장이 어떤 상황인지 상관없이 앞으로 나아간다"라는 말로 업계를 응원했다.

어떻게 보면 지금이 가장 사이언스가 절실한 때가 아닐까. 비록 아직도 모르는 것이 많지만, 이 책으로 꿋꿋하게 자기 일을 해내려는 바이오테크의 누군가에게 작은 영감과 용기를 줄 수 있기를 바란다. 기존 항암제와는 달리 체내 면역 시스템을 이용하는 PD-1 면역항암제라는 키워드로 시작한 키트루다가, 시판된 지 8년 만에 '전 세계에서 가장 잘 팔리는 약'이라는 타이틀을 거머쥐기 직전이라는 점은, 우리 모두에게 희망이자 용기가 될 것이다.

고마운 분들이 많다. 『바이오스펙테이터』의 편집장이고 나의 보스인 이기형 대표는 책을 쓸 때마다 용기를 북돋고 긴 작업을 기다려주었다. 글을 쓰는 것이 두려워지고 생각이 정리가 안 될 때마다 매번 진지하게 고민을 경청해주었다. 서일 부장의 지원 또한 만만한 것이 아니었다. 서윤석, 윤소영, 신창민, 엄은혁 기자는 옆에서 힘이 돼 주었다. 동료들과 일상의 기쁨을 함께하고 고통을 나누는 것이 회사를 다니는 큰 축복이다. 한편으로 늘 애정의 눈빛으로 마음을 써 주신 바이오테크 분들께도 감사의 말씀을 드린다. 나의 스승과도 같은 분들이다.

마지막으로 세상에서 가장 존경하는 두 분 아버지 김형배와 어머니 김영선, 그리고 나를 가장 잘 이해해주는 언니 김정민에게 사랑한다는 말을 전한다.

2022년 10월
김성민

차례

들어가는 말 5

I   머크와 BMS 21
    새로운 판 23
    폐암 24
    비소세포폐암(NSCLC) 25
    비소세포폐암 치료제 29
    표적항암제 32
    KEYNOTE-024 35
    KEYNOTE-189, KEYNOTE-407 38

II   펨브롤리주맙과 이필리무맙 51
    아스트라제네카와 로슈 53
    머크와 BMS의 과거 56
    테제네로와 CD28 항체 58
    펨브롤리주맙(pembrolizumab) 60
    이필리무맙(ipilimumab) 62
    여보이(Yervoy®) 64
    옵디보(Opdivo®) 68
    키트루다(Keytruda®) 69
    KEYNOTE-001 71

III 5%와 50% 83
    바이오마커 기반 면역항암제 85
    PD-L1 발현 5 vs. 50 88
    MSI-H/dMMR 91
    신약개발에서 바이오마커가 주는 현실적인 어려움 101

IV PD-L1과 TMB 109
    마법의 탄환 프레임 111
    TMB 112
    키트루다의 역전 116
    전향적 연구와 후향적 연구 122
    과학적 사실 126
    완전관해(CR) 100% 129

V TNBC 141
    유방암 143
    허셉틴(Herceptin®) 144
    호세 바셀가(José Baselga) 149
    TNBC 155
    티쎈트릭과 아브락산 159
    화학항암제와 키트루다의 병용투여 163
    항체-약물 접합체(ADC) 169
    과학에서의 보수성 173
    바이옥스(VIOXX®) 사태 176

VI 신장암 195
   신장암 197
   수니티닙(sunitinib)과 파조파닙(pazopanib) 203
   신장암 치료제 옵디보 208
   PD-1+TKI vs. PD-1+CTLA-4 211
   키트루다와 엑시티닙, 키트루다와 렌바티닙 216
   HIF-α 220

VII 키트루다를 가능하게 만든 것들 235
   프레이밍 237
   로저 펄뮤터(Roger M. Perlmutter) 239
   병용투여 244
   규제기관 251
   사람 256
   1~3A기 비소세포폐암 260
   로슈, BMS, 머크의 최근 데이터 266
   수술 전후 보조요법 271
   메커니즘이라는 함정 272
   데이터라는 장벽 274
   깐깐한 장인(匠人) 277

찾아보기 285

그림 차례

[그림 1_01] 시작점에 따른 폐암의 분류 26
[그림 1_02] 발생 위치에 따른 폐암의 구분 27
[그림 1_03] 전이성 폐암 치료제 프레임 30
[그림 1_04] ECOG 1594 연구 결과 33
[그림 1_05] PD-L1 고발현 비소세포폐암 1차 치료제 대상 KEYNOTE-024 임상3상 전체생존기간(OS) 5년 추적 결과 40
[그림 1_06] KEYNOTE-189 임상3상 결과 40
[그림 1_07] 기존 항암제와 면역항암제의 처방 순서에 따른 생존 기간 차이 42
[그림 1_08] 폐암에서 면역관문억제제 진전에 대한 타임라인(2015-2020) 46
[그림 2_01] PD-1/PD-L1, CTLA-4 면역관문억제제 작용 메커니즘 67
[그림 2_02] KEYNOTE-001 임상시험 타임라인과 주요 임상 디자인 변경 및 FDA 규제당국 마일스톤 정리 72
[그림 3_01] 예측 바이오마커(predictive biomarker)와 예후 바이오마커(prognostic biomarker) 개념 86
[그림 3_02] MSI-H/dMMR 암에서 PD-1이 항암 효능을 나타내는 메커니즘 93
[그림 3_03] MSI-H/dMMR 바이오마커 전략을 수립하게 된 KEYNOTE-160 임상시험 결과 94
[그림 3_04] 키트루다가 첫 바이오마커 기반 항암제가 되는 과정에서 FDA와의 주요 의사소통 98
[그림 3_05] MSI-H/dMMR 대장암 1차 치료제 대상 KEYNOTE-177 임상3상 결과 106
[그림 4_01] 키트루다와 옵디보의 매출액 변화 추이 118
[그림 4_02] 실패한 ICOS 임상에서 자운스가 바이오마커 가능성을 재분석한 결과 135
[그림 5_01] HER2 발현에 따른 HER2 양성/음성 정의 148
[그림 5_02] ASCO 2005에서 발표된 허셉틴 HERA 임상3상 결과 148
[그림 5_03] 엔허투 ASCO 2022 무진행생존기간(PFS) 데이터 152
[그림 5_04] 유방암 환자의 암 타입과 병기 단계에 따른 전체생존기간(OS) 차이 157
[그림 5_05] 머크가 WCLC 2020 발표한 KEYNOTE-598 주요 임상 결과 178
[그림 5_06] 초기 항암제 또는 면역항암제 신약 임상시험에서 확인한 임상1상, 임상2상, 임상3상 결과 184

[그림 5_07] 표적단백질 분해약물 PROTAC 작용 메커니즘 189
[그림 6_01] 면역항암제 분야에서 주요 마일스톤(1985-2020) 198
[그림 6_02] 전이성 신장암 표준치료에서 나타난 세 번의 변화(1992-2019) 204
[그림 6_03] VHL 변이 암에서 HIF-2α 벨주티판(belzutifan) 작용 메커니즘 222
[그림 7_01] PD-1/PD-L1 면역관문억제제와 병용투여하는 약물 추세(2011-2021) 252
[그림 7_02] 인사이트의 IDO 저해제 에파카도스타트와 키트루다 병용투여 ECHO-301 임상3상 결과 255
[그림 7_03] 비소세포폐암 수술 후 보조요법으로 이레사(gefitinib) 투여 시 임상 결과 264
[그림 7_04] AACR 2022, David Carbone 발표 자료 270

표 차례

[표 1_01] 병기 단계에 따른 암 치료 28
[표 1_02] 2022년 04월 기준 FDA 승인 표적항암제 시판 현황 36
[표 1_03] 키트루다가 비소세포폐암 1차 치료제로 자리잡는 데 결정적인 역할을 한 3개의 임상시험 결과 36
[표 2_01] 2021년 매출액 기준 상위 10개 제약기업 55
[표 2_02] 2021년 R&D 투자 기준 상위 10개 제약기업 55
[표 3_01] 첫 바이오마커 기반 항암제 신약개발의 근거가 된 5개 임상시험 97
[표 4_01] BMS가 옵디보+여보이 병용투여로 비소세포폐암 1차 치료제로 들어가기 위한 CHECKMATE-226 검토 과정 119
[표 5_01] 로슈가 SABCS 2015에서 발표한 TNBC 대상 티쎈트릭과 아브락산 병용투여 초기 임상시험 결과 161
[표 5_02] IMpassion130 vs IMpassion131 임상3상 디자인과 주요 결과 비교 168
[표 6_01] 신장암 치료제 분야에서 면역관문억제제 병용투여와 초기 치료제와 관련한 주요 마일스톤 212
[표 6_02] NCCN 2022 신장암 1차 치료제 가이드라인 선호 치료옵션(preferred options) 리스트 215
[표 6_03] 전이성 신장암 1차 치료제 시장에서 키트루다와 옵디보가 보여준 엇비슷한 결과 221
[표 7_01] 초기 비소세포폐암 환자 병리적 병기단계별(pathologic stage) 2년 후, 5년 후 생존율 262
[표 7_02] 비소세포폐암 수술 전후 요법 임상개발 현황 270

키트루다 스토리

2022년 6월, 머크는 키트루다를 투여받은 환자가 100만 명을 넘었다고 발표했다. 2024년 말에는 암 치료를 위해 키트루다를 투여받는 환자가 200만 명을 넘을 것이다.

I
머크와 BMS

머크(MSD)와 BMS는 폐암 치료제 개발 분야에서 경쟁을 펼치고 있다. 2022년을 기준으로 보면, 머크와 BMS의 경쟁에서 머크가 우세해 보인다. 머크의 키트루다(Keytruda®, 성분명: pembrolizumab)는 대부분의 암 치료법 프레임에 포함되어가고 있지만, BMS의 옵디보(Opdivo®, 성분명: nivolumab)는 상대적으로 뒤쳐진 편이다. 2021년 기준 키트루다의 매출은 172억 달러였고, 옵디보의 매출은 75억 달러였다.

새로운 판

2021년까지, 코로나19 mRNA 백신 제품을 제외하면 여전히 애브비의 '휴미라(Humira®, 성분명: adalimumab)'가 전 세계에서 가장 잘 팔리는 의약품이었다. 휴미라는 2012년부터 2021년까지 글로벌 매출액 1위 의약품이라는 자리를 지켰다. 2021년 휴미라는 207억 달러어치가 팔렸고, 같은 기간 키트루다는 172억 달러어치가 팔렸다.

그런데 10년 만에 순위가 뒤집힐 것으로 예상된다. 2022년 2분기 실적발표에서 키트루다의 분기 매출액이 처음으로 50억 달러를 돌파했다. 키트루다의 매출 상승세 또한 가팔랐는데, 그 전년도 2분기보다 매출액이 30% 올랐다. 머크의 2분기 전체 매출액 146억 달러(경구용 코로나19 치료제 매출액 제외) 가운데 키트루다의 비중은 1/3에 이른다. 또 다른 기록도 있다. 2022년 1분기(48억 달러)와 2분기(53억 달러) 매출액을 더한 반기 매출액 합계 또한 처음으로 100억 달러를 넘어섰다. 키트루다가 미국에서 출시된 지 8년 만의 일이다.

이 같은 추세가 계속된다면 키트루다는 2022년 글로벌 매출액 1위 의약품으로 올라설 것으로 기대된다. 휴미라는 바이오시밀러가 등장해 유럽 시장에서 매출 성장이 둔화된 상태며, 2023년 미국 특허까지 만료되면 매출이 더 줄어들 것으로 전망된다. 그리고 체내 면역을 활성화해 암을 치료하는 면역항암제라는 새로운 메커니즘이, 글로벌 의약품 시장의 판도를 변화시키고 있다.

폐암

폐암은 흔하고 위험하다. 2019년 통계[1]를 보면 한국 남성이 가장 많이 걸리는 암은 폐암이었고 그 다음이 위암이었다. 한국 여성이 가장 많이 걸리는 암은 유방암이며 그 다음은 갑상선암, 대장암, 위암 순이었으며 폐암은 5위였다. 그런데 사망률은 남자와 여자 모두 폐암이 1위였다. 2019년 기준 한국에서 암 사망률 1위는 폐암이었다.

전 세계에서 신약이 가장 많이, 가장 빨리 개발되는 미국은 어떨까? 2019년 통계[2]를 보면 미국 남성 암 발생 1위는 전립선암, 그 다음이 폐암이었다. 같은 기간 미국 여성 암 발생 1위는 유방암, 2위가 폐암이었다. 그리고 한국과 마찬가지로 미국에서도 남자와 여자 모두 암 사망률 1위는 폐암이었다. 미국에서 폐암으로 인한 사망은 전체 암 사망의 1/4인데 이는 유방암, 전립선암, 췌장암 3개 암으로 인한 사망자 숫자보다도 많다. 사망률 2위 암인 대장암보다 2.5배나 많은 숫자다.[3] 폐암은 많은 사람이 걸리는 암이고, 걸리면 많은 사람이 죽는다.

폐암은 다른 암보다 병기 진행도 빠르다. 1~3A기 초기 폐암은 암이 다른 장기까지 퍼지지 않은 상태이기는 하지만,[4] 대부분 증상이 없어 찾아내기 어렵다. 폐암은 전이와 재발도 잦으며, 이는 치료제 내성이 심해지게 만든다. 초기 단계 비소세포폐암 환자는 수술적 치료를 받은 후 40~50%가 재발한다. 이렇게 비소세포폐암이 전이 단계로 들어서면 환자의 생존율이 크게 떨어진다. 이런 이유들 때문에 폐암 사망률은 압도적인 1위다. 흡연 인구가 줄어들고 암 검진이 보편화되는 등 폐암을 일찍 찾아내는 경우가 늘어나고 있지만, 폐암은 여전히 가장 많이 걸리고 가장 많은 희생자를 내는 병이다.

비소세포폐암(NSCLC)

폐암은 크게 비소세포폐암(non small cell lung cancer, NSCLC)과 소세포폐암(small cell lung cancer, SCLC)으로 나뉜다. 이는 암세포 크기가 큰지 작은지에 따른 구분이다. 현미경으로 봤을 때 암세포가 작다면 소세포폐암이고, 그렇지 않다면 비소세포폐암이다.

비소세포폐암은 전체 폐암 가운데 약 85%, 소세포폐암은 약 15% 정도다. 비소세포폐암은 시작된 곳에 따라 다시 세 가지로 나뉜다. 폐 기관지점막 세포인 편평상피세포가 변해 생기는 편평상피세포암(squamous cell carcinoma)은 비소세포폐암 환자 가운데 25~30%를 차지한다. 비편평상피세포암(non-squamous cell carcinoma)으로 폐 기관지 말단의 분비세포에서 생기는 선암(adenocarcinoma)은 40%, 폐 표면이나 큰 기관지에서 생겨 예후가 나쁜 대세포암(large cell carcinoma)은 약 10%를 차지한다. 전에는 편평상피세포암이 흔했지만, 흡연 인구가 줄어들면서 선암이 가장 많아졌다.[5] 단 이 세 가지 비소세포폐암은 뚜렷하게 구분되지 않고 여러 특징들이 뒤섞여 보이기도 한다.

소세포폐암은 비소세포폐암과 다른 특성을 보이며, 치료법도 다르다. 소세포폐암은 암이 빠르게 자라고 쉽게 전이되어 예후가 나쁘다. 소세포폐암으로 진단된 대부분 환자는 이미 암이 전이된 상태인 경우가 많다. 소세포폐암이라고 첫 진단을 받은 환자의 60~70%가 이미 전이된 확장기 소세포폐암(ES-SCLC) 환

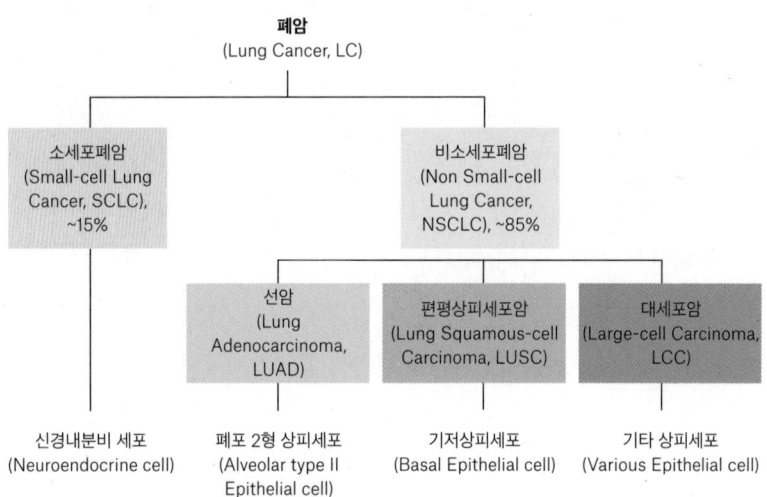

[그림 1_01] 시작점에 따른 폐암의 분류

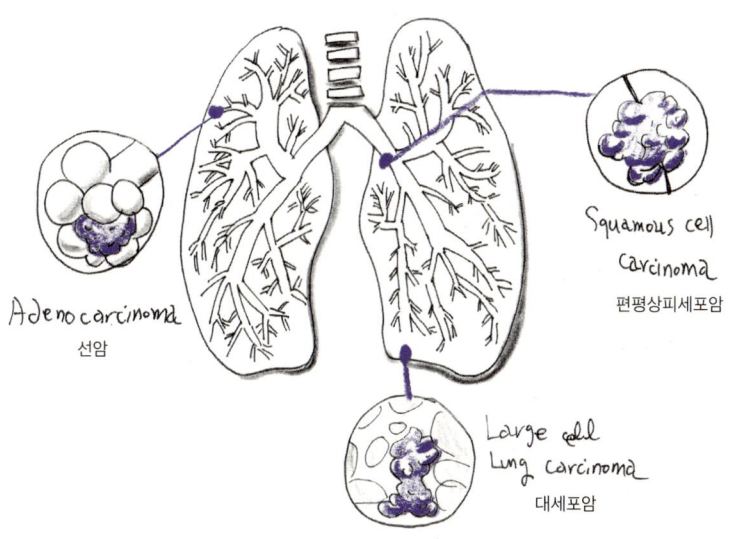

[그림 1_02] 발생 위치에 따른 폐암의 구분

병기단계 (stage)	TNM 점수	외과적 수술	방사선 치료	화학항암제 치료
1A	T1, N0, M0	●	●	
1B	T2a, N0, M0	●	●	
2A	T2b, N0, M0	●	●	
2B	T3, N0, M0 (no invasion)	●	●	
2B	T3, N0, M0 (invasion) T1, N1, M0 T2, N1, M0	●		●
3A	T3, N1, M0 T4, N0, M0 T4, N1, M0 T1, N2, M0 T2, N2, M0	●		●
3B	T3, N2, M0 (no invasion)	●		●
3B	T3, N2, M0 (invasion) T4, N2, M0 T1, N3, M0 T2, N3, M0			●
3C	T3, N3, M0 T4, N3, M0			●

[표 1_01] 병기 단계에 따른 암 치료.[6] 암 치료에서 기준은 전이가 되었는지다. 환자가 병원에 찾아오면 먼저 병기를 구분한다. 병기는 암의 크기와 어디까지 퍼졌는지를 기준으로 정한다. 암세포가 퍼지지 않았거나 발생한 장기 근처에만 머문다면 초기암이며, 주변으로 퍼졌으면 전이 단계이다. 보통 1~3기가 초기암이며, 4기가 전이암이다. 3B~C기도 국소 전이가 일어난 상태다. 초기암 환자 표준치료는 외과적 수술이며, 전이암 환자 표준치료는 전신치료제(systemic therapy) 투여다. 외과적 수술은 암세포를 떼어내는 것이 목적이며, 전신치료제는 몸 전체 암세포에 영향을 주기 위한 목적이다.
[T: 종양(tumor)을 뜻하며 원발암(암이 발생한 곳)에서 조직의 심층부를 파고든 정도와 종양의 크기를 나타냄, N: 림프절(node)을 뜻하며 원발암이 림프절도 전이됐는지 또는 그 정도를 나타냄, M: 전이(metastasis)를 뜻하며 원격전이가 발생했는지 여부를 나타냄]

자다. 따라서 수술과 치료가 어렵다. 소세포폐암은 화학항암제와 방사선치료에는 상대적으로 잘 반응한다고 알려져 있지만, 일단 전이되면 화학항암제로만 치료한다.

비소세포폐암 치료제
신약 개발 관련 언론보도에서 흔히 이야기되는 '폐암 치료제'는 보통 4기 비소세포폐암 환자를 대상으로 하는 치료제 개발에 대한 이야기다. 4기 비소세포폐암은 뼈와 간, 뇌 등으로 전이가 일어난 상태로 기존 치료법으로는 완치가 어렵다.

유방암은 환자의 절반 정도를 1기, 위암은 70~80%를 1기, 대장암은 약 50%를 1~2기 때 찾아낸다. 초기에 비소세포폐암 환자를 찾아 치료를 진행해도 절반 정도는 재발하는데, 비소세포폐암은 첫 진단을 받는 환자의 50~60%가 이미 4기다. 비소세포폐암 4기 진단을 받으면 전신치료를 받는다. 여기에 3기 국소전이성 환자까지 합하면 비율은 70~80%로 높아진다. 전이암 환자에게 하는 전신치료는 암세포를 조절해 증상을 완화하고, 삶을 연장하기 위해 진행한다. 면역항암제가 나오기 전, 전이성 비소세포폐암 환자의 5년 후 생존율은 5% 남짓이었다.

전이성 비소세포폐암 치료는 거의 화학항암제를 이용하는 방법뿐이었다. 화학항암제는 암세포처럼 빠르게 분열하는 세포를 타깃하며 '세포독성 항암제'로도 불린다. 그런데 세포독성 항암제가 가진 한계는 명확했다. 어떤 방식으로 처방해도 전이성 비소세포폐암 환자의 '전체생존기간 중간값(median of OS, mOS) 1년'이라는 벽을 넘지 못했다. ECOG 1594 연구 결과를 보자.[7]

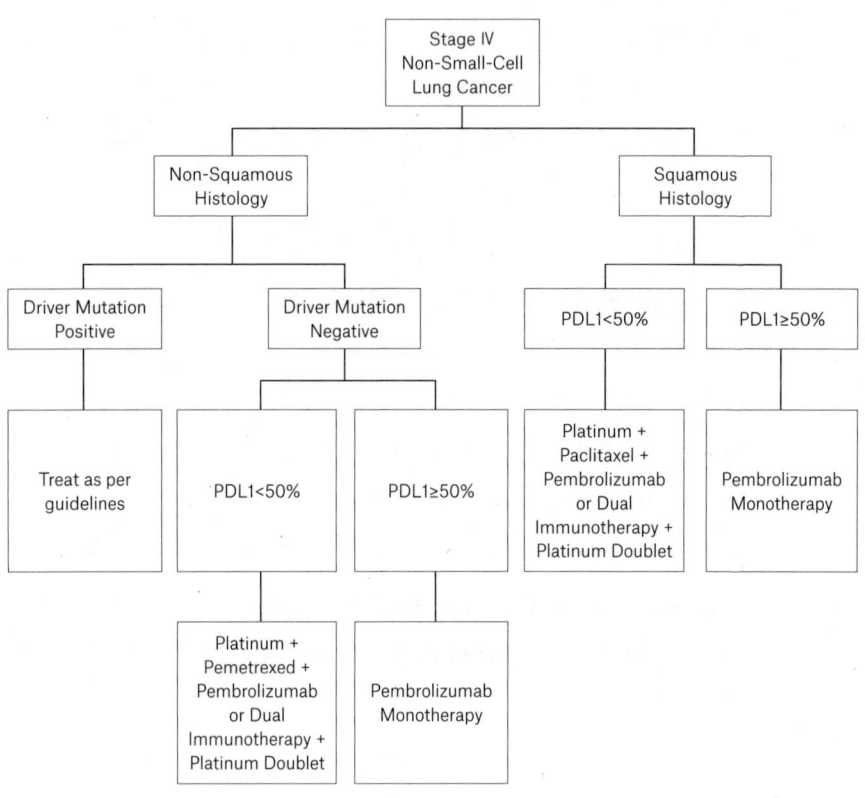

[그림 1_03] 전이성 폐암 치료제 프레임[8]

2002년 뉴 잉글랜드 저널 오브 메디신(The New England Journal of Medicine, 이하 NEJM)에 전이성 비소세포폐암 환자 1,207명에게 가장 흔하게 처방되는 화학항암제 병용요법 4개를 비교한 연구 결과가 발표되었다. 전이성 비소세포폐암 환자가 치료받지 않는 경우 생존 기간 중간값은 4~5개월이며, 1년 후 생존율은 약 10%다. 그런데 어떤 조합의 화학항암제를 처방해도 생존 기간 중간값 7.9개월, 1년 후 생존율 33%에서 큰 차이를 보이지 못했으며, 반응률(response rate)도 차이가 없었다.

전이성 비소세포폐암 진단을 받으면 암 조직을 떼어내 바이오마커 검사를 하고, 검사 결과를 바탕으로 치료 계획을 세운다. 바이오마커 검사는 크게 두 가지로 나뉘는데, 하나는 유전자 변이를 확인하는 검사다. 전체 폐암 환자의 약 30%가 암을 일으키는 특정 유전자 변이 때문에 암에 걸리는 것으로 추정된다. 따라서 약물로 폐암을 일으키는 특정 유전자 변이를 억제하는 치료법을 생각해볼 수 있다. 2022년 NCCN(National Comprehensive Cancer Network)이 제시하고 있는 비소세포폐암 치료와 관계된 암세포 유전자 변이는 EGFR, ROS1, ALK, NTRK, MET 등 10개다. 각각의 변이는 이를 타깃하는 표적항암제 처방의 근거가 되며, 2022년 4월 기준 FDA 허가를 받은 표적항암제는 모두 27개다. 예를 들어 EGFR 변이가 있는 전이성 비소세포폐암 환자에게 아스트라제네카의 타그리소(Tagrisso®, 성분명: osimertinib)를 처방할 수 있다.

표적항암제

비소세포폐암 치료제 개발에서 표적항암제 분야의 개발 속도는 빠르다. 2021년 KRAS 변이와 EGFR exon20 삽입변이(exon 20 insertion mutation)를 타깃하는 표적항암제가 첫 시판허가를 받았다. KRAS 변이는 암에서 흔하게 나타나는 변이 가운데 하나로, 전체 암 환자 가운데 약 25%에게서 발견된다. 주로 폐암, 대장암, 췌장암에서 찾을 수 있다.

KRAS는 세포막 안에 있는 단백질이다. 표면이 매끄럽고, 기질인 GTP/GDP와 피코몰라(picomolar) 수준으로 높은 결합력을 가진다. 이는 약물 개발을 어렵게 만드는 장애물이 되었다. 타깃이 세포막 안에 있다는 점은 타깃 특이적인 항체를 개발하기 어렵게 만들었고, KRAS 단백질 표면이 매끄러우면서 기질인 GTP/GDP와 높은 결합력을 가지기 때문에 이를 억제하는 저분자화합물(small molecule) 개발이 어렵다.

2013년, 특정 KRAS 변이(G12C)의 불활성화 구조에서 약물이 끼어들어갈 틈이 있다는 것을 보여주는 연구 결과가 발표되었다.[9] 이는 약물 개발로 이어졌는데 암젠(Amgen)이 앞장섰다. 암젠은 KRAS G12C 저해제 개발에 뛰어들어 임상개발을 시작한 후 3년이 채 지나지 않아 FDA로부터 시판허가를 받았다. 2021년 5월, 암젠은 KRAS G12C 저해제 루마크라스(Lumakras™, 성분명: sotorasib)를 KRAS G12C 변이를 가진 비소세포폐암 2차 치료제로 가속승인(accelerated approval)받았다. KRAS 저해라는 아이디어로 암 치료제 개발이 시작된 지 40여 년 만에 처음으로 승인을 받은 약물이었다.

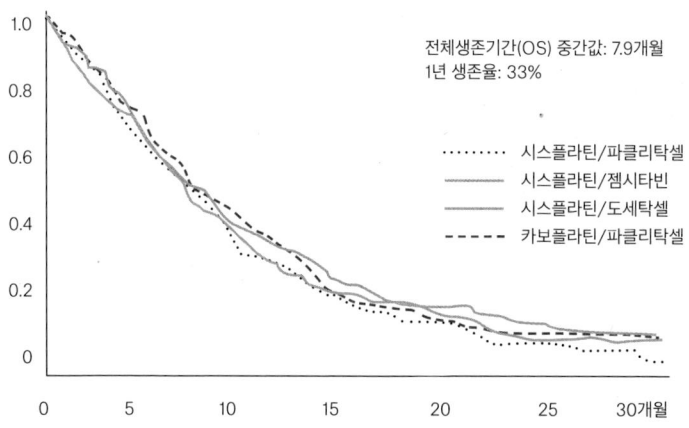

[그림 1_04] ECOG 1594 연구 결과

2022년 현재를 기준으로 암젠은 루마크라스를 가지고 17개에 이르는 임상개발 프로그램을 진행하고 있다.[10] 이 가운데 비소세포폐암, 췌장암, 대장암 소화기암(GI cancer)에서 병용투여 임상시험 개수는 10개가 넘는다. 암젠의 성공에 힘입어 치료제 개발 경쟁은 다른 암과 다른 KRAS 변이를 대상으로 폭을 넓혀가고 있다.

EGFR 엑손20 삽입변이를 타깃하는 표적항암제도 나타났다. EGFR 엑손20 삽입변이는 구조적으로 기존 EGFR 저해제가 결합하지 못해 효능을 보지 못했다. 그럼에도 EGFR 엑손20 삽입변이를 가진 환자는 예후가 나빠 치료제 개발이 급했다. 존슨앤드존슨(Johnson&Johnson)의 제약 부문인 얀센 파마슈티컬스(Janssen Pharmaceuticals)는 EGFRxMET 이중항체로 이 문제를 해결했다. 임상시험에서 전체반응률(ORR) 40%라는 결과를 바탕으로, 2021년 5월 FDA로부터 엑손20 삽입변이 비소세포폐암 환자를 대상으로 리브레반트(Rybrevant®, 성분명: amivantamab-vmjw)의 가속승인을 받았다. 같은 해 9월 다케다(Takeda)는 같은 적응증에서 전체반응률(ORR) 28%라는 결과로 EGFR 엑손20 삽입변이 저해제 엑스키비티(Exkivity®, 성분명: mobocertinib)의 가속승인을 받았다. 엑스키비티의 경우 저분자화합물 기반의 경구용 약물로 복용 편의성을 가지며, 두 약물은 독성 프로파일이 다르다.

전이성 비소세포폐암 진단을 받은 환자의 암 조직을 가지고 하는 또 하나의 바이오마커 검사는 PD-L1 발현 검사다. PD-L1은 면역세포인 T세포가 암세포를 공격하지 못하게 막는다. 2022년 7월 기준 미국에서 전이성 비소세포폐암으로 새로 진단받는 환자 10명 가운데 8명에게는 단독 또는 병용으로 키트루다가 처방된다. EGFR 또는 ALK 유전자 변이가 없는 전이성 비소세포폐암 환자에게는 면역항암제를 처방할 수 있다. 이때 주로 머크의 키트루다를 투여한다. 암세포에서 PD-L1 발현이 50%보다 많으면 키트루다를 단독으로 처방하거나, 백금 기반 화학항암제인 카보플라틴(carboplatin)이나 시스플라틴(cisplatin) 또는 페메트렉시드(pemetrexed) 등 화학항암제와 병용투여한다. 단독투여를 할지, 화학항암제와 병용투여를 할지는 환자가 화학항암제를 견딜 수 있는지와 같은 건강 상태 등에 따라 정한다. PD-L1 발현이 50%보다 적으면 키트루다를 단독으로 처방하지 않고 화학항암제와 병용투여한다.

KEYNOTE-024

2010년대 후반까지만 해도 비소세포폐암 1차 치료제로 화학항암제에 면역항암제를 추가할지 고민했다면, 2020년대에 들어서면서부터는 면역항암제에 화학항암제를 추가할지를 고민하게 됐다.

면역항암제가 나타나기 전까지 비소세포폐암 치료제는 화학항암제 위주였다. 비편평 비소세포폐암은 페메트렉시드(pemetrexed)에 백금 기반 화학항암제(시스플라틴 또는 카보플라틴), 평편 비소세포폐암은 젬시타빈, 비노렐빈 또는 탁센을 백금 기반 화학항암제와 병용투여하는 것이 표준요법이었다. 그런데 이 프레임을 키트루다가 뒤집었다. 키트루다가 반전의 주인공이 될 수 있었던 사건은 3개의 임상시험이었다.

맨 처음 일어난 사건은 KEYNOTE-024 임상시험이었다.

유전자 변이	표적 치료제
VEGF	Bevacizumab(Avastin®), Ramucirumab(Cyramza®)
EGFR	Erlotinib(Tarceva®), Afatinib(Gilotrif®), Gefitinib(Iressa®), Osimertinib(Tagrisso®), Dacomitinib(Vizimpro®)
EGFR 엑손 20 삽입변이	Amivantamab(Rybrevant®), Mobocertinib(Exkivity®)
ALK	Crizotinib(Xalkori®), Ceritinib(Zykadia®), Alectinib (Alecensa®), Brigatinib(Alunbrig®), Lorlatinib(Lorbrena®)
ROS1	Crizotinib(Xalkori®), Ceritinib(Zykadia®), Lorlatinib(Lorbrena®), Entrectinib(Rozlytrek®)
BRAF	Dabrafenib(Tafinlar®), Trametinib(Mekinist®)
RET	Selpercatinib(Retevmo®), Pralsetinib(Gavreto®)
MET Exon 14 Skipping	Capmatinib(Tabrecta®), Tepotinib(Tepmetko®)
NTRK	Larotrectinib(Vitrakvi®), Entrectinib(Rozlytrek®)
KRAS G12C	Sotorasib(Lumakras®)

[표 1_02] 2022년 04월 기준 FDA 승인 표적항암제 시판 현황. EGFR 엑손 20 삽입변이와 KRAS G12C를 타깃하는 표적항암제는 2021년 판매가 허가되었으며, 같은 해 NCCN 가이드라인에 권고 사항으로 포함되었다.

	비편평상피세포암 (nonsquamous, NSQ)	편평상피세포암 (squamous, SQ)
PD-L1≥50%	- 키트루다 단독투여(KN-024) - 화학항암제 병용투여(KN-189)	- 키트루다 단독투여(KN-024) - 화학항암제 병용투여(KN-407)
PD-L1=1~49%	- 화학항암제 병용투여(KN-189)	- 화학항암제 병용투여(KN-407)
PD-L1<1%	- 화학항암제 병용투여(KN-189)	- 화학항암제 병용투여(KN-407)

[표 1_03] 키트루다가 비소세포폐암 1차 치료제로 자리잡는 데 결정적인 역할을 한 3개의 임상시험 결과. NCCN 2022 가이드라인을 기준으로 비소세포폐암 1차 치료제 치료지침에서 키트루다는 '선호되는(preferred)' 항목으로 권고되고 있다.

2016년 *NEJM*에 PD-L1을 50% 이상 발현하는 비소세포폐암 환자에게 키트루다를 단독투여한 임상시험 결과가 발표되었다. PD-L1을 고발현하는 비소세포폐암 환자에게서 키트루다는 표준치료제인 화학항암제 대비 전체생존기간(OS)과 5년 후 생존율 모두를 2배 늘렸다. 전체생존기간 중간값(mOS)은 26.3개월이었다. 환자는 짧게는 18.3개월, 길게는 최대 40.4개월까지 생존했다(95% CI 기준). 화학항암제 치료로는 넘어서지 못했던 전체생존기간 중간값(mOS) 12개월을 훌쩍 넘긴 결과였다. 화학항암제 치료로는 5%를 넘지 못했던 5년 후 생존율에서도 키트루다는 32%라는 결과를 보여주었다.

키트루다가 더 많은 환자를 더 오랫동안 살릴 수 있었던 이유는, 약물이 환자 몸속에서 계속 반응하는 특성 덕분이었다. 화학항암제는 환자에게 약물내성을 일으키는데, 보통 1년 정도가 지나면 약물에 내성이 생기면서 환자가 약물에 더 이상 반응하지 않는다. 따라서 다시 병기가 진행되면 다른 치료 옵션이 필요하다. 그런데 KEYNOTE-024에서 키트루다의 약물반응 중간값(DoR)은 29.1개월이었으며, 대조군이 보여준 6.3개월보다 5배나 길었다. 여기에 화학항암제를 투여했을 때 나타나는 빈혈, 백혈구감소증 등 부작용도 절반 이하로 줄었다. 화학항암제의 독성으로 인해 삶의 질(QoL)이 떨어지는 문제를 풀 수도 있는 기회였다. 다만 키트루다도 면역반응이 활성화되면서 설사, 발열, 가려움증, 발진 등의 부작용은 있었다.

KEYNOTE-189, KEYNOTE-407

두 번째와 세 번째 사건은 KEYNOTE-189, KEYNOTE-407 임상 3상이었다. KEYNOTE-189는 비편평상피세포암(nonsquamous, NSQ), KEYNOTE-407은 비편평상피세포암보다 상대적으로 예후가 나쁘다고 알려진 편평상피세포암(squamous, SQ) 환자를 대상으로 한 것이었다.

KEYNOTE-189, KEYNOTE-407 임상3상은 키트루다를 처방할 수 있는 대상을 넓히기 위한 임상시험이었다. 키트루다의 첫 번째 성공은 PD-L1을 50% 이상 발현하는 비소세포폐암 환자에게 1차 치료제로 처방될 수 있다는 것이었다. 그런데 PD-L1을 50% 이상 발현하는 비소세포폐암 환자는 전체의 약 28% 정도다. 비소세포폐암 환자의 38%는 PD-L1을 낮게 발현하며(PD-L1 TPS=1~49%), 33%는 PD-L1을 거의 발현하지 않는다(PD-L1 TPS<1%). 이는 머크가 KEYNOTE-001, KEYNOTE-010, KEYNOTE-024에서 비소세포폐암 환자 4,784명의 PD-L1을 분석해 얻은 결과다.[11] 머크는 PD-L1 발현율이 낮은 70%의 환자를 키트루다로 치료할 수 있는 방법을 찾으려고 했다.

머크가 찾아낸 방법은 키트루다와 화학항암제를 병용투여하는 것이었다. 면역항암제는 혁신적인 개념의 신약이었고, KEYNOTE-024로 키트루다는 혁신적인 개념을 증명해냈다. 보통의 경우라면 혁신 신약을 단독으로 투여해 기적처럼 질병을 치료하는 임상개발로 발걸음을 잡겠지만 머크는 달랐다. 기존의 화학항암제와 혁신 신약 키트루다를 병용투여하는 쪽으로도 방향을 잡은 것이다. 그리고 머크의 방향은 맞았다. 2018년 KEY-

NOTE-189, KEYNOTE-407 임상3상 결과는 성공적이었고, 키트루다와 화학항암제 병용요법은 미국에서 처방이 가능해졌다.[12]

로슈의 티쎈트릭(Tecentriq®, 성분명: atezolizumab), BMS의 옵디보(Opdivo®, 성분명: nivolumab) 등 여러 약물이 비소세포폐암 1차 치료제로 승인이 되었지만, 머크의 키트루다가 PD-L1과 상관없이 처방할 수 있는 비소세포폐암 1차 치료제라는 영광을 가장 먼저 얻었다.

KEYNOTE-042

키트루다 단독투여 처방 범위를 넓히려는 머크의 시도도 있었다. PD-L1을 낮게 발현하는(PD-L1 TPS=1~49%) 전이성 비소세포폐암 대상 KEYNOTE-042 임상3상을 진행했고, 화학항암제 대비 생존 기간을 늘리는 데 성공했다. 2019년 4월 미국에서 시판허가를 받았지만, 이듬해 유럽에서는 처방하지 말 것을 권고했다.[13] PD-L1 발현이 낮은 환자에게 이점이 덜했기 때문이다. 2022년 기준 PD-L1 저발현(PD-L1 TPS=1~49%) 환자에게 키트루다 단독투여는 거의 사용되지 않으며, 키트루다와 화학항암제 병용투여로 이루어진다.

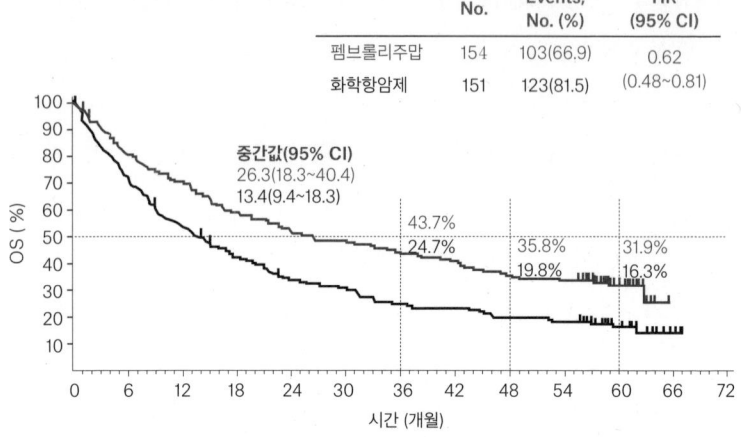

[그림 1_05] PD-L1 고발현 비소세포폐암 1차 치료제 대상 KEYNOTE-024 임상3상에서 전체생존기간(OS)을 5년 추적한 결과. 투여 후 5년이 지난 시점에서 키트루다를 투여받은 환자 가운데 31.9%가, 화학항암제를 투여받은 환자 가운데 16.3%가 생존해 있었다.[14]

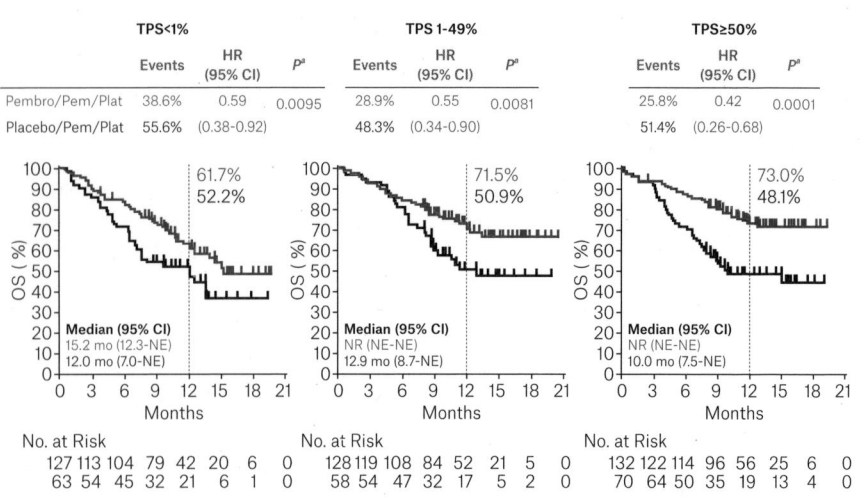

[그림 1_06] KEYNOTE-189 임상3상에서 키트루다에 화학항암제를 같이 처방할 경우 PD-L1 발현 정도와 상관없이 모든 환자에게서 생존 기간 이점을 확인했다.[15]

환자의 삶의 질

항암치료를 받고 종양이 없어지는 것과 환자가 다시 일상으로 돌아가 항암치료 이전처럼 생활할 수 있는지는 다른 문제다. 환자의 삶의 질(QoL, Quality of Life)과 관련해 면역항암제의 중요성을 보여준 연구가 있다. 화학항암제의 성분 가운데 하나인 도세탁셀(docetaxel)과 면역항암제인 PD-1 항체의약품 옵디보 투여에 따른 비소세포폐암 환자의 삶의 질 비교 연구다. 약물 투여 후 36개월이 된 시점에서 EQ-5D로 삶의 질을 평가했다. EQ-5D는 설문 형식으로 삶의 질을 평가하는 방법으로 운동능력, 자기관리, 일상활동, 통증·불편감, 불안·우울감 등 5가지 영역을 점검하는데 만점은 1점이다. PD-1 항체를 투여군에서 EQ-5D 점수는 0.8, 도세탁셀 투여군에서는 평균치인 0.6에 가까웠다. 문제는 그 다음이다. PD-1 투여군은 42주차에 인구의 평균치, 즉 일상생활을 하는 사람들에 가까운 0.9까지 점수가 올랐다. 기존의 화학치료제는 투여가 되풀이되면 환자의 삶의 질이 떨어지고, 면역항암제는 삶의 질이 올라간다.

한국에서 키트루다

2022년 3월부터 EGFR 또는 ALK 변이가 없는 전이성 비소세포폐암 1차 치료제까지 키트루다의 건강보험급여가 확대됐다. 이제 한국에서도 PD-L1 발현량, 비편평 또는 편평상피세포암 타입과 상관없이 키트루다 단독투여와 화학항암제 병용투여에 급여가 적용되는 것이다. 급여 적용 전에 환자가 키트루다를 처방받으려면 환자 본인이 약 1억 원 정도를 부담해야 했다. 급여 적용 이후 키트루다 주사(바이알) 당 가격은 연간 7,300만 원으로 낮아졌으며, 급여 적용에 따라 환자가 부담하는 비용은 연간 365만 원이다. 한국에서도 비소세포폐암 1차 표준치료제로 키트루다를 현실에서 처방할 수 있게 되었다.

처방 순서

키트루다를 1차 치료제로 투여한다는 것은 치료의 관점에서 어떤 의미일까? 예를 들어 표적항암제는 치료제를 투여하는 순서가 중요하지 않은 경우가 있다. EGFR 돌연변이를 가진 비소세포폐암 환자에게 EGFR 저해제 이레사(Iressa®, 성분명: gefitinib)를 화학항암제보다 먼저 투여하는지 나중에 투여하는지에 따른 생존 기간에서 차이가 없었다.[16] 1차 치료제로 화학항암제를 먼저 투여받고 이후 2차 치료제로 키트루다까지 투여받으면, 결과적으로 환자가 더 많은 이점을 누릴 수 있으며, 더 많은 치료 선택지를 갖게 되는 것이 아닌가 하는 의문이다. 면역항암제를 투여받고 재발하거나 불응하는 경우, 그 다음에는 어떤 치료제를 처방할 것인가 하는 문제다.

머크는 이를 확인하기 위해 키트루다와 화학항암제를 비교하는 임상에서 화학항암제에 반응하지 않는 환자가 키트루다를 처방받을 수 있도록 교차투여(crossover)가 가능한 임상시험 디자인을 짰다. 임상시험 결과 키트루다를 1차 치료제로 쓰는 것이 2차 치료제로 쓰는 것보다 생존 기간에서 이점이 있었다. 즉 '키트루다 → 화학항암제'가, '화학항암제 → 키트루다'보다 나은 방법이었다. 이는 더 많은 환자가 치료 기회를 가질 수 있다는 점에서도 의미가 있다. 전이성 비소세포폐암 환자는 병기가 빠르게 진행돼 2차 치료제를 투여받기 전에 사망하는 경우가 있다. 실제 KEYNOTE-189 임상3상에서 화학항암제를 먼저 처방받은 환자 가운데 1/3은 2차 치료제를 처방받을 기회가 없었다. 따라서 2차 치료제로 면역항암제를 처방하면, 환자는 면역항암제로 치료받을 기회를 잃는 셈이다.

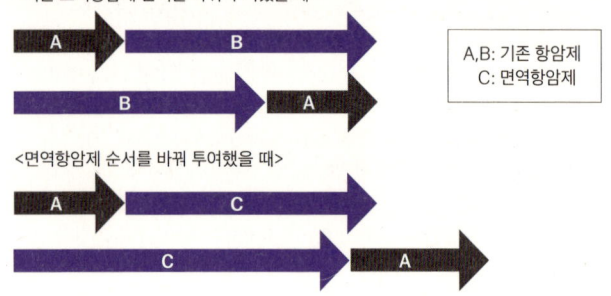

[그림 1_07] 기존 항암제와 면역항암제의 처방 순서에 따른 생존 기간 차이

소세포폐암과 PD-L1

면역항암제를 개발하는 입장에서 느끼는 고민 가운데는 PD-1과 PD-L1 중 무엇을 타깃할 것인지도 있다. T세포와 암세포 사이의 PD-1/PD-L1 상호작용을 막는다는 점만 놓고 보면 PD-1과 PD-L1 가운데 어떤 것을 타깃해도 될 것 같다. 그러나 사람 몸 안에서 약물이 어떻게 작용할지 정확하게 예측하기 어렵고, 환자에게 어떤 효능이 일어날지도 정확하게 알 수 없다.

다만 정답을 찾은 것은 아니지만, 어느 정도 윤곽은 잡혀가는 모습이다. 2010년대 초부터 2020년대 초까지 PD-1을 타깃할 것인지 PD-L1을 타깃할 것인지를 놓고 머크와 BMS, 로슈와 아스트라제네카는 경쟁을 벌였다. 2022년을 기준으로 보면 머크와 BMS가 정답에 가까워진 듯하다. 즉 PD-1 항체를 개발하는 것이 유리하다는 쪽으로 무게가 실리고 있다.

머크는 2022년 초 JP모건 컨퍼런스에서 PD-1 축(axis)이 PD-L1 경쟁약물보다 일반적으로 더 효과적이라고 믿는다고 발표했다. 확인된 결과가 아닌 이상 유보적인 입장을 취하는 머크의 경향에 비추어 이례적인 공개 발언이었다. 화이자는 PD-L1을 타깃하는 면역항암제인 바벤시오(Bavencio®, 성분명: avelumab)를 가지고 있었음에도 PD-1 항체 개발에 나섰다. 화이자는 환자 편의성을 높인 피하투여(SC) 제형에 바벤시오를 탑재하는 대신, 새로운 PD-1 항체 사산리맙(sasanlimab)의 SC 제형을 개발하고 있다. 화이자의 결정에는 바벤시오가 치료 현장에서 많은 환자들에게 투여되고 있지 못하고 있다는 점이 작용했을 것이다.

그러나 소세포폐암(SCLC) 치료제 개발 분야에서는 PD-L1을 타깃하는 항체를 바탕으로 하는 면역항암제가 돋보인다. 주로 전이가 일어난 단계인 확장기 소세포폐암(extensive stage small cell lung cancer, ES-SCLC) 치료제 분야다.

소세포폐암은 병기 진행이 빠르고 치료 약물에 반응해도 재발이 잦아, 신약개발이 특히 어렵다. 애브비의 휴미라(Humira®, 성분명: adalimumab)는 2012년부터 2020년까지 전 세계 매출액 1위였지만 2023년 미국 특허가 만료된다. 애브비는 휴미라 이후를 대비하면서 항암제 부분에서 신약개발에 도전하고 있으며, 주요 목표는 소세포폐암이었다. 2016년 애브비는 DLL3 항체-약물접합체(ADC) Rova-T를 개발하는 스템센트릭스(Stemcentrx)를 인수했다. 계약금으로 현금 58억 달러와 마일스톤까지 더해 총 100억 달러를 쏟은 큰 계약이었다. 그러나 임상개발에서 초기 DLL3 고발현 환자에게서 확인했던 긍정적인 임상1/2상 데이터가 재현되지 않았다. 심지어 임상3상에서는 Rova-T를 투여받은 환자의 생존 기간이 오히려 더 짧았다. 2019년 애브비는 Rova-T 임상개발을 멈췄다.

그러나 2019년 소세포폐암 치료제 개발 분야에서 의미 있는 사건이 일어난다. PD-L1 항체를 이용한 치료제가 효과를 보인 것이다. 로슈가 진행한 IMpower133 임상3상에서 확장기 소세포폐암 환자에게 티쎈트릭과 화학항암제를 병용투여하자 표준치료제인 화학항암제 대비 전체생존기간(OS)을 2개월(12.3개월 vs 10.3개월, HR=0.70) 늘렸으며, 무진행생존기간(PFS)은 약 1개월 늘렸다(5.2개월 vs 4.3개월, HR=0.77). 2개월, 1개월이라는 숫자가 그리 커보이지는 않지만, 재발이 빠르고 예후가 나쁜 소세포폐암의 특징을 따져보면 의미 있는 수치였다. 부작용에서는 3등급 이상 부작용 발생 정도에서 차이가 없었다.[17] 2019년 로슈는 FDA로부터 확장기 소세포폐암 1차 치료제로 티쎈트릭의 시판허가를 받았다.

2020년 아스트라제네카의 PD-L1 항체 임핀지(Imfinzi®, 성분명: durvalumab)도 화학항암제와 병용요법으로 확장기 소세포폐암 치료제 시판허가를 받는다. 아스트라제네카는 CASPIAN 임상3상에서 환자의 전체생존기간(OS)을 늘렸다(13개월 vs 10.3개월, HR=0.73).

반대로 PD-1을 타깃하는 치료제들은 소세포폐암에서 효능을 보이지 못하고 있다. 2018년 BMS는 확장기 소세포폐암 환자를 대상으로 화학항암제, 옵디보, 여보이 병용투여와 옵디보 단독투여 임상3상(CheckMate-451)에서 실패했다. 2020년 머크도 확장기

소세포폐암 환자를 대상으로 키트루다를 투여하는 KEYNOTE-604 임상3상에서 무진행생존기간(PFS)을 개선했고, 전체생존기간(OS)이 개선되는 경향을 확인했지만 통계적 유의성에는 이르지 못했다(10.8개월 vs 9.7개월, HR=0.80, p=0.0164). 머크는 2019년 임상1/2상 전체반응률(ORR)과 약물반응지속성(DoR) 데이터를 바탕으로 이전에 백금 기반 화학항암제를 투여받은 소세포폐암 대상으로 키트루다를 2차 치료제로 가속승인을 받았지만, 확증 임상3상에서 이점을 재현하지 못한 것이었다. 머크는 확증 임상에서 전체생존기간(OS) 기준에 충족하지 못한 데이터에 따라, 2021년 소세포폐암 적응증에 대한 키트루다의 시판허가를 자진철회했다.[18] 2020년 BMS도 소세포폐암에서 가속승인을 철회했다.[19]

전이성 소세포폐암 임상시험에서 PD-L1은 잇달아 성공했지만, PD-1은 잇달아 실패했다. 이는 소세포폐암에서는 PD-L1과 PD-1이 다르다는 편견이 생겨나는 이유가 되기도 했지만, 메타분석(meta-analysis) 결과에서 두 약물이 차이가 없다는 주장이 나오는 등 논란이 있다.[20]

2022년 현재 소세포폐암 표준치료제는 PD-L1 항체다. NCCN 2022 가이드라인은 확장기 소세포폐암 1차 치료제 선호옵션(preferred option)으로 티쎈트릭과 임핀지를 제시하고 있다. 다만 세부 병용요법에서는 차이가 있다. 티쎈트릭은 카보플라틴과 에토포사이드 병용요법, 임핀지는 백금 기반 화학항암제 시스플라틴 또는 카보플라틴에 에토포사이드를 병용투여한다.[21] 기존의 확장기 소세포폐암 1차 표준치료제는 백금 기반 화학항암제(시스플라틴 또는 카보플라틴)와 에토포사이드 병용요법이다.

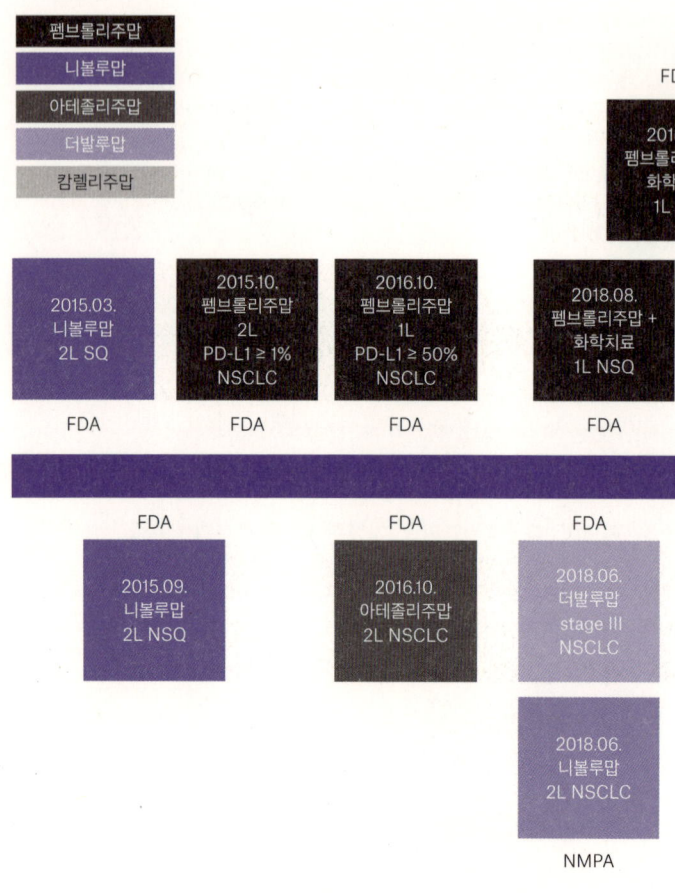

[그림 1_08] 폐암에서 면역관문억제제의 주요 진전에 대한 타임라인(2015-2020)[22]
[펨브롤리주맙(키트루다): 머크, 니볼루맙(옵디보): BMS, 아테졸리주맙(티쎈트릭): 로슈, 더발루맙(임핀지): 아스트라제네카, 캄렐리주맙(아이루이카): 항서제약
*성분명(제품명): 개발사 순으로 나열]

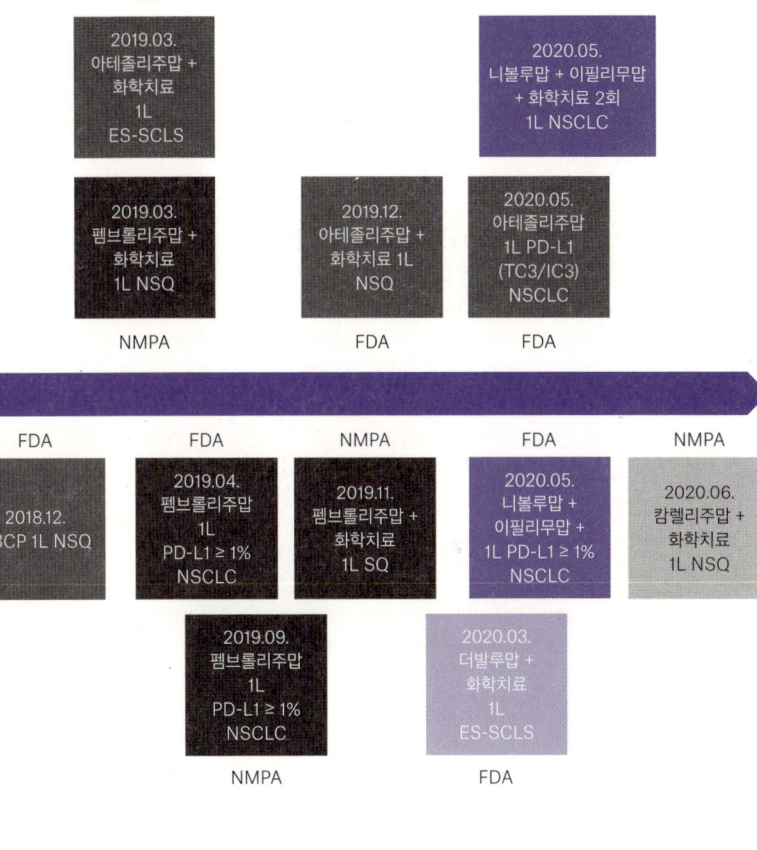

주석

1. 국립암센터(NCC). (2021). 2019년 암등록통계 자료.
   https://ncc.re.kr/cancerStatsView.
   ncc?bbsnum=578&searchKey=total&searchValue=&pageNum=1
2. 미국암학회(ACS), Cancer Facts & Figures 2019
   https://www.cancer.org/research/cancer-facts-statistics/all-cancer-facts-figures/cancer-facts-figures-2019.html;
   http://www.samsunghospital.com/dept/medical/healthSub02View.do?content_id=1772&DP_CODE=RT
3. 미국암학회(ACS). (2022). Risk of dying from cancer continues to drop at an accelerated pace.
   https://www.cancer.org/latest-news/facts-and-figures-2022.html
4. 미국종합암네트워크(NCCN). (2020). NCCN clinical practice guidelines in oncology: non-small cell lung cancer Version 3.2020.
   https://www2.tri-kobe.org/nccn/guideline/lung/english/non_small.pdf
5. 삼성서울병원 질환정보-폐암의 종류.
   http://www.samsunghospital.com/dept/medical/healthSub02View.do?content_id=1772&DP_CODE=RT
6. 미국종합암네트워크(NCCN). NCCN guidelines for patients: early and locally advanced non-small cell lung cancer. Version 3, 2022.
   https://www.nccn.org/patients/guidelines/content/PDF/lung-early-stage-patient.pdf
7. Schiller J.H. et al. (2002). Comparison of four chemotherapy regimens for advanced non–small-cell lung cancer. *N Engl J Med*. 346, 92-98.
   https://www.nejm.org/doi/full/10.1056/nejmoa011954
8. Mithoowani H. and Febbraro M. (2022) Non-Small-Cell Lung Cancer in 2022: A Review for General Practitioners in Oncology. *Curr. Oncol.* 29, 1828-1839.
9. Ostrem J.M. et al. (2013) K-Ras(G12C) inhibitors allosterically control GTP affinity and effector interactions. *Nature*. 503, 548–551.
10. Amgen. (2022). Amgen business review meeting presentation.
    https://investors.amgen.com/static-files/6d823d7d-2fd1-405a-8c0e-22aa91bee682

11 홍민희 연세암병원 종양내과 폐암센터 교수, 2022.03.16. 키트루다 급여확대 기념 기자단담회, 비소세포폐암 1차 치료의 임상적 가치와 혜택 발표자료 참조
12 미국식품의약국(FDA). (2018). FDA grants regular approval for pembrolizumab in combination with chemotherapy for first-line treatment of metastatic nonsquamous NSCLC.
https://www.fda.gov/drugs/resources-information-approved-drugs/fda-grants-regular-approval-pembrolizumab-combination-chemotherapy-first-line-treatment-metastatic
미국식품의약국(FDA). (2018). FDA approves pembrolizumab in combination with chemotherapy for first-line treatment of metastatic squamous NSCLC.
https://www.fda.gov/drugs/fda-approves-pembrolizumab-combination-chemotherapy-first-line-treatment-metastatic-squamous-nsclc
13 유럽종양학회(ESMO). (2020). EMA does not recommend extending the use of pembrolizumab.
https://www.esmo.org/oncology-news/ema-does-not-recommend-extending-the-use-of-pembrolizumab
미국식품의약국(FDA). (2019). FDA expands pembrolizumab indication for first-line treatment of NSCLC (TPS ≥1%).
https://www.fda.gov/drugs/fda-expands-pembrolizumab-indication-first-line-treatment-nsclc-tps-1
14 Reck M. et al. (2022) Five-Year Outcomes With Pembrolizumab Versus Chemotherapy for Metastatic Non–Small-Cell Lung Cancer With PD-L1 Tumor Proportion Score≥50%. *J. Clin.* Oncol. 39, 2321-2323.
15 Gandhi L. et al. (2018) Pembrolizumab plus Chemotherapy in Metastatic Non–Small-Cell Lung Cancer. *N. Engl. J. Med.* 378, 2078-2092.
16 Inoue A. et al. (2013). Updated overall survival results from a randomized phase III trial comparing gefitinib with carboplatin-paclitaxel for chemo-naïve non-small cell lung cancer with sensitive EGFR gene mutations (NEJ002). *Ann Oncol.* 24, 54-9.
https://pubmed.ncbi.nlm.nih.gov/22967997/
17 Genentech. (2018). FDA Approves Genentech's Tecentriq in Combination With Chemotherapy for the Initial Treatment of Adults With Extensive-Stage Small Cell Lung Cancer. https://www.gene.com/media/press-releases/14783/2019-03-18/fda-approves-genentechs-tecentriq-in-com

18 노신영. (2021). 머크, '키트루다' 美서 '소세포폐암' 적응증 "자진 철회".
    바이오스펙테이터(BioSpectator).
    http://www.biospectator.com/view/news_view.php?varAtcId=12638
19 Bristol Myers Squibb. (2020). Bristol Myers Squibb statement on Opdivo
    (nivolumab) small cell lung cancer U.S. indication.
    https://news.bms.com/news/details/2020/Bristol-Myers-Squibb-
    Statement-on-Opdivo-nivolumab-Small-Cell-Lung-Cancer-US-Indication/
    default.aspx
20 Gristina V. et al. (2021). Is there any room for PD-1 inhibitors in
    combination with platinum-based chemotherapy as frontline treatment of
    extensive-stage small cell lung cancer? A systematic review and meta-analysis
    with indirect comparisons among subgroups and landmark survival analyses.
    Ther Adv Med Oncol. 13, 17588359211018018.
    https://journals.sagepub.com/doi/full/10.1177/17588359211018018
    Yu H. et al. (2022). Efficacy and safety of PD-L1 inhibitors versus PD-1
    inhibitors in first-line treatment with chemotherapy for extensive-stage
    small-cell lung cancer. *Cancer Immunol Immunother*. 71, 637-644.
    https://pubmed.ncbi.nlm.nih.gov/34297160/
21 Genentech. (2019). FDA approves Genentech's Tecentriq in combination
    with chemotherapy for the initial treatment of adults with extensive-stage
    small cell lung cancer.
    https://www.gene.com/media/press-releases/14783/2019-03-18/fda-
    approves-genentechs-tecentriq-in-com
22 Zhou F. et al. (2021). The cutting-edge progress of immune-checkpoint
    blockade in lung cancer. *Cell Mol Immunol*. 18, 279-293.
    https://www.nature.com/articles/s41423-020-00577-5

II
펨브롤리주맙과 이필리무맙

We try never to forget that medicine is for the people.
It is not for the profits.
우리는 약이 사람을 위한 것임을 결코 잊지 않습니다.
약은 이익을 위한 것이 아닙니다.

-조지 머크(George W. Merck)

아스트라제네카와 로슈

폐암은 흔하고 위험한 암이다. 암은 높은 발병률과 사망률, 재발률, 수술과 전신치료를 기준으로 한 치료 프레임 안에서 복잡하게 짜여진 치료 단계 등은 치료제에 대한 수요를 키운다. 모든 암 치료제 개발 가운데 폐암은 가장 많은 연구자가 뛰어드는 분야 가운데 하나다. 물론 신약개발 기업에서 가장 많은 연구비를 쓰는 분야 가운데 하나이기도 하다. 즉 전 세계적 규모의 제약기업들 사이에서 폐암 신약개발 경쟁이 치열하다.

아스트라제네카의 2021년 매출액은 374억 달러였고, 이는 전 세계 제약기업 가운데 10위였다. 코로나19 백신 개발의 효과가 2021년 매출에 영향을 주었지만, 글로벌 빅파마(global big pharma)라는 이름이 아깝지 않은 기업이다. 아스트라제네카는 2021년 실적 발표 자리에서 폐암과 관련된 시판 약물과 후기 단계 임상개발 35건을 발표했다.[1]

아스트라제네카는 EGFR 변이 비소세포폐암 치료제 타그리소(Tagrisso®, 성분명: osimertinib)를 가지고 있다. 2021년 타그리소는 약 50억 달러 정도의 매출을 올렸는데, 이는 아스트라제네카 제품군 가운데 가장 많은 매출액을 낸 것이었다. 타그리소는 2015년 미국에서 처음 판매가 허가된 이후부터 지금까지, 초기부터 전이성 EGFR 비소세포폐암 환자 전체를 대상으로 처방할 수 있는 유일한 EGFR 저해제다.[2] 아스트라제네카는 타그리소를 처방할 수 있는 EGFR 비소세포폐암 적응증을 늘리기 위해, EGFR 비소세포폐암에서 다양한 세팅으로 타그리소를 단독투여 또는 다른 약제와 병용투여하는 임상3상 등, 모두 10건의 임상개발을 진행하고 있다.

아스트라제네카는 폐암 치료제 개발에서 PD-L1 항체 임핀지(Imfinzi®, 성분명: durvalumab)와 CTLA-4 항체 트레멜리무맙(tremelimumab)에도 집중한다. 임핀지로 진행하고 있는 임상시험은 12건, 임핀지와 트레멜리무맙 병용투여는 5건이다. 즉 폐암에서 면역항암제로 모두 17건의 임상시험을 진행하고 있는 것이다.

아스트라제네카는 항체-약물 접합체(antibody-drug conjugates, ADC)에도 힘을 쏟는다. 아스트라제네카는 폐암에서 TROP2 ADC의 임상시험 6건을 진행하고 있다. 이 밖에도 표적항암제인 MET 저해제 오파티스(Orpathys®, 성분명: savolitinib)의 임상 2건도 진행하고 있다. 모두 EGFR 변이 비소세포폐암에서 타그리소의 약물 저항성을 극복하기 위해 오파티스와 타그리소를 병용투여하는 임상시험이다.

2021년 로슈의 매출액은 724억 달러였으며, 이 가운데 23%에 해당하는 161억 달러를 R&D에 투자했다. 로슈 매출의 상당 부분은 표적항암제인 아바스틴과 허셉틴, 혈액암과 자가면역 질환에 처방하는 리툭산이다. 바이오시밀러가 등장하기 전까지만 해도 이 3개 항암제로 많게는 연간 약 200억 달러까지 매출을 올렸다. 로슈는 이제 폐암을 치료하는 항암제 개발에 집중하고 있다. 특히 면역관문억제제를 중요하게 본다. 폐암에서 티쎈트릭으로 임상3상 10건, 차세대 면역관문억제제로 베팅하고 있는 TIGIT 항체 티라골루맙(tiragolumab)으로 임상3상 4건 등이 있다(2022.10. 파이프라인 업데이트 기준).

순위	기업	매출액 (억 달러)	전년 대비 증가율 (%)
1	J&J	938	13.6
2	화이자	813	95.2*
3	로슈	724	6.2
4	애브비	562	22.7
5	노바티스	516	6.1
6	머크(MSD)	487	17.3
7	BMS	464	9.1
8	GSK	461	-0.6
9	사노피	430	-2.3
10	아스트라제네카	374	40.6*

[표 2_01] 2021년 매출액 기준 상위 10개 제약기업(코로나19 백신 관련 매출액 포함).[3] *은 코로나19 백신 제품 매출이 성장세에 주요하게 반영된 기업

순위	기업	R&D 비용 (억 달러)	매출액 대비 비중 (%)
1	로슈	161	23
2	J&J	147	16
3	화이자	138	17
4	머크(MSD)	122	25
5	BMS	113	24
6	아스트라제네카	97	26
7	노바티스	90	17
8	GSK	72	16
9	애브비	71	13
10	일라이 릴리	70	25

[표 2_02] 2021년 R&D 투자 기준 상위 10개 제약기업 (피어스바이오텍 데이터 재구성)[4]

머크와 BMS의 과거

머크와 BMS 둘 다 전 세계적 규모의 제약기업들 가운데서도 상위권이다. 매출 순위도 엇비슷하다. 머크의 2021년 매출액은 487억 달러, BMS가 464억 달러였다. R&D 투자 규모와 비중 또한 비슷하다. 머크는 2021년 전체 매출액에 25%인 122억 달러를 R&D에 투자했고, BMS도 매출액에 24%인 113억 달러를 투자했다.

잘 나가는(?) BMS와 머크는 과거에 어땠을까? 2000년대 중후반, 전 세계적 제약기업들은 전반적인 위기였다. 2009년부터 2013년까지 많은 의약품의 특허가 순차적으로 만료되었다. 또한 제네릭(복제약)이 시장에서 차지하는 비중이 높아지면서, 특허를 가진 원 개발 기업의 매출까지 모두 1,370억 달러 정도 줄어들 것이라는 보고서가 2010년대 초반에 발표되기도 했다.[5] 화이자의 혈압약 리피토(Lipitor®, 성분명: atorvastatin calcium trihydrate)는 출시 후 특허만료 전까지 1,494억 달러어치가 팔린 메가-블록버스터 의약품이었는데, 2010년에 특허가 만료되었다. 머크의 천식 치료제 싱귤레어(Singulair®, 성분명: montelukast sodium), 일라이 릴리의 조현병 치료제 자이프렉사(Zyprexa®, 성분명: olanzapine) 등 주요 의약품들의 특허도 만료되어 갔지만[6] 신약개발은 제 속도를 내지 못했다.[7]

전 세계적 규모의 제약기업들은 이런 상황에서 벗어나려고 대형 인수합병에 나선다. 2009년은 액수에서도, 물질의 혁신성에서도 모두 초대형 인수합병이 활발하게 일어난 해다. 2009년에 화이자는 와이어스(Wyeth)를 680억 달러에 인수했고, 로슈는 제넨텍을 468억 달러에 인수했다. BMS와 머크도 대형 인수합병을 진행했다.

BMS는 2000년대 말 구조조정을 거치면서 새 전략을 세웠다. BMS의 전략은 제휴(alliances), 파트너십, 인수합병 등에 적극적으로 나서는 것이었다.[8] 2009년 시작된 BMS의 새 전략에 따라 2010년 자이모제네틱스(ZymoGenetics), 인히비텍스(Inhibitex), 아밀린(Amylin)을 인수했고, 2010년대 중반부터는 항암제 관련 기업들을 더 적극적으로 인수하기 시작했다. BMS는 인수를 계속 이어갔는데, 2019년에는 셀진(Celgene)을 740억 달러에 인수했다. BMS의 셀진 인수는 그 당시까지 모든 제약과 바이오 분야 인수합병 가운데 다섯 손가락 안에 들어가는 규모였다.[9]

다양한 연구개발을 하는 바이오테크를 인수하는 BMS의 새 전략이 모두 성공한 것은 아니었다. 단 2022년 현재 기준 BMS의 전체 파이프라인 가운데 절반 이상은 이와 같은 전략 덕분에 가질 수 있게 된 것들이다. 그리고 2009년 BMS의 새 전략의 시작점이었던 메다렉스 인수합병에서 이필리무맙과 니볼루맙이라는 CTLA-4와 PD-1 항체가 파이프라인 안으로 섞여 들어왔다.

머크도 새로운 길을 찾기 위해 인수합병에 나섰다. 2009년 411억 달러에 쉐링플라우(Schering-Plough)를 사들였다. 쉐링플라우가 가지고 있던 골리무맙(golimumab), 아세나핀(asenapine), 슈가메덱스(sugammadex), 보라팍사(vorapaxar), 보세프레비어(boceprevir)는 각각 류머티즘 관절염, 조현병, 근이완제, 항응고제, C형간염 신약으로 주목받았고, 머크는 이 다섯 가지 라인업 가운데에서 활로를 찾으려 했다. 그러나 머크가 기대했던 다섯

개 라인업은 시장에서 의미 있는 성과를 내지 못했다.[10] 그런데 머크가 인수한 쉐링플라우를 따라서 펨브롤리주맙이라는 PD-1 항체가 머크의 에셋 안으로 섞여 들어왔다.

테제네로와 CD28 항체

2006년, 독일의 테제네로(TeGenero)가 CD28 수용체를 활성화하는 수퍼아고니스트(superagonist) 항체(TGN1412)를 6명에게 투여하는 임상1상을 진행했다. 그리고 항체를 투여받은 6명 모두가 중환자실로 옮겨졌다. 곧바로 부작용이 나타났기 때문이다. 항체를 투여한 후 90분이 채 지나지 않아 두통, 근육통, 설사, 고혈압 증상이 나타났는데, 전신 염증반응으로 인한 부작용이었다. 사이토카인 방출 신드롬이었다. 12~16시간이 지나자 폐가 손상되었고 신부전도 생겼다. 혈전과 출혈을 일으키는 파종성 혈액 내 응고가 관찰되는 중태에 빠졌다.[11] 투여 후 24시간 안에 림프구와 단핵구 고갈이 심각한 수준으로 나타났다. 모든 환자가 중환자실로 곧바로 이송되어 집중치료를 받았다. 이 사건을 지켜본 관계자들은 재앙(disaster)이라고 표현했다. 허셉틴이 나타나 항체의 약품에 대한 기대가 커지고 있던 시기에 벌어진 일이었기 때문이었다. 이 사건 이후 테제네로는 어려움을 겪었고 결국 4개월만에 파산했다.[12]

면역 시스템 가운데 T세포는 몸 밖에서 들어온 바이러스나 세균을 없애는 역할을 한다. 면역 시스템은 암세포 또한 자기 몸 밖에서 온 어떤 것으로 인식하는데, 이로 인해 T세포는 암세포를 없애는 역할도 한다. 역시 면역 시스템에 속한 수지상세포나 대식세포 등도 혈관을 타고 돌아다니다가 바이러스나 세균, 즉 항원을 만나면 표면에 특정한 단백질(CD80[B7-1]/CD86[B7-2])을 발현한다. 수지상세포나 대식세포 표면에 발현된 CD80/CD86는 T세포 표면에 있는 CD28 수용체와 결합하는데, 이렇게 결합하면 T세포가 활성화된다. 바이러스나 세균을 없애기 시작하는 것이다. 이렇게 항원 정보를 T세포에 알려주기 때문에 수지상세포나 대식세포를 항원제시세포(Antigen Presenting Cell, APC)라고 부른다.

이 과정을 좀더 쪼개어 살펴보자. 항원 정보를 알려주는 TCR-pMHC 상호작용이 T세포 활성화를 시작하는 '시그널1'이라면, CD28은 순간적으로 T세포 활성화를 끌어올리는 '시그널2'다. CD28을 자극하면 T세포는 활성화되고 빠르게 T세포 숫자가 늘어난다. 이때문에 CD28은 공동자극인자(costimulatory molecules)라고 불린다.

만약 CD28 수용체를 활성화하는 항체를 암 환자의 몸속에 넣어주면 어떤 일이 벌어질까? T세포는 T세포수용체(TCR)을 거치는 시그널1 작용 없이도, 시그널2만으로 활성화될 수 있다. 즉 T세포가 암세포를 만나는 작용 없이도 암세포를 곧바로 공격할 수 있다. 그래서 CD28 항체는 강력한 활성화제인 수퍼아고니스트로 불린다. 환자의 T세포가 강력하게 활성화되어 암세포를 없애지 않을까 하는 아이디어가 테제네로의 TGN1412 임상시험이었다.

테제네로는 임상1상에서 건강한 남성 피험자 32명에게 TGN1412와 위약을 투여해 비교했다. 임상 용량은 0.1, 0.5, 2.0,

5.0mg/kg 네 그룹으로 나뉘었고, 각 그룹은 TGN1412 투여군 6명, 위약 투여군 2명으로 구성되었다. 용량을 늘리면서 약물의 안전성과 내약성(tolerability)을 보기 위함이었고, 약물투여에 따른 림프구와 사이토카인 변화 등도 측정하고자 했다. 그런데 동물실험에서 확인한 안전용량(원숭이 50mg/kg)보다 500배 낮은 첫 번째 용량 0.1mg/kg 투여 그룹에서 생명을 위협하는 부작용이 나타났다. 테제네로는 임상개발을 멈춰야 했다.[13] TGN1412 임상시험 실패는 면역항암제 전반을 향해 쏟아지고 있던 기대감에 영향을 주었다.

펨브롤리주맙(pembrolizumab)
정신질환 환자에게 처방하는 사프리스(Saphris®, 성분명: asenapine), 전신 마취를 깨우는 회복제 브리디온(Bridion®, 성분명: sugammadex), 혈전용해제 존티비티(Zontivity®, 성분명: vorapaxar) 등의 신약개발로 이름을 알렸던 쉐링플라우(Schering Plough)는 2007년에 오가논(Organon)을 144억 달러에 인수한다. 쉐링플라우는 오가논이 강점을 보이던 여성건강, 신경·마취 중추신경계(CNS) 신약, 동물의약품 등에 관심이 있었다.[14]

오가논은 페인트와 화학제품으로 유명한 다국적기업인 악조노벨(Akzo Nobel)의 헬스케어 부문 사업체였다. 2019년 애브비에 인수된 앨러간(Allergan)의 R&D 책임자인 데이비드 니콜슨(David Nicholson)이 당시 오가논의 R&D 전반을 책임지고 있었다. 오가논은 저분자화합물 치료제를 개발할 때 표적 검증에 쓰는 항체 관련 기술을 치료제 개발에 적용해보려 시도했다.[15] 이러한 움직임 가운데 하나로 자가면역질환 항체 포트폴리오를 강화하고자 했고, 2003년부터 PD-1 항체 개발에 착수했다.[16] 항체로 막단백질인 PD-1을 활성화하면, 면역질환 환자에게서 과도한 면역반응을 일으키는 T세포를 멈추게 할 수 있다는 아이디어였다. 그런데 마땅한 작용제(agonist)는 나오지 않았고, 예상치 못하게 활성을 억제하는 좋은 길항제(antagonist)를 찾게 된다.

2000년대 중후반에는 면역항암제에 대한 회의적인 분위기가 강했다. 오가논 연구팀도 PD-1 저해제로 어떤 신약을 개발하면 좋을지 확신이 없었다. 오가논의 연구팀과 경영진은 PD-1 저해제를 항바이러스제, 백신 면역증강제 등으로 고민하다가 암으로 방향을 바꾸어 잡았다. 오가논은 2006년 생명과학 의료연구 자선단체인 MRCT(MRC Technology)[17]와 공동연구로 환자에게 투여하기 적합한 항체 인간화(humanize) 과정을 시작했고, 2008년 최종 후보물질을 도출한다. 펨브롤리주맙(pembrolizumab)이라는 성분명이 붙은 PD-1 항체 물질이었다.

오가논을 인수한 쉐링플라우는 PD-1 항체, 즉 펨브롤리주맙 프로젝트를 우선순위에서 내렸다. 쉐링플라우가 오가논을 인수하려고 했던 주된 이유는, 쉐링플라우의 임상2상 파이프라인들의 실패 때문이었다. 오가논의 임상2상 프로젝트를 인수해 쉐링플라우의 임상개발 구멍(?)을 메꿔보려는 것이었다. 그런데 PD-1 항체는 전임상 단계였다.

오가논 관계자들은 쉐링플라우 경영진에게 PD-1 항체 프로젝트의 중요성을 설득했지만 쉽지 않았던 것 같다. 아마도 2006년에 있었던 TGN1412 임상시험 실패 분위기가 영향을 주었을 것이다. 당시까지만 해도 면역항암제가 효능이 없다는 생각이 지배적이었고, PD-1 항체는 종양학 프로그램 중에서도 우선순위가 낮았다. 이런 가운데 2009년, 쉐링플라우는 머크와 합병한다.

머크와 합병으로 PD-1 항체 프로젝트에 힘이 붙을 수도 있다는 기대가 있었지만, 머크 경영진도 쉐링플라우와 입장이 크게 다르지 않았다. 오히려 머크 경영진은 쉐링플라우보다도 PD-1 항체 프로젝트에 대한 기대가 없었는지, PD-1 항체 프로젝트를 멈추는 결정까지 내린다. 2009년 말, 머크는 PD-1 항체 프로젝트를 다른 제약기업에 헐값에 팔아치우기 위한 라이선스 아웃 목록에 올렸다.

이필리무맙(ipilimumab)
비슷한 시기 메다렉스(Medarex)도 CTLA-4 항체 이필리무맙(ipilimumab, MDX-010)으로 임상3상을 진행하고 있었다. 메다렉스는 자체 인간 항체 플랫폼(UltiMAb®)에서 찾은 항체를 파트너사에 넘기는 방식으로 신약개발을 하고 있었다. 센토코어(Centocor, 현재 Janssen Biotech)가 건선치료제 스텔라라(Stelara®, 성분명: ustekinumab), 노바티스가 희귀자가면역질환 치료제 일라리스(Ilaris®, 성분명: canakinumab) 등을 출시할 때 메다렉스의 유전자 변형 쥐(transgenic mice)에서 인간항체(fully human antibody)를 발굴하는 플랫폼을 활용했다.[18] 자연스럽게 메다렉스는 파트너십이 활발했다. BMS, 존슨앤드존슨, 화이자, 노바티스, 일라이 릴리, 젠맙(Genmab), 암젠 등과 암·면역질환 항체를 제공하는 계약을 맺었다. 타깃도 CD19, CD70, CD20, CD30, CXCL10 등으로 여럿이었다.

메다렉스는 CTLA-4 임상3상을 진행하면서도 PD-L1 항체 MDX-1105와 PD-1 항체 MDX-1106(ONO-4538) 프로젝트의 임상개발을 진행했다. PD-1 항체의 경우 2005년부터 오노 파마슈티컬(Ono Pharmaceutical)과 공동개발해온 프로젝트였고, PD-L1은 메다렉스 자체 항체 플랫폼으로 찾은 후보물질이었다.

메다렉스는 면역항암제의 가능성을 일찌감치 알아보고 CTLA-4 항체 임상개발을 시작했던 만큼, PD-L1 개발도 진행했을 것이다. 당시 메다렉스는 PD-1, PD-L1이 CTLA-4를 이을 차세대 면역항암제라고 보았다.[19] 2008년 메다렉스는 PD-1 항체 MDX-1106의 임상1상 중간 결과를 발표했다. 같은 해 PD-L1 항체 MDX-1105의 임상1상도 시작한다.

메다렉스의 신약개발 아이디어는 PD-1이나 PD-L1 신호전달을 막으면 항원 특이적인 암세포를 다시 회복시켜 면역반응을 일으킬 것이라는 것이었다. 현재 기준 신약개발 방식과 다른 점이 있다면 메다렉스는 암에 중점을 두고 HIV와 C형간염질환(HCV) 등의 감염질환에 대한 임상시험으로 범위를 넓힌 것이었다. 즉 적응증 확대 가능성을 열어둔 것이다. 암 환자에게서 PD-L1이 높을수록 생존 기간이 짧아진다는 것을 알고 있었는데, 만성질환에서도 공통적으로 T세포의 PD-1 발현이 높다는 것을 확인했기 때문이다.

2009년 머크가 쉐링플라우를 인수하던 해에 BMS는 메다렉스를 24억 달러에 인수한다. BMS는 주목받기 시작한 항체의약품에 대한 파이프라인을 인수합병으로 확장할 계획이었다.[20] 이렇게 항체의약품 파이프라인을 2배로 늘리고, 장기적으로 생명과학을 바탕으로 한 신약개발에 주도적으로 참여하는 것이 목표였다. BMS는 90% 프리미엄을 얹은 높은 가격에 메다렉스를 인수했고, 지나치게 비싼 값을 지불한 것이 아니냐는 비판을 받았다.[21] 그러나 BMS의 투자는 충분한 가치가 있었다.

여보이(Yervoy®)

BMS의 메다렉스 인수는, BMS가 이미 일정 부분 권리를 갖고 있던 여보이를 완전히 확보했다는 데 의미가 있었다. BMS와 메다렉스는 파트너십을 맺고 흑색종 대상 임상3상과 폐암, 전립선암 등에 대한 임상개발을 함께 진행하던 사이였다. BMS는 메다렉스가 단독으로 임상개발하는 7개 항체에 대한 권리와, 함께 파트너십을 맺고 개발하던 3개 항체에 대한 일부 권리를 확보했다.

여보이는 T세포에 있는 CTLA-4 수용체에 결합하는 항체다. 암 항원을 만난 항원제시세포(APC)가 CD80/CD86 단백질을 표면에 발현하고, 다시 T세포의 CD28 수용체에 결합한다. 그런데 T세포에 있는 활성화 수용체 CD28보다, 이와 매우 비슷한 억제성 수용체 CTLA-4가 CD80/CD86 단백질과 결합하려는 힘이 더 강하다. CD80/CD86 단백질에 CTLA-4 수용체와 결합하면 T세포의 활성도가 낮아지며 T세포의 힘이 약해진다. 이는 힘이 너무 강력한 T세포가 정상세포를 잘못 공격할 것을 막는 메커니즘이다.

문제는 암 환자의 림프절에 있는 항원제시세포(APC)에서 주로 발현되는 CD80/CD86 단백질이 CTLA-4 수용체와 결합해버릴 때다. 이 경우 T세포가 암 항원을 처음으로 만나 공격할 준비를 갖추는 프라이밍(priming) 작용이 일어나지 못하고, T세포는 암세포를 잘 공격할 수 없다. 여보이는 CTLA-4 수용체에 결합하는 항체다. 여보이가 T세포에 CTLA-4 수용체에 결합해버리면, 항원제시세포의 CD80/CD86 단백질이 T세포의 CD28 수용체에 더 많이 결합할 수 있을 것이다. 이때 T세포가 활성화되면서 암세포를 공격한다.

일반적으로 T세포가 활성화되면서 CTLA-4 발현이 높아지는데, 면역을 억제하는 조절T세포(regulatory T cells, Treg) 표면에는 CTLA-4가 늘 발현되어 있다. 이 조절T세포는 암 조직 안에서 많은 부분을 차지하면서 T세포가 암세포를 죽이는 작용을 막는다. 여보이가 항암 효능을 발휘하는 이유 가운데, 조절T세포를 억제하고 이를 고갈시키는(depletion) 작용도 중요할 것으로 추정된다.

여보이는 항암제로 처방되던 다른 약물과 비교했을 때 종양 크기를 줄이는 반응률에서는 큰 차이가 없었다(임상2상에서 ORR 11%).[22] 많은 전문가들은 여보이가 사이토카인, 백신 등 면역요법 약물처럼 10~15% 반응률 정도를 보여주는, 크게 다르지 않은 약물이라고 보았다. 그런데 여보이가 기존 항암제가 하지 못하는, 장기적으로 암을 제거할 수 있고 완치까지 가능한 현상에 주목하는 소수의 시각도 있었다. 이 소수의 전문가들은 환자에게 전과 다른 현상이 나타났다면, 그 비율이 10~15%라고 해도 규제기관 기준을 맞출 수 있는 고민과 합리적인 기준을 만들어야 한다고 주장했다.[23] 10~15%는 크지 않은 숫자였지만, 그 숫자 안에는 고통받고 있는 환자 한 명 한 명과 그 가족이 있다. 그들에게 희망을 줄 수 있다면 해볼 만한 일인 것이다.

2010년 중반 면역항암제에 대한 주류의 시각을 뒤집는 일이 생겼다. 2010년, 『뉴 잉글랜드 저널 오브 메디신(The New England Journal of Medicine, 이하 NEJM)』에 「이필리무맙이 전이성 흑색종 환자에게서 생존 기간을 늘렸다(Improved Survival with Ipilimumab in Patients with Metastatic Melanoma)」라는 제목의 논문이 실렸다.[24]

임상3상을 시작한 2000년대 중반 전이성 흑색종은 1차 치료제 말고는 마땅한 치료제가 없었기에, 대조군으로 효능이 미미하다고 알려진 암 백신 gp100(glycoprotein 100: 흑색종 환자에게서 T세포 면역반응을 일으킨다고 알려진 펩타이드)과 비교했다. 임상3상은 이전에 치료를 받고 재발한 3기 또는 4기 흑색종 환자에게 여보이+gp100, 여보이 또는 gp100을 3:1:1 비율로 투여했다. 여보이와 gp100 병용투여로 임상시험이 설계된 이유는, 이전 연구에서 gp100과 인터루킨-2(IL-2)를 병용투여하면 gp100 효능이 높아진다는 연구 때문이었다. 여보이도 T세포를 활성화하니 병용투여에 이점이 크지 않겠냐는 아이디어였다.

임상시험 결과는 뜻밖이었다. 여보이와 gp100을 투여한 환자는 10.0개월을 더 생존했다. 그런데 여보이는 10.1개월, gp100은 6.4개월이었다. 여보이는 환자의 생존 기간을 늘렸지만, gp100은 이점이 없었다. 임상을 주도한 스티븐 오데이(Steven J. O'Day)는 "종양학자로서는 처음으로 무작위 임상3상에서 전이성 흑색종 환자의 삶을 크게 연장한 결과를 봤다"라고 말했다.[25] 2011년 BMS는 FDA로부터 전이성 흑색종 1차 치료제 여보이의

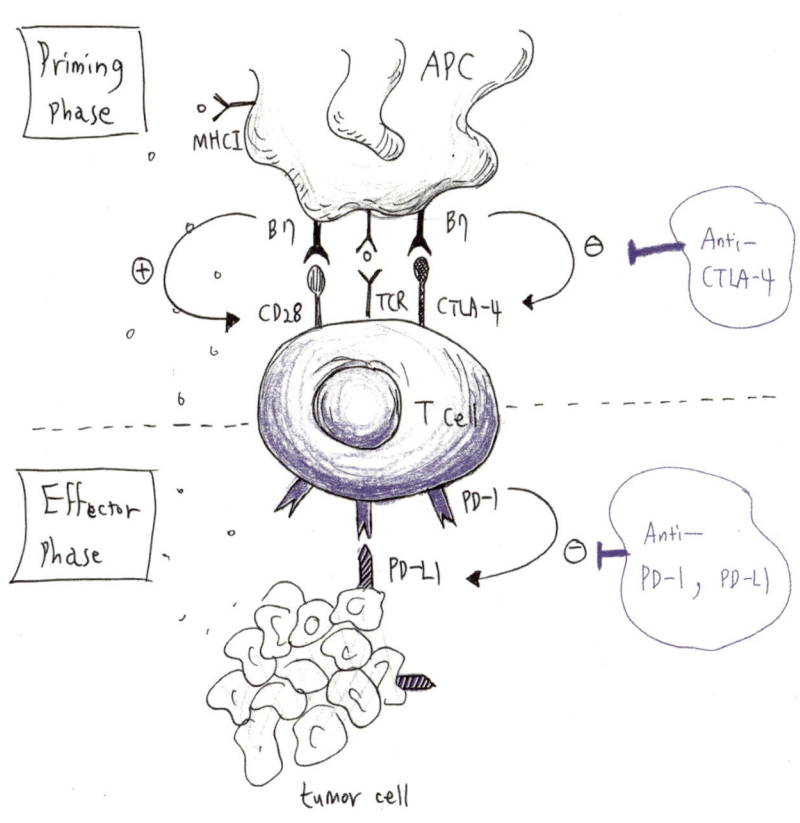

[그림 2_01] PD-1/PD-L1, CTLA-4 면역관문억제제 작용 메커니즘

시판허가를 받는다. 메다렉스부터 BMS까지 이어지는 14년이 넘는 연구개발 과정의 결과물이었고, 1996년 제임스 앨리슨(James P. Allison)이 CTLA-4를 억제하는 것이 항암작용을 할 수 있다는 것을 발견한 지 20년만의 일이었다. 제임스 앨리슨과 1992년 PD-1 메커니즘을 밝힌 혼조 다스쿠(Tasuku Honjo)는 면역항암제 탄생에 기여한 공을 인정받아 2018년에 함께 노벨생리학상을 받았다.

옵디보(Opdivo®)

한편 2010년 PD-1 항체 MDX-1106 프로젝트에 대한 결과 발표가 나왔다. 그런데 이미 MDX-1106을 가지고 했던 전이성 고형암 환자 대상 임상1상에서 놀라운 결과가 나오기 시작한다는 소문은 이미 돌고 있었다.

BMS가 미국 임상종양학회(American Society of Clinical Oncology, 이하 ASCO) 2010에서 발표한 결과를 보면, 불응성 고형암 환자 39명에게 MDX-1106을 투여하자 대장암 환자 1명에게서 암이 사라지는 완전관해(CR), 흑색종 환자와 신장암 환자에게서 부분관해(PR)가 나타났다. 또한 흑색종 환자와 비소세포폐암 환자에게서 PR 기준(30% 이상 감소)에는 못 미쳤지만 암이 줄어드는 것을 관찰했다.[26] 비록 초기 결과였지만 적어도 여보이만큼 좋은 효능을 확인한 것처럼 보였다. 그런데 부작용은 뚜렷하게 달랐다.

여보이는 면역을 활성화하면서 주로 위장관과 피부에서 중증 또는 치명적인 면역 관련 부작용을 일으켰다. 여보이를 투여받은 환자의 20% 이상에게서 3등급 또는 4등급 부작용이 발생했고, 이 가운데 면역 관련 독성은 10~15% 수준이었다. 여보이를 투여받은 환자 10명 가운데 1명은 부작용 때문에 투약을 중단했고, 약품으로 판매가 시작될 때 제품 겉면에 경고 표시를 붙여야 했다. 지금도 독성 부작용은 CTLA-4 항체를 얘기할 때 늘 따라붙는 꼬리표며, 다음 세대 CTLA-4 약물 개발에서도 독성을 낮추는 것에 초점이 맞춰지고는 한다.

PD-1 항체는 여보이만큼 효능을 나타내면서도 안전성에서는 더 나았다. MDX-1106는 면역항암제 옵디보의 프로젝트 이름이었는데, BMS는 옵디보로 암 치료제 신약개발의 판을 뒤집었다. PD-1 항체가 주목받기 전에는 '10%대에 머무르고 있는 CTLA-4 반응률을 올리기 위해 어떤 병용요법이 적절한가?'에 관심이 쏠려 있었다. 심지어 불과 몇 년 전까지만 해도 TGN1412 임상시험 실패로 면역항암제 자체에 대한 관심이 낮아져 있는 상황이었다. 그런데 BMS는 MDX-1106의 안전성과 효능을 보고 곧바로 여보이와 병용투여 임상시험에 뛰어들었고, 항암 신약개발 현장의 분위기가 단번에 바뀌었다.

키트루다(Keytruda®)

BMS가 면역항암제 문을 열어젖히던 때, 머크는 뜻하지 않게 얻은 면역항암제 개발 프로젝트를 헐값에 팔아치우려고 생각하고 있었다. 머크는 BMS처럼 항암제나 면역요법에 투자해오던 회사가 아니었고, 머크 내부에 면역항암제에 대한 이해나 전문성을 갖춘 사람도 많지 않았다. 그러나 로저 펄뮤터(Roger M. Perlmutter)가 다시 머크에 돌아오면서 머크는 키트루다에 말 그대로 올인(all in)하는 기업으로 변한다. 머크는 라이선스 아웃 목록에 올려놓고 팔리기만을 기다렸던, 쉐링플라우 인수에서 얻게 된 PD-1 항체 MK-3475 프로젝트의 임상시험계획(investigational new drug, IND)을 2010년 말 미국 FDA에 제출한다. 그리고 2011년 초에 진행성 고형암 환자를 대상으로 한 임상1상을 시작한다.

BMS의 옵디보와 머크의 키트루다 모두 흑색종에서 임상시험을 시작했다. 흑색종은 피부암이다. 햇빛이 피부에 닿으면 자외선이 피부 세포 속에 있는 DNA에 영향을 준다. 피부 세포 DNA에 돌연변이가 일어나고, 이 가운데 흑색종으로 진행되는 경우가 생긴다. 이와 같은 메커니즘, 즉 외부 환경 노출로 발병하기 쉬운 암이기 때문에, 흑색종은 변이가 많은 암 또는 종양 변이부담(tumor mutational burden, TMB)이 큰 암이다. 변이가 많다는 것은 하나의 변이만 타깃해서는 효과를 보기 어렵다는 뜻이다.

그런데 면역항암제는 암세포를 직접 공격하는 것이 아니라 암을 제어할 수 있는 면역 시스템을 활용한다. 종양에서 변이가 많아지면 늘어난 변이에 따라 새로운 항원인 신항원(neoantigen)이 생긴다. 면역 시스템은 몸에 없던 신항원을 더 쉽게 인지할 수 있어 종양 안으로 침투하는 T세포가 늘어나며, 이에 따라 더 높은 항암 반응을 이끌어낼 것으로 기대된다. TMB가 높은 암에서 면역항암제가 더 잘 작동할 것으로 보는 이유다.

TMB가 큰 흑색종은 '면역반응이 높은 암(immuneresponsive tumor)'이라고 알려져 있다. 따라서 면역항암제가 효과가 있는지

없는지는 흑색종 치료에 효능이 있는지를 보는 것이 좋다. 2022년 현재 기준 판매가 허가된 CTLA-4, PD-1, LAG-3 항체 항암제는 모두 흑색종 치료제로 시작했다.

2011년 머크가 진행한 키트루다 임상1상은, 흑색종 환자와 폐암 환자 1,260명을 대상으로 한 전례 없는 규모의 임상시험이었다. 보통 항암제 임상1상은 용량을 올려 가면서 내약성, 안전성, 약동학적 특징을 파악해 임상2상에서 환자에게 투여할 용량을 정하는 것이 목적이다. 따라서 임상1상에 참여하는 환자는 30~50명 정도이며, 100명이 넘으면 대규모라고 할 수 있다. 그런데 머크는 1,260명을 대상으로 키트루다 임상1상을 계획하고 실행했다. 암 치료제 개발 역사상 가장 큰 규모 임상1상 가운데 하나였다.

KEYNOTE-001

머크는 키트루다가 여보이 임상시험에서처럼 T세포 억제 브레이크를 없애는 PD-1 메커니즘 흑색종 치료제로 적합할 것이라 생각했다. KEYNOTE-001 임상1상은 여느 임상1상처럼 고형암 환자 32명을 대상으로 하는 시작했다. 머크는 키트루다 투여 그룹을 5개로 나눴다. 1, 3, 10mg/kg으로 용량을 투여하는 코호트A와, 면역항암제에 잘 반응하는 암으로 알려진 흑색종과 신장암 환자에게 투여해 최대내약용량(MTD)를 평가하는 코호트B를 구성했다.

흑색종 환자를 대상으로 한 임상1상에서 보여준 결과는 놀라웠다. 임상1상에 참여한 안토니 리바스(Antoni Ribas) UCLA 피부암 전문 교수는 초기 흑색종 환자 7명 가운데 6명에게서 종양이

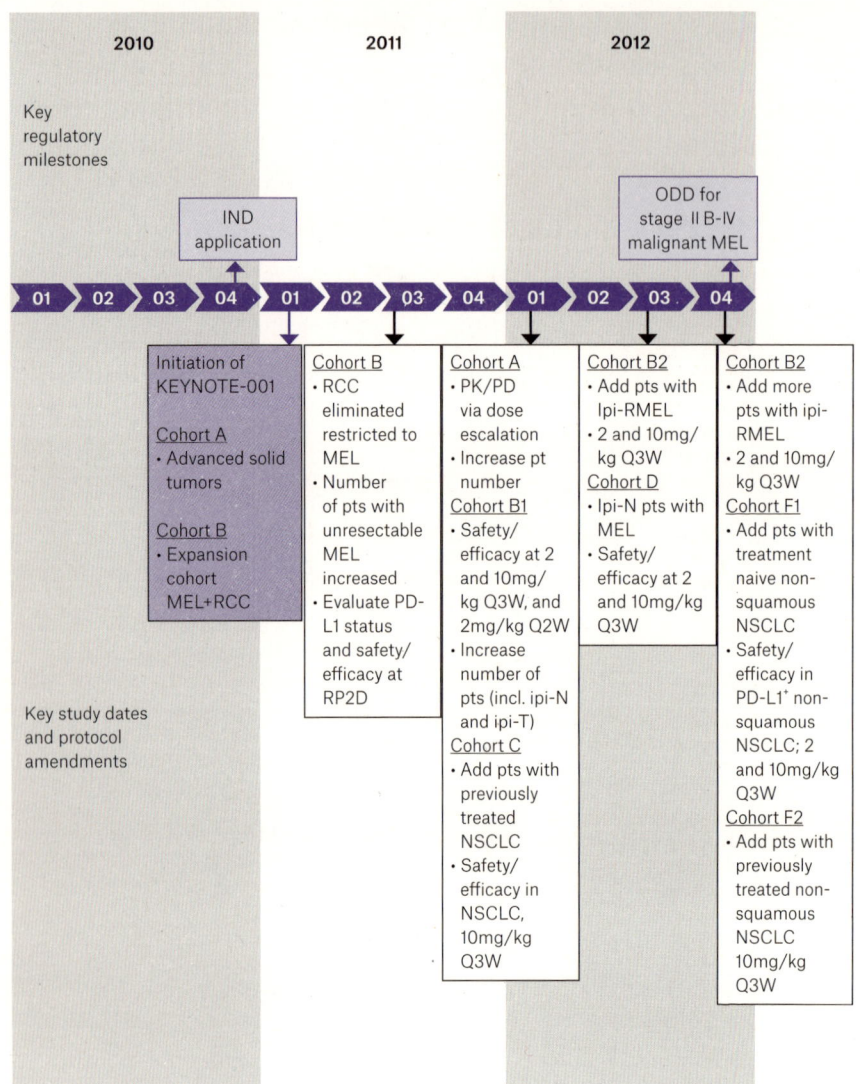

[그림 2_02] KEYNOTE-001 임상시험 타임라인과 주요 임상 디자인 변경 및 FDA 규제당국 마일스톤 정리. 머크는 초기 흑색종과 신장암 위주로 임상 디자인을 짰다가, 흑색종과 비소세포폐암 위주로 타깃 적응증을 변화해 환자 수를 늘려갔다. 이후 임상 디자인에서 PD-L1 발현 여부나 이전 여보이 치료를 받았거나 또는 치료에 불응한 환자까지 포함시킨 임상 디자인을 볼 수 있다.

MEL, metastatic melanoma; BTD, breakthrough therapy designation; Ipi(-R, -T, -N), ipilimumab (-refractory, -treated, -naïve)[27]

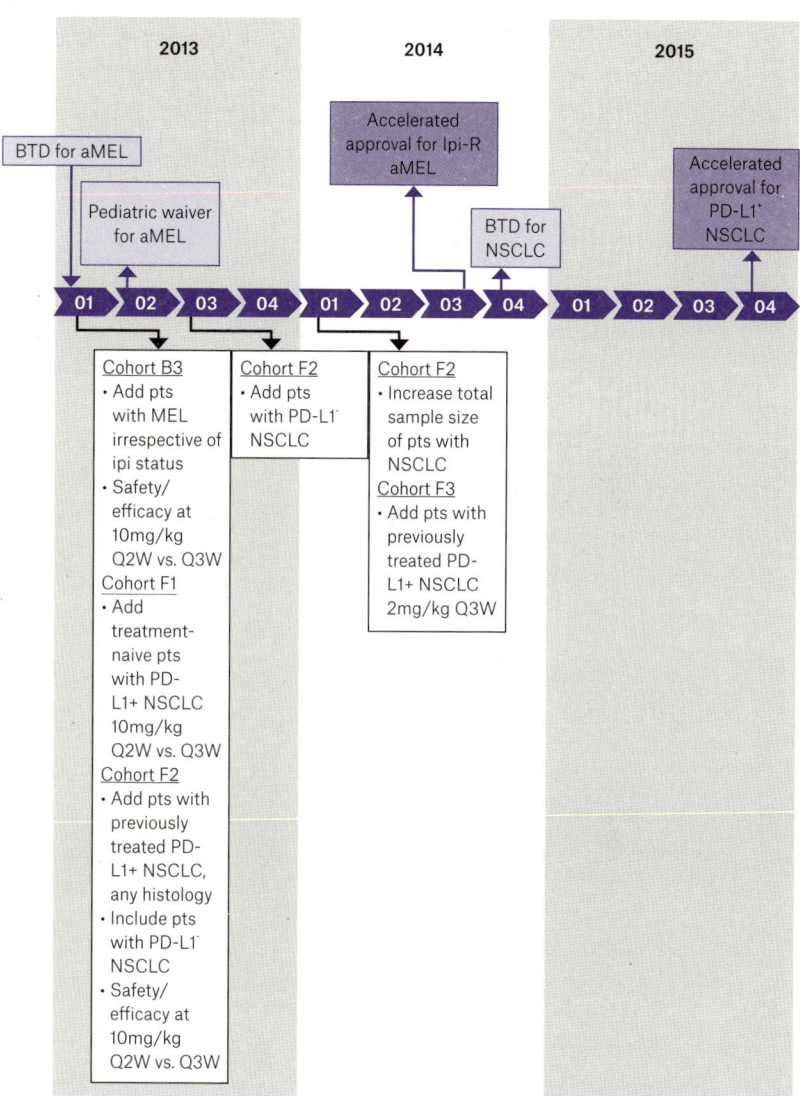

30% 이상 줄어드는 반응을 관찰했는데, 이는 전체반응률(ORR)로 따지면 80%가 넘는 수준이었다. 10~15%의 전체반응률(ORR)만 보여주던 지금까지의 면역요법과는 '전혀 다르다'는 것을 알아차린 안토니 리바스는 머크에 키트루다 투약 전후로 환자 종양이 줄어든 사진을 보냈다. 머크도 이 사진이 말하고 있는 것을 알아차렸다.[28]

머크는 발빠르게 움직이기 시작한다. BMS가 옵디보의 IND를 신청한 때는 2006년 즈음인데, 머크는 BMS보다 3~4년이 늦었기 때문이다. 머크는 흑색종에 집중하는 것과 함께, 더 이상 치료 방법이 없는 상태에서 여보이까지 투여받은 환자에게 키트루다의 치료 효능을 입증한다면, 대조군이 없는 단일군 임상시험이 가능할 것으로 보았다.

KEYNOTE-001 임상1상에서는 여보이를 투여받고 재발 또는 불응했거나, 여보이를 투여받은 적이 없는 흑색종 환자를 모두 참여시켰다. 머크는 초기 흑색종 환자 135명을 대상으로 한 임상시험에서 전체반응률(ORR)이 약 38% 수준으로 여보이 투여 유무에 따라 차이가 나지 않는다는 것을 입증했고, 이 결과로 2013년 1월 FDA에 혁신치료제 지정(breakthrough therapy designation) 신청을 승인받는다.

이 시기는 FDA가 혁신치료제지정 제도를 만들려고 하던 때였다. 2012년 일본 안전성 컨퍼런스에 참여했던 머크의 비임상 안전성 책임자 조셉 디조지(Joseph DeGeorge)는 예전에 FDA에서 같이 일했던 동료들에게 FDA가 혁신치료제지정 제도를 추진하고 있다는 소식을 듣는다. 혁신치료제지정 제도는 FDA가 심각한 질환에서 초기에 좋은 임상시험 결과를 낸 물질의 검토와 승인을 효율적으로 진행하려고 2012년 7월 도입한 제도다.[29] 제약기업은 기존 치료제보다 분명한 이점을 보이는 초기 임상시험 결과를 가지고 FDA에 신청할 수 있었고, 기준을 통과하면 약물 시판허가를 앞당길 수 있는 제도다. 머크는 혁신치료제지정 제도를 활용하기 위해 FDA와 적극적으로 소통하기 시작했다.

머크는 여보이를 투여받았거나 불응한 환자를 모집했고, 이후 무진행생존기간(PFS), 전체생존기간(OS) 추적 결과에서도 여보이 투여 유무와 상관없이 임상적 이점이 비슷한 점을 확인했다. 단 머크는 흑색종 환자 모집 숫자를 늘리면서 신장암 코호트는 제외했다. 대신 머크는 높은 반응률을 보여준 비소세포폐암(NSCLC)에도 집중하기로 한다. 용량을 평가하는 첫 번째 코호트에서 비소세포폐암 환자 7명 가운데 4명에게서 안전반응(SD)을 본 결과를 바탕으로 비소세포폐암 환자 38명을 대상으로 하는 코호트C를 새롭게 추가했다. 머크가 흑색종과 비소세포폐암 치료제로 개발의 방향을 잡으면서, 임상시험에 참여하는 대상자의 수도 빠르게 늘었다.

비소세포폐암과 흑색종은 치료법이 매우 제한적이고, PD-L1 발현이 높으며, PD-L1과 예후 상관성이 관찰되는 암이다. KEYNOTE-001 임상1상이 시작한 이듬해인 2012년 봄에 임상시험 참여자가 100명을 넘었다. 2012년 겨울에는 700명 이상, 2013년 5월에는 1,000명을 넘겼다(clinicaltrials.gov 기준, NCT01295827). 결과적으로 전이성 흑색종 환자 655명, 폐암 환자 550명 등 모두 1,260명이 참여하는 임상1상이라는 전례없는 규모가 되었다. 머크는 키트루다에 운명을 건 것처럼 보였다.

KEYNOTE-001 임상1상은 키트루다가 흑색종, 비소세포폐암 치료제로 시판허가를 받는 근거가 됐다. 어떻게 임상1상으로 1,260명이라는 임상시험 참여자가 가능할 수 있었던 것일까?

보통 단일 적응증 임상시험은 임상1상(안전성, 내약성), 임상2상(용량, 효능평가), 임상3상(허가를 뒷받침하기 위해 기존 치료제 대비 효능과 안전성을 모두 평가하는 무작위 통제 임상)이라는 순서를 밟는다. 머크의 키트루다는 이와 달랐다. KEYNOTE-001은 임상1상이었지만, 2개의 암 적응증에 대한 임상2상을 겹쳐놓은 모습이었다. KEYNOTE-001 임상1상은 위약(대조군)이 없는 단일군, 비무작위(non-randomized)로 진행됐다.

그리고 임상시험을 진행하면서 중간분석 결과를 타깃 환자·용량·바이오마커 개발 프로토콜에 즉각 수정·반영했다. 임상시험을 시작하기 전에 미리 짜놓은 통계분석(pre-specified statistical analysis)에 따라 다중 코호트를 늘려가는 적응형 디자인 방식(adaptive study)이었다.

먼저 시작한 흑색종 대상 용량 데이터를 가지고 비소세포폐암 임상시험에 적용하지 않고, 흑색종과 비소세포폐암에서 용량에 대한 가설을 바로 평가했다. 이렇게 하면 적응 임상이 빠르고 유연해지는 장점이 있다. 그러나 특정 결과를 바탕으로 다음 단계를 동시다발적으로 진행하므로 임상 프로토콜은 물론이고 분석과 해석도 복잡해진다. 또한 환자가 임상시험에 참여하면서 지켜야 하는 가이드를 뜻하는 환자 순응도(adherence) 등도 관리가 어렵다. 즉 머크는 위험을 선택했다.

머크는 임상시험을 시작한 지 4년 만인 2014년 9월에, FDA로부터 키트루다의 흑색종 치료제 가속승인(Accelerated Approval)을 받는다. 신약이 시판허가를 받기까지 걸리는 일반적인 기간인 10~15년과 비교하면 절반도 안 되는 기간에 이룬 성과였다. 선발주자였던 BMS보다도 3개월 빨랐다.

키트루다는 단일군 임상1상에서 키트루다가 흑색종과 비소세포폐암에서 초기부터 높은 효능을 나타냈고, 머크는 이를 잘 통제했다. 이렇게 '잘 통제된 임상시험'이라는 것은 중요한 이슈다. FDA가 치료제가 없는 미충족 수요가 높은 질환 분야에서 약물 사용을 앞당기기 위해 새롭게 만든 제도인 가속승인 허가를 받아내는 기준에 충족시킬 수 있기 때문이다. KEYNOTE-001 임상1상 총책임자였던 에릭 루빈(Eric Rubin)은 2017년 『종양학 연보(Annals of Oncology)』 리뷰 논문에서, 임상시험의 적응 디자인이 흑색종과 비소세포폐암에서 키트루다 가속승인을 가능하게 했다고 설명했다. 또한 PD-L1을 측정하는 동반진단(companion diagnostic)의 역할도 중요하게 언급했다.

"KEYNOTE-001 임상1상은 전례가 없는 임상이었고, 종양학 임상개발 방식 변화에 큰 영향을 미쳤다."

주석

1. AstraZeneca. (2022). Clinical trials appendix FY 2021 results update. https://www.astrazeneca.com/content/dam/az/PDF/2021/full-year/Full-year-2021-results-clinical-trials-appendix.pdf
2. Judith Stewart. (2020). Tagrisso FDA approval history. *Drugs.com*. https://www.drugs.com/history/tagrisso.html
3. 신창민. (2022). '매출 TOP10' 글로벌 빅파마, 작년 순위 변동은? *바이오스펙테이터(BioSpectator)*. http://www.biospectator.com/view/news_view.php?varAtcId=15998
4. Annalee Armstrong. (2022). Top 10 pharma R&D budgets in 2021. *Fierce Biotech*. https://www.fiercebiotech.com/special-reports/top-10-pharma-rd-budgets-2021
5. Jardines, Benjamin. (2010). Big pharma's 2009-2013 patent cliff: a comparison of company-level responses and strategic recommendations for Pfizer, Inc. and Eli Lilly and Company. *American University's Digital Research Archive(AUDRA)*. https://auislandora.wrlc.org/islandora/object/0910capstones%3A18/
6. Tracy Staton. (2011). 10 largest U.S. patent losses. *Fierce Pharma*. https://www.fiercepharma.com/special-report/10-largest-u-s-patent-losses
   Fierce Pharma. (2010). Big patent expirations of 2010. *Fierce Pharma*. https://www.fiercepharma.com/special-report/big-patent-expirations-of-2010
7. Jim Zarolli. (2009). Merck, Schering-Plough in $41B merger. *NPR*. https://www.npr.org/templates/story/story.php?storyId=101628010
8. Shankar N. (2012). Bristol-Myers Squibb: the asset problem and the string of pearls. *Seeking Alpha*. https://seekingalpha.com/article/838671-bristol-myers-squibb-the-asset-problem-and-the-string-of-pearls
   Elaine Silvestrini. (2021). Bristol-Myers Squibb. Drugwatch. https://www.drugwatch.com/manufacturers/bristol-myers-squibb/
9. Jacob Plieth, Madeleine Armstrong, Edwin Elmhirst. (2019). Bristol-Myers Squelgene makes its pre-JP Morgan splash. *Evaluate*.

https://www.evaluate.com/vantage/articles/news/deals/bristol-myers-squelgene-makes-its-pre-jp-morgan-splash
10   Derek Lowe. (2015). Looking back at Merck/Schering-Plough. *Science*. https://www.science.org/content/blog-post/looking-back-merck-schering-plough
11   Suntharalingam G. et al. (2006). Cytokine storm in a phase 1 trial of the anti-CD28 monoclonal antibody TGN1412. *N Engl J Med*. 355, 1018-1028. https://www.nejm.org/doi/full/10.1056/nejmoa063842
12   Fierce Biotech. (2006). Trial disaster triggers biotech bankruptcy. *Fierce Biotech*. https://www.fiercebiotech.com/biotech/trial-disaster-triggers-biotech-bankruptcy
13   Attarwala H. (2010). TGN1412: from discovery to disaster. *J Young Pharm*. 2(3), 332-336. https://www.ncbi.nlm.nih.gov/pmc/articles/PMC2964774/
14   Fierce Biotech. (2007). PRESS RELEASE: Schering-Plough Corporation completes $14.43 billion acquisition of organon. *Fierce Biotech*. https://www.fiercebiotech.com/biotech/press-release-schering-plough-corporation-completes-14-43-billion-acquisition-of-organon
15   David Shaywitz. (2017). The startling history behind Merck's new cancer blockbuster. *Forbes*. https://www.forbes.com/sites/davidshaywitz/2017/07/26/the-startling-history-behind-mercks-new-cancer-blockbuster/?sh=1fcb2be9948d
16   Labiotech.eu Editorial team. (2018). Meet the Dutch scientists who invented Keytruda, "The President's drug". *Labiotech.eu*. https://www.labiotech.eu/interview/interview-keytruda-cancer-inventors/
17   Jacob Bell. (2019). UK charity sells Keytruda rights for $1.3B. *BioPharma Dive*. https://www.biopharmadive.com/news/uk-charity-sells-keytruda-rights-for-13b/555150/
Nature Biotechnology. (2017). LifeArc splashes out, fuelled by Keytruda. *Nat Biotechnol*. 35, 693. https://www.nature.com/articles/nbt0817-693#article-info
18   Scott, C. (2007). Mice with a human touch. *Nat Biotechnol*. 25, 1075 –

1077.
https://www.nature.com/articles/nbt1007-1075

19 Fierce Biotech. (2008). Medarex announces initiation of phase 1b clinical development program with MDX-1106 for the treatment of cancer. *Fierce Biotech*.
https://www.fiercebiotech.com/biotech/medarex-announces-initiation-of-phase-1b-clinical-development-program-mdx-1106-for
Medarex. (2008). Preliminary data from ongoing phase 1 trial of investigational fully human anti-PD-1 antibody "ONO-4538/MDX-1106" presented at American Society of Clinical Oncology.
https://www.ono-pharma.com/sites/default/files/en/news/press/enews20080603.pdf
Medarex. (2008). Medarex, Inc. announces allowance of investigational new drug application for wholly-owned fully human anti-PD-L1 antibody, MDX-1105.
https://www.biospace.com/article/releases/medarex-inc-announces-allowance-of-investigational-new-drug-application-for-wholly-owned-fully-human-anti-pd-l1-antibody-mdx-1105-/
Medarex. (2007). 25th Annual JPMorgan Healthcare Conference.
https://www.sec.gov/Archives/edgar/data/874255/000110465907001893/a06-26583_2ex99d1.htm

20 Bristol Myers Squibb. (2020). Bristol-Myers Squibb to acquire Medarex.
https://news.bms.com/news/details/2009/Bristol-Myers-Squibb-to-Acquire-Medarex/default.aspx

21 Ransdell Pierson. (2009). Bristol-Myers to buy Medarex for $2.4 billion. *Reuters*.
https://www.reuters.com/article/us-bristolmyers-idUSTRE56M07120090723

22 Wolchok J.D. et al. (2010.) Ipilimumab monotherapy in patients with pretreated advanced melanoma: a randomised, double-blind, multicentre, phase 2, dose-ranging study. *Lancet Oncol.* 11, 155-164.
https://www.sciencedirect.com/science/article/abs/pii/S1470204509703341

23 Nature Reviews Drug Discovery. (2009). BMS bets on biologic immunotherapies. *Nat Rev Drug Discov.* 8, 688 – 689.

https://www.nature.com/articles/nrd2985

24 Hodi F.S. et al. (2010). Improved survival with ipilimumab in patients with metastatic melanoma. *N Engl J Med.* 363, 711-723.
https://www.nejm.org/doi/full/10.1056/nejmoa1003466

25 Bristol-Myers Squibb. (2011). FDA Approves YERVOY™ (ipilimumab) for the Treatment of Patients with Newly Diagnosed or Previously-Treated Unresectable or Metastatic Melanoma, the Deadliest Form of Skin Cancer
https://news.bms.com/news/details/2011/FDA-Approves-YERVOY-ipilimumab-for-the-Treatment-of-Patients-with-Newly-Diagnosed-or-Previously-Treated-Unresectable-or-Metastatic-Melanoma-the-Deadliest-Form-of-Skin-Cancer/default.aspx

26 Sznol M. et al. (2010). Safety and antitumor activity of biweekly MDX-1106 (Anti-PD-1, BMS-936558/ONO-4538) in patients with advanced refractory malignancies. *J Clin Oncol.* 28, 2506-2506.
https://ascopubs.org/doi/10.1200/jco.2010.28.15_suppl.2506

27 Kang S.P. et al. (2017). Pembrolizumab KEYNOTE-001: an adaptive study leading to accelerated approval for two indications and a companion diagnostic. *Ann Oncol.* 28, 1388-1398.
https://www.ncbi.nlm.nih.gov/pmc/articles/PMC5452070/

28 David Shaywitz. (2017). The startling history behind Merck's new cancer blockbuster. *Forbes.*
https://www.forbes.com/sites/davidshaywitz/2017/07/26/the-startling-history-behind-mercks-new-cancer-blockbuster/?sh=dcff406948d8

29 미국식품의약국(FDA) (2018) Breakthrough Therapy.
https://www.fda.gov/patients/fast-track-breakthrough-therapy-accelerated-approval-priority-review/breakthrough-therapyIII.

III
5%와 50%

머크의 키트루다 개발은 빠른 의사 결정, 가속승인 제도, 규제기관과 의사소통, 잘 짜인 임상시험, 적응 임상시험 설계, PD-L1 동반진단 등이 특징이었다. 머크는 임상이나 동반진단 측면에서 과거 보수적이고 단선적인 임상개발(historically conservative and linear drug development)에서 벗어났다. 방법론에서는 혁신적이었고 과학에서는 보수적이었다.

바이오마커 기반 면역항암제

2013년 머크는 키트루다를 비소세포폐암 동반진단 치료제 연구로 본격적으로 확장한다. 첫 임상시험은 이전에 치료제를 투여받은 적이 없는 환자, PD-L1 발현 환자, 이전에 치료제를 받았던 환자, 조직 타입(편평성/비편평성) 등으로 나눠 키트루다 투여에 따른 결과를 평가하는 것으로 잡았다. KEYNOTE-001 임상1상은 코호트 F까지 확대되었고, 임상시험 결과에 따라 개념은 계속해서 세분화되고 그룹도 더 나뉜다(KEYNOTE-001 임상은 코호트A-F까지 크게 6개로 진행됐다).

이는 머크가 바이오마커라는 프레임을 적용해보는 시도였는지도 모른다. 바이오마커는 일반화되어 있던 암의 상태를 개별화한다. 일반화되어 있던 암 치료 프로토콜에서 '암이 많이 진행되었기에 수술이 어렵다고 판단되어 대안이 없다'는 결론이 나와도, '바이오마커를 확인해서 면역항암제가 효과를 낼 수 있다는 진단이 나온 환자는 암을 치료할 수 있다'는 프레임 전환이다.

물론 머크가 바이오마커라는 개념으로 암 치료의 프레임을 확신했는지는 정확치 않다. 오히려 임상시험 실패 확률을 낮추려는 시도였을 것이다. 머크는 비소세포폐암 치료제 개발에서도 BMS에 뒤처진 상황이었다. 상황을 뒤집을 수 있는 방법은 흑색종처럼 치료 대안이 없는 암의 임상시험에서 높은 반응률을 달성하는 것 말고는 없었다. 따라서 높은 반응을 나타낼 확실한 환자를 고르는 것이 중요했다. 그리고 확실한 환자를 찾아낼 수 있는 확실한 바이오마커가 필요했다.

머크는 임상시험에서 가능성을 찾았다. 머크는 비소세포폐

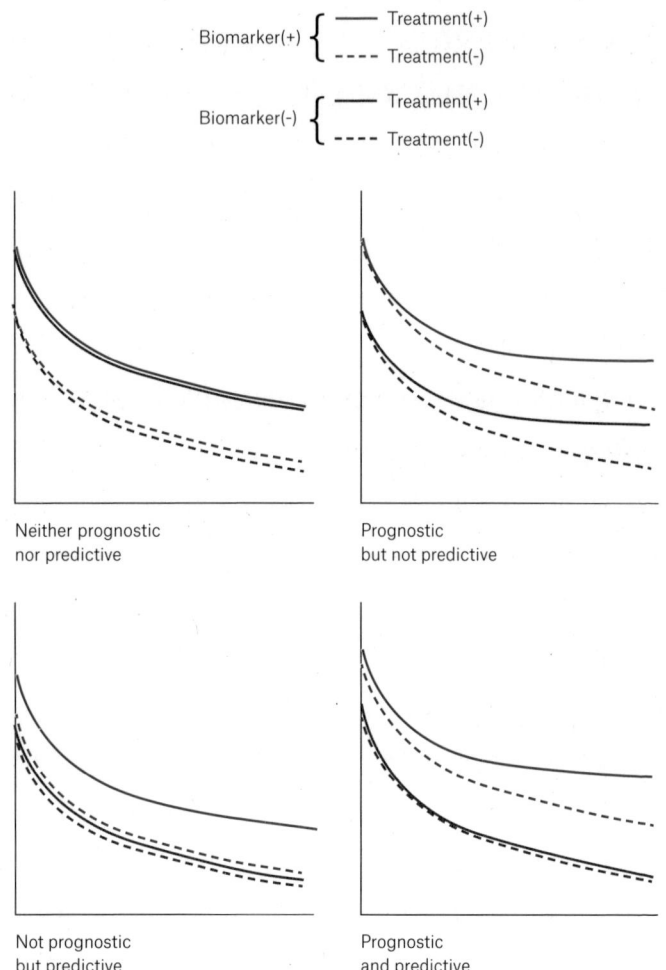

[그림 3_01] 신약개발 과정에서 예측 바이오마커(predictive biomarker)와 예후 바이오마커(prognostic biomarker) 개념[1]

암 환자 38명에게 키트루다를 투여했을 때 전체반응률(ORR)이 21%인 것을 확인했다. 이 초기 데이터는 PD-L1 발현과 항암 활성 사이에 관련이 있을 것이라는 단서가 되었다. 머크는 임상시험 대상을 500여 명까지 늘렸다. PD-L1 발현을 평가하는 어세이(나중에 동반진단 키트 PD-L1 IHC 22C3 pharmDx로 시판)를 같이 테스트한다. 종양세포에 PD-L1이 50% 이상 발현하는 경우(TPS ≥ 50%) 전체반응률(ORR) 45.2%, 무진행생존기간(PFS) 6.4개월이었지만, 이보다 낮은(TPS 1~49%) 환자에게서는 전체반응률(ORR) 16.5%, 무진행생존기간(PFS) 4.1개월이었다. 또한 PD-L1이 거의 발현하지 않는 경우(TPS<1%) 전체반응률(ORR) 10.7%, 무진행생존기간(PFS) 4.0개월이었다.

머크는 키트루다를 처방했을 때 가장 큰 혜택을 받을 확률이 높은 환자를 임상시험 대상으로 결정했다. 전향적인(prospective) 임상시험으로 PD-L1 테스트를 하기로 했다. 2013년 항암신약개발 분야에서 바이오마커라는 개념은 여전히 의심받고 있었다. 머크의 바이오마커 동반진단 전략도 머크 내외부에서 비판을 받았다. 그러나 머크는 밀어붙였다.

머크에 비해 BMS는 일반적인 항암 신약개발 순서를 비교적 차분히 밟고 있었다. 여보이를 성공시켰고, 옵디보로 면역항암제 신약개발 경쟁에서도 앞서 있었다. 2014년 머크와 BMS는 모두 가속승인 제도에 따라, 예전에 여보이를 처방받았던 환자나 BRAF V600 변이가 있어 BRAF 저해제를 투여받았던 환자 대상 2차 치료제로 PD-1 항체를 승인받는다. 비로소 머크가 한발 앞서기 시작하는데, FDA로부터 9월에 가속승인을 받았고, BMS는

12월에 가속승인을 받는다.[2] 그럼에도 BMS에 큰 충격은 없었다. 같은해 7월, BMS와 오노가 일본 규제당국으로부터 절제 불가능한 흑색종 치료제로 첫 PD-1 항체 시판허가를 받았기 때문이다.[3] 또한 BMS는 흑색종 대상 옵디보 임상3상에서 첫 효능 결과가 나오기 시작하던 시점이었으며, 미국 내 흑색종 환자에게 여보이는 우선적인 치료 옵션이었다.[4]

여전히 BMS가 앞서는 것처럼 보였다. 2015년 10월, BMS는 BRAF V600 야생형(wild-type) 흑색종에서 여보이와 옵디보 병용투여가 여보이 단독투여보다 효능이 우수하다는 것을 증명한 임상2상 결과를 바탕으로 미국 시판허가를 받는다.[5] BMS는 면역항암제 병용요법이라는 또 다른 기록을 세웠다는 점을 강조했는데, 면역항암제 분야 신약개발 선두주자다운 모습이었다.

PD-L1 발현 5 vs. 50

머크와 BMS는 치료 대안이 없는 비소세포폐암 2차 치료제 신약개발로 영역을 넓히면서 경쟁을 이어갔다. 그런데 2016년, 두 회사의 운명이 갈렸다. 비소세포폐암 1차 치료제 임상시험 결과가 발표되었는데 전문가들조차 의심하던 바이오마커 동반진단이라는 개념을 머크가 입증했기 때문이었다. 이제 비소세포폐암 환자 가운데 PD-L1 발현이 50%를 넘으면 키트루다를 1차 치료제로 처방할 수 있게 되었다.

KEYNOTE-024 임상3상 결과, PD-L1 50% 이상 발현 비소세포폐암 환자의 무진행생존기간(PFS), 전체생존기간(OS)을 2배가량 늘렸다. 2015년에 키트루다의 비소세포폐암 동반진단(PD-

L1 IHC 22C3 pharmDx test)은 FDA에서 가속승인을 받았지만, 같은해 BMS의 옵디보는 비소세포폐암 1차 치료제 승인을 받지 못했다.

BMS는 PD-L1 발현율 5% 이상의 비소세포폐암 환자에게 옵디보를 처방하려는 목표를 세웠다. BMS는 PD-L1을 5% 이상 발현하는 4기 비소세포폐암 환자에게 옵디보와 20년 넘게 표준치료요법으로 처방된 백금 기반 항암제를 투여해 서로의 효능을 비교하는 CheckMate-026 임상3상을 진행했다.[6] BMS는 옵디보가 백금 기반 항암제 대비 무진행생존기간(PFS)과 전체생존기간(OS)을 늘릴 것으로 기대했다. 이는 거의 모든 비소세포폐암 환자에게 옵디보로 효과를 볼 것을 목표로 한 임상시험 설계였다.

BMS도 2010년대 초 고형암 환자에게 옵디보를 투여했을 때 PD-L1 발현이 높을수록 약물 반응성이 크며, PD-L1 음성 환자에게서는 반응이 미미하다는 것을 알고 있었다.[7] 단 임상시험을 진행할수록 PD-L1이 불완전한 바이오마커일 수 있다는 점에 더 주목했다. 대신 BMS는 임상시험 데이터를 쌓아가면서 분석할수록 90%가 넘는 환자가 PD-L1을 발현하며, 1% 이하로 발현하는 환자 비율이 크다는 점, PD-L1을 발현하지 않음에도 종양이 사라지는 환자가 있었던 점에 주목했다. 또 전체 데이터를 분석했을 때 약물에 반응할 환자를 신뢰성 있게 잡아낼, 적절한 PD-L1 기준점(cut-off)을 잡기도 어려웠다.

PD-L1 발현율 5% 이상의 비소세포폐암 환자에게 옵디보를 처방하려고 했던 BMS가 잘못된 판단을 내렸다고 보기는 어렵다. BMS는 기존 암 치료에서 표준화되어 있던 신약개발 프레임에 충실했고, 면역항암제가 작동하는 메커니즘에 맞게 임상시험을 디자인했다. 같은 약을 더 많은 환자에게 처방해서 질병을 치료하겠다는, 신약개발자가 갖는 당연한 목표 지점을 설정했다고 보는 것이 적절하다. 이는 더 일찍 임상시험을 시작하면서 쌓은 데이터를 바탕으로 얻어낸 결과를 분석할 수 있었던 자신감의 표현이기도 했다.

그러나 2016년을 지나면서 BMS는 더 이상의 자신감을 표현하기 어려운 상황에 놓인다. 바이오마커 동반진단에서 성과를 거둔 머크가 확장 전략을 펼치기 시작했기 때문이다. 머크는 모든 종류의 암에서 일정 수준 이상의 바이오마커 값이 나오면 키트루다로 치료 효과를 얻을 수 있을 것이라는 비전에 따라 임상시험을 설계했다. 2017년 키트루다는 처음으로 암의 종류에 관계없이 바이오마커 기반으로 처방할 수 있는 암 치료제가 되었다. 머크는 MSI-H 또는 dMMR(mismatch repair deficient) 변이를 가진 대장암 등 전이성 고형암 환자 149명에게 키트루다를 투여해 전체반응률(ORR) 39.6%를 확인한 결과로 FDA 가속승인을 받는다. MSI-H/dMMR 변이가 빈번하게 보이는 대장암 환자 90명을 포함해 14개의 다른 종류의 암을 가진 59명 고형암 환자 등 5개의 임상 데이터를 합친 결과다.[8]

2022년 7월을 기준으로 키트루다가 승인받은 암은 크게 18개 종류다(MSI-H/dMMR 모든 암 대상 제외). 이 가운데 비소세포폐암, 삼중음성유방암(TNBC), 두경부편평세포암(HNSCC), 자궁경부암, 식도암 등 다섯 가지 암은 키트루다를 처방받기 위해 PD-L1 바이오마커 양성이 나와야 한다.[9] 머크는 MSI-H/dMMR를 바이오마커로 삼아 모든 전이성 고형암에서 키트루다의 치료 효과를 확인하는 임상시험에서 성공했다.

MSI-H/dMMR

2010년대 초, 존스홉킨스대학 중 레(Dung T. Le) 연구팀은 BMS가 발표한 옵디보 임상시험 결과를 보고 궁금증을 품었다.[10] PD-1 항체를 투여받은 흑색종, 신장암, 폐암 환자는 20~30%가 반응을 보였지만 대장암 환자는 33명 가운데 오직 1명만 반응했다. 33명 가운데 1명이라는 숫자는 '거의 반응이 없다'거나 '우연히 반응했다' 정도로 넘길 수 있는 정도의 숫자였다. 33명 가운데 1명에게만 반응했으니 3%를 간신히 넘는 수준이었다. 어떤 기준으로 보건 실패한 임상시험이었다.

그런데 중 레 연구팀은 '왜 이 1명은 반응했을까?'라고 질문을 바꿨다. 아마도 특정한 변이를 갖고 있기 때문이 아닐까 생각한 것이다. 이들이 질문을 바꿀 수 있었던 데는 대장암 환자 가운데 10~100배가 넘는 변이가 관찰되는 경우가 있었기 때문이었다. 실제 면역항암제가 높은 반응을 보이는 흑색종은 자외선, 폐암은 담배 연기 등 외부 환경에 노출되면서 변이가 많이 생기는 암이다. 중 레 연구팀은 33명 가운데 반응을 일으킨 1명의 대장암 환자를 다시 들여다보기 시작했다. 연구팀은 이 환자가 전이성 대장암에서 약 5% 빈도로 발현되는 dMMR 변이를 갖고 있다고 가정했고, 검사 결과가 생각했던 것과 맞아떨어졌다.[11]

암은 DNA에 문제가 생기면서 시작한다. 문제가 일어나는 여러 가지 원인 가운데 DNA 복제 오류가 있다. DNA는 두 가닥으로 원래는 짝이 맞아야 하는데(A-T 또는 G-C), DNA 복제 과정에서 종종 잘못된 짝이 만나는 불일치(DNA mismatch) 오류가 생긴다. MSH, MLH, PMS 등의 단백질은 이러한 불일치를 인식해, 잘못된 곳을 찾아내고 잘라낸다. DNA 중합효소(polymerase), DNA 접합효소(ligase) 등이 DNA 가닥을 다시 정상적으로 합성하고 원래의 DNA 가닥에 붙인다. 이런 수리 메커니즘을 DNA 불일치 복구(DNA mismatch repair, MMR)라고 부른다. 이때 타고난 유전자 변이나 후성유전학적 변화로 MMR에 문제가 생긴다면 DNA 복제 과정에서 생긴 염기서열 오류가 수선되지 못할 것이고, 이는 암으로 이어질 수 있는 확률을 높일 것이다. 이러한 복구 기능 결핍 상태를 dMMR(MMR-deficient)이라고 부르며, 주로 MMR 단백질을 암호화하는 유전자에 변이가 생기는 등의 경우다(MLH1, MSH2, MSH6, PMS2). 이와 반대되는 개념을 pMMR(MMR-proficient)이라고 정의한다. pMMR에는 MSS(microsatellite stable)와 MSI-L(MSI-low)이 포함된다. 대장암 환자 가운데 80~85%는 MSS에 포함되며 면역항암제에 반응하지 않는다.

종양에서 DNA dMMR이 있는지 알아보려면 미세부수체(microsatellite, 微細附隨體)를 살핀다. 미세부수체는 짧은 염기서열(2~6bp)이 반복되는 형태의 DNA다. MMR 기능이 제대로 작동하지 않으면, DNA 복제 과정에서 잘못된 염기서열이 복원되지 못하고 비정상적인 염기서열이 반복되면서 DNA 길이가 길어진다. 이를 미세부수체 불안정성(microsatellite instable, MSI)이라고 한다. dMMR 변이가 생기면 DNA 변이가 고쳐지지 않고 그대로 유지되고 DNA 변이가 많아질수록 MSI도 많아지니,

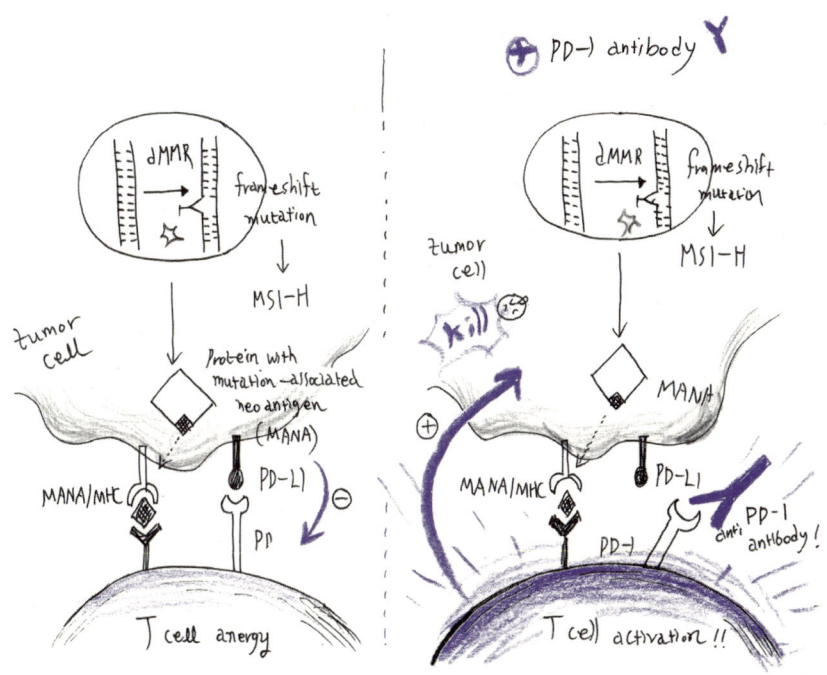

[그림 3_02] MSI-H/dMMR 암에서 PD-1이 항암 효능을 나타내는 메커니즘

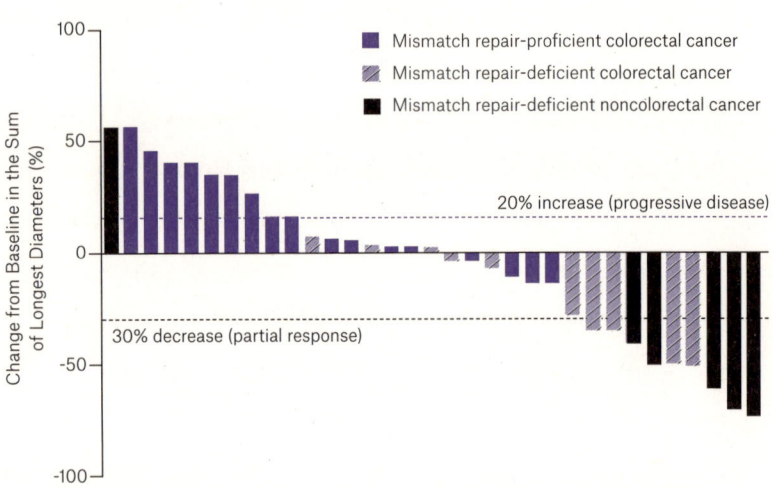

[그림 3_03] MSI-H/dMMR 바이오마커 전략을 수립하게 된 KEYNOTE-160 임상시험 결과. *NEJM*에 MSI-H/dMMR 예측 바이오마커 가능성이 처음 발표되었다.

MSI-H(microsatellite instable-high)인 경우를 암과 관련된 바이오마커로 사용할 수 있다. 보통 종양은 수십 개의 변이를 가지는데, dMMR 종양 DNA에는 수천 개의 미세부수체가 있다.

MSI-H/dMMR인 상태가 되면 암 조직 안에 면역세포들이 많이 침투하는 경향이 있다. MSI-H/dMMR이 되면 비정상적인 DNA를 가진 세포들이 늘어나고, 비정상적인 단백질을 많이 만들어내는데, 면역 시스템은 비정상적인 단백질을 신항원(neo-antigen)으로 받아들여 없애려고 한다. 따라서 MSI-H/dMMR인 암 조직은 여러 종류의 신항원을 많이 만들어낼 것이고, 많은 신항원은 암 조직으로 면역세포를 많이 끌어들일 것이다. MSI-H/dMMR인 암 조직에는 면역세포가 많이 침투해 있지만, PD-1/PD-L1과 같이 암세포를 잘 없애지 못하게 하는 장애물이 있을 수 있다. 그 장애물이 면역관문이라면, 면역관문억제제를 투여해 면역세포가 암세포를 없애는 일을 도울 수 있을 것이다. MSI-H/dMMR은 면역항암제를 투여할 것인지 결정하는 데 기준이 되는 바이오마커로 쓸 수 있다.

전체 대장암 환자 가운데 유전적인 요인이 아닌 변이로 인한 dMMR 발생 빈도는 15~20% 정도고, 유전성 대장암 환자는 대부분 린치 증후군(Lynch syndrome)이다. dMMR 발생 빈도는 대장암 병기에 따라 다르다. 2기는 15~20%, 3기는 10%, 전이성 대장암인 4기가 되면 대략 5% 정도다. 대장암 환자를 대상으로 했던 PD-1 항체 임상시험에서 나온 결과인 3%라는 숫자와도 엇비슷했기에, 중 레 연구팀은 이를 검증하기 위해 MSI-H/dMMR 환자들을 찾아 나섰다. 그런데 이 궁금증과 연구에 관심을 가진 것은, BMS가 아니라 머크였다. 머크는 이유가 궁금했다. 2013년 중 레 연구팀은 머크의 지원을 받아 100명이 넘는 대장암 환자를 대상으로 한 키트루다의 임상2상을 진행했는데, 6개 기관이 참여한 다기관 임상이었다.

MSI-H/dMMR인 경우와 아닌 경우의 대장암 환자, MSI-H/dMMR이지만 대장암을 제외한 고형암 환자를 모집했다. 머크는 린치 증후군으로 알려져 있는 선천적 MSI-H/dMMR 환자군도 포함시켰다. 린치 증후군 환자들은 40대 중반의 이른 나이에 대장암이 발병하는 것으로 알려져 있다. 머크는 모두 58명의 환자를 모아 키트루다 임상시험(KEYNOTE-016)을 진행했다. 실제 임상시험 중간 결과 MSI-H/dMMR을 갖고 있는 대장암 환자에게서 전체반응률(ORR) 40%(4/10명)로 나타났고, MSI-H/dMMR가 없는 대장암 환자에게서는 반응이 나타나지 않았다(0/18명). 또한 대장암을 제외한 MSI-H/dMMR 고형암 환자에게서는 전체반응률(ORR) 71%(5/7명)를 확인했다. 임상시험 결과는 2015년 6월에 *NEJM*에 발표됐다.

머크는 바이오마커 기반 면역항암제라는 개념이 가능하다는 근거를 갖게 되었다. MSI-H/dMMR 대장암 환자 10명 가운데 4명이 키트루다에 반응했고, MSI-H/dMMR 고형암 환자의 7명 가운데 5명이 키트루다에 반응했다. 바이오마커가 없는 대장암 환자(MSS)는 약물에 반응하지 않았다. 또한 FDA가 봤을 때, 앞선 예시처럼 MSI-H/dMMR 고형암에서 키트루다는 지속적인 약물 반응(durable response)을 보인다는 점도 중요했다. 2015년 5월, 머크는 임상시험 초기 데이터(KEYNOTE-016)로 FDA와 논의를

임상시험	임상시험 설계	환자 수	이전 치료
KEYNOTE-016 NCT01876511	• prospective, investigator-initiated • 6 site • patients with CRC and other tumors	28 CRC 30 non-CRC	• CRC: ≥ 2 prior regimens • non-CRC: ≥ 1 prior regimen
KEYNOTE-164 NCT02460198	• prospective international multi-center • CRC	61	Prior fluoropyrimidine, oxaliplatin, and irinotecan +/- anti-VEGF/EGFR mAb
KEYNOTE-012 NCT01848834	• reprospectively identified patients with PD-L1 positive gastric, bladder, or triple negative breast cancer	6	≥ 1 prior regimen
KEYNOTE-028 NCT02054806	• reprospectively identified patients with PD-L1 positive esophageal, billary, breast, endometrial, or CRC	5	≥ 1 prior regimen
KEYNOTE-158 NCT02628067	• prospective international multi-center enrollment of patients with MSI-H/dMMR non-CRC • reprospectively identified patients who were enrolled in specific rare tumor non-CRC cohorts	19	≥ 1 prior regimen

[표 3_01] 첫 바이오마커 기반 항암제 신약개발의 근거가 된 5개 임상시험. 키트루다가 2017년 5월 MSI-H/dMMR 바이오마커 기반 고형암 치료제로 FDA 가속승인을 받는 근거가 된 5개 임상시험 결과.

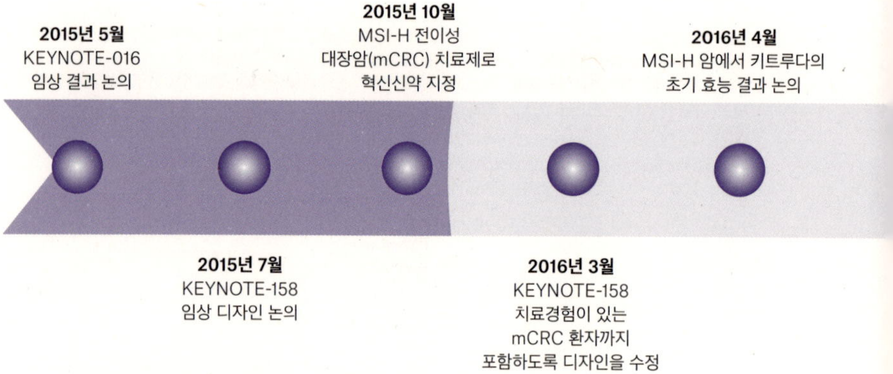

2015년 5월
KEYNOTE-016
임상 결과 논의

2015년 10월
MSI-H 전이성
대장암(mCRC) 치료제로
혁신신약 지정

2016년 4월
MSI-H 암에서 키트루다의
초기 효능 결과 논의

2015년 7월
KEYNOTE-158
임상 디자인 논의

2016년 3월
KEYNOTE-158
치료경험이 있는
mCRC 환자까지
포함하도록 디자인을 수정

[그림 3_04] 키트루다가 첫 바이오마커 항암제가 되는 과정에서 FDA와의 주요 의사소통 가운데 FDA가 발표한 내용

2016년 9월
FDA에 허가서류 제출

2017년 5월
치료대안이 없는 MSI-H 바이오마커 기반 암 치료제로 시판허가 승인

2016년 7월
MSI-H 암 관련 5개 임상 결과에 대한 허가신청서 제출 논의

2016년 10월
MSI-H 대장암 이외 암(non-CRC) 치료제로 혁신신약 지정

진행했다. 바이오마커 기반 면역항암제라는 개념을 확인하는 전향적 임상시험의 확대를 어떻게 디자인하면 좋을지가 안건이었다. FDA는 2015년 10월 MSI-H 전이성 대장암 치료제로 키트루다를 혁신치료제 지정을 했다. 혁신치료제 지정은 FDA의 제안이었다.[12] 키트루다는 비소세포폐암과 흑색종에 이어 대장암에서도 혁신치료제 지정을 받았다. FDA가 제도적 바탕을 마련하는 것을 약속할테니, 머크는 키트루다를 가지고 앞으로 달려보라는 이야기였다.

머크는 임상시험 2개를 시작했다. MSI-H/dMMR 전이성 대장암 환자를 대상으로 한 것과(KEYNOTE-164), 대장암이 아닌 고형암 환자 가운데 MSI-H/dMMR가 있는 환자를 대상으로 한 것이었다(KEYNOTE-158). 머크는 첫 번째 임상시험(KEYNOTE-016)에 새로 진행한 임상시험 2개의 결과를 더하고, 기존에 진행했던 임상시험 2건을 분석해 합쳤다.

머크는 모두 5개의 임상시험 결과를 바탕으로 임상시험을 계속 키워가며 MSI-H/dMMR 환자의 반응을 살폈다. 첫 KEYNOTE-016 임상시험 결과로 첫 논의를 시작한 뒤 1년이 지난 2016년 7월, 5개 임상시험 결과를 바탕으로 시판허가 신청서 제출이라는 문제를 놓고 머크와 FDA는 함께 논의한다. 그리고 2개월 후, 머크는 FDA에 MSI-H/dMMR 바이오마커 기반 면역항암제로 키트루다의 시판허가 신청서를 냈다. 2016년 10월 FDA는 MSI-H/dMMR 대장암 이외 고형암 치료제로도 혁신치료제 지정을 한다. 2017년 5월, 이제 키트루다는 암의 종류에 관계없이 MSI-H/dMMR를 바이오마커로 해서 처방할 수 있는 항암제가 되었고, 이는 항암제 신약개발 역사에서 처음 있는 일이었다. FDA는 첫 바이오마커 기반 항암제가 나온 과정을 자세히 기술해 2017년 『클리니컬 캔서 리서치(Clinical Cancer Research)』에 「FDA 허가과정 정리: 펨브롤리주맙이 MSI-H 고형암 치료제로 승인」(FDA Approval Summary: Pembrolizumab for the Treatment of Microsatellite Instability-High Solid Tumors)이라는 제목의 논문을 발표했다.

바이오마커 기반 항암제라는 개념이 가능하다는 것이 입증되자 TRK 저해제, RET 저해제 등 바이오마커 기반 항암제 개발 바람이 불었다. 예를 들어 2019년 일라이 릴리는 바이오마커 기반 항암제 연구에 앞서 있던 록소 온콜로지(LOXO Oncology)를 80억 달러에 인수한다.

신약개발에서 바이오마커가 주는 현실적인 어려움

바이오마커 기반 항암제라는 개념은 매력적이지만 신약을 개발하는 과정에서 곤란한 점이 많다. 우선 임상시험을 진행할 환자를 모으는 것부터가 문제다. 예를 들어 고형암에서 PD-1 항체를 테스트한 초기 임상시험을 보면, 대장암 환자 33명 가운데 1명만이 MSI-H/dMMR 바이오마커를 갖고 있었다. 결과만 놓고 보면 33명 가운데 1명에게 나타난 반응을 보고 그 1명으로부터 바이오마커의 가치를 알아봤던 머크의 안목은 탁월했다. 그러나 탁월했다는 뜻은 그만큼 쉽지 않고 리스크도 크다는 뜻이다.

머크가 MSI-H/dMMR인 환자를 찾기 위해 실시한 검사는 PCR(polymerase chain reaction), IHC(immunohistochemical staining), NGS(next generation sequencing) 등이었는데, 키트루다를 처방할 때 MSI-H 고형암 검사를 위해 FDA가 승인한 진단 검사는 파운데이션메디슨(Foundation Medicine)의 Foundation-One®CDx다. 조직 기반의 NGS 검사로 검사를 받을 때까지 약 2주의 시간이 걸리며, 비용은 5,800달러(보험 미적용 시)가 들어가는 검사다.

2018년 록소온콜로지의 TRK 저해제 비트락비(Vitrakvi®, 성분명: lacrotrectinib)가 키트루다에 이어 두 번째로 바이오마커 기반 항암제로 시판허가를 받았다. 그런데 처방 대상인 NTRK 융합유전자(NTRK gene fusions)가 발현되는 환자의 비율은 전체 고형암의 0.5~1%다. 환자의 숫자가 적으니 임상시험도 TRK 변이가 있는 여러 암 환자를 묶어서 진행했는데(basket trial), 17종류의 암을 앓고 있는 생후 4개월부터 76세 환자까지 55명을 모을 수 있었다. 비트락비는 록소온코롤지가 일라이 릴리에 인수되기 전에 바이엘이 사들였으나, 한동안 NTRK 융합유전자를 바이오마커로 찾을 진단법이 없어 멈춰 있는 상태였다. 2020년이 되면서 비로소 FoundationOne®CDx를 NTRK 융합유전자 진단법으로 FDA가 승인한 것이었다. 이렇게 보면 MSI-H/dMMR의 5%라는 숫자는, 꽤 높은 빈도로 나타나는 바이오마커였던 셈이다.

항암제 임상시험에서 1차 지표로 쓰는 것이 전체반응률(ORR)이다. 전체반응률(ORR)은 목표한 만큼 종양의 크기가 줄어들었는지를 살펴본다. 전체반응률(ORR)로 약이 반응을 하는지 안 하는지를 실증적으로 확인할 수는 있지만, 결과적으로 환자에게 어떤 이점이 있을 것인지는 또 다른 문제다. 암이 악화되지 않고 얼마나 오랫동안 버텼는지(무진행생존기간, PFS), 환자가 얼마나 오래 살았는지(전체생존기간, OS) 등이 임상적 이점(clinical benefit) 지표로 사용된다. 이런 이유로 전체반응률(ORR)은 대리표지자(surrogate marker)로 불린다. 종양이 줄어들다가 다시 커지거나, 약물을 투여한 초기에는 반응이 나타나다가 2~3개월 정도 후에 멈출 수도 있기 때문이다. 전체반응률(ORR)은 치료 효과를 정확하게 대변하지 못한다. 따라서 보통 의사들도 적어도 무진행생존기간(PFS), 이후 전체생존기간(OS) 데이터를 확인한 다음 약을 처방한다.

머크는 표준치료제와 비교해서 키트루다의 효능을 확인하기로 한다. 2015년 10월 FDA는 MSI-H/dMMR 바이오마커 전이성 대장암에서 키트루다를 혁신치료제로 지정하고, 무진행생존기간(PFS)이나 전체생존기간(OS) 데이터를 더 요구하지 않았다. FDA는 그 이유를 균등함(equipois)이 없을 수 있기 때문이라고 설명했다.[13]

FDA가 무작위 임상시험(randomized controlled trial, RCT)을 요구할 때는 균등함, 다른 말로 불확실성 원칙(uncertainty principle)이 있을 때다. RCT는 환자에게 어떤 약물이 더 좋을지 모를 때 그리고 확실한 불확실성이 있는 경우에만 진행한다. 예를 들어 MSI-H/dMMR 대장암에서 화학항암제가 잘 반응하지 않으니, 키트루다가 환자에게 좋은 옵션이라고 판단한 것으로 보인다. 그런데 머크는 FDA가 요구하지 않았음에도, MSI-H/dMMR 대장암 1차 치료제로 키트루다 단독투여와 화학항암제를 비교해 무진행생존기간(PFS)은 물론 전체생존기간(OS)에서 유효성까지 입증하기로 했다. 이를 위해 3상 임상시험(KEYNOTE-177)을 진행하는데, 무진행생존기간(PFS)이나 전체생존기간(OS)에서 뚜렷한 차이를 확인할 수 있다면 더 적극적으로 바이오마커 기반 항암제를 처방할 수 있기 때문이었다. 다만 머크는 키트루다가 전체생존기간(OS)을 늘리는지 정확하게 평가하지 못할 수 있다는 우려에도, 화학항암제 투여로 병기가 진행되는 환자가 키트루다를 투여받을 수 있도록(crossover) 임상을 디자인했다.

2020년 머크는 MSI-H/dMMR 변이 대장암 환자 대상 표준 치료법으로 무진행생존기간(PFS)에서 이점을 입증했다. 표준요법인 화학항암제(mFOLFOX6, FOLFIRI)보다 키트루다를 투여했을 때 병기 진행이 멈춘 기간이 8.2개월에서 16.5개월로 약 2배 늘어났다. 환자의 병기가 진행되거나 사망할 위험을 40% 낮춘 결과였다(HR=0.60, p=0.0002). 첫 약물 투여 후 2년이 된 시점에서 살아 있거나 병기가 진행되지 않은 환자는 키트루다 투여군에서는 48%, 화학항암제 투여군에서는 19%였다. 머크가 ASCO에서 임상 결과를 발표할 당시 의사들에게 표준치료를 바꾸는 (practice-changing) 결과라는 평을 받았다.[14] 치료제 투여에 따른 3등급 이상 부작용도 키트루다 투여군에서는 22% 발생했고, 화학항암제 투여군에서는 66%로 더 높게 발생했다. 이 임상시험으로 MSI-H/dMMR을 바이오마커로 하는 대장암 1차 치료제로 키트루다가 자리를 잡을 수 있었다. KEYNOTE-117 임상시험은 대장암 표준치료법까지 바꾸었다. 이전까지 대장암은 화학항암제 병용투여로만 치료하고 있었지만, 이제 면역항암제 단일 약제만 가지고 1차 치료가 가능해졌다.

머크는 2022년 5월 『란셋(*Lancet*)』에 약물투여군을 44개월 이상 추적한 KEYNOTE-177 최종 분석결과를 발표했다. MSI-H/dMMR 전이성 대장암 환자에게 키트루다를 투여했을 때 전체생존기간(OS) 중간값에 도달하지 않았는데, 화학항암제는 이 기간이 37.6개월이었다. 환자가 사망할 위험을 26% 줄인 결과였지만 (p=0.036), 사전 지정한 통계적 유의성에는 도달하지 못했다. 다만 임상에서 60%에 해당하는 93명의 환자가 화학항암제를 투여받았는데 병기가 진행되었고 결국 PD-1 또는 PD-L1 치료제를 처방받았다는 것을 고려해야 한다.[15]

BMS와 MSI-H/dMMR

BMS는 여전히 여보이를 앞세우고 있다. 2017년 5월, 머크가 MSI-H/dMMR 바이오마커를 가진 고형암과 대장암 2차 치료제로 동시에 FDA 가속승인을 받고 3개월 후, BMS도 임상2상 결과(Checkmate-142)로 같은 MSI-H/dMMR 대장암 2차 치료제로 가속승인을 받는다. 2018년 7월 BMS는 같은 적응증에 옵디보와 여보이(저용량) 병용투여로 추가 승인을 받는다. 치료 옵션의 수는 늘어났지만, 1차 치료제로는 머크의 키트루다가 확실하게 입지를 다졌다. BMS는 2019년 8월이 되어서야 MSI-H/dMMR 대장암 1차 치료제로 옵디보와 여보이 병용투여를 평가하는 임상3상(CheckMate 8HW)에 들어갔고, 2025년 1차 결과가 발표될 예정이다. BMS는 머크를 의식해서인지 MSI-H/dMMR 바이오마커 기반 항암제 개발은 추진하지 않고 있다.

	Events	HR (95% CI)	P
Pembro	54%	0.60 (0.45-0.80)	0.0002
Chemo	73%		

12-mo rate
55%
37%

24-mo rate
48%
19%

Median (95% CI)
16.5 mo (5.4-32.4)
8.2 mo (6.1-10.2)

No. at Risk

| 153 | 96 | 77 | 72 | 64 | 60 | 55 | 37 | 20 | 7 | 5 | 0 | 0 |
| 154 | 100 | 68 | 43 | 33 | 22 | 18 | 11 | 4 | 3 | 0 | 0 | 0 |

[그림 3_05] MSI-H/dMMR 대장암 1차 치료제 대상 KEYNOTE-177 임상3상 결과에서 키트루다 단독요법은 화학항암제 대비 1차 종결점인 무진행생존기간(PFS)을 유의미하게 개선했다. 키트루다를 투여받은 경우 다시 병기가 진행되거나 환자가 사망할 위험을 40% 낮췄다.

주석

1 Mukohara T. (2015). PI3K mutations in breast cancer: prognostic and therapeutic implications. *Breast Cancer (Dove Med Press)*. 7, 111 - 123
2 미국식품의약국(FDA) (2014) FDA approves Keytruda. *Drugs.com*.
 https://www.drugs.com/newdrugs/fda-approves-keytruda-pembrolizumab-advanced-melanoma-4079.html
 미국식품의약국(FDA) (2014) FDA approves Opdivo. *Drugs.com*.
 https://www.drugs.com/newdrugs/fda-approves-opdivo-nivolumab-advanced-melanoma-4133.html
3 유럽종양학회(ESMO). (2014). Nivolumab, the world's first approved PD-1 targeting immunotherapeutics.
 https://www.esmo.org/oncology-news/archive/nivolumab-receives-manufacturing-and-marketing-approval-in-japan-for-the-treatment-of-unresectable-melanoma
4 Bristol Myers Squibb. (2014). Bristol-Myers Squibb receives accelerated approval of Opdivo (nivolumab) from the U.S. Food and Drug Administration.
 https://news.bms.com/news/details/2014/Bristol-Myers-Squibb-Receives-Accelerated-Approval-of-Opdivo-nivolumab-from-the-US-Food-and-Drug-Administration/default.aspx
5 Bristol Myers Squibb. (2015). BMS receives FDA approval for Opdivo (nivolumab) + Yervoy (ipilimumab) regimen in BRAF V600 wild-type melanoma.
 https://www.drugs.com/newdrugs/bms-receives-fda-approval-opdivo-nivolumab-yervoy-ipilimumab-regimen-braf-v600-wild-type-melanoma-4271.html
6 Carbone D.P. et al. (2017). First-line nivolumab in stage IV or recurrent non - small-cell lung cancer. *N Engl J Med*. 376, 2415-2426.
 https://www.nejm.org/doi/full/10.1056/nejmoa1613493
7 김성민. (2018). BMS, Next 바이오마커 '종양변이부담' 기반 IO개발전략. *바이오스펙테이터(BioSpectator)*.
 http://www.biospectator.com/view/news_view.php?varAtcId=5732
8 미국식품의약국(FDA). (2017). FDA grants accelerated approval to

pembrolizumab for first tissue/site agnostic indication.
https://www.fda.gov/drugs/resources-information-approved-drugs/fda-grants-accelerated-approval-pembrolizumab-first-tissuesite-agnostic-indication

9   Merck & Co. (2014). 키트루다(Keytruda®) 처방 목록 정보.
    https://www.merck.com/product/usa/pi_circulars/k/keytruda/keytruda_pi.pdf

10 Dung T. Le. et al. (2015). PD-1 Blockade in Tumors with Mismatch-Repair Deficiency. *N Engl J Med.* 372, 2509-2520.

11 Lipson E.J. et al. (2013). Durable cancer regression off-treatment and effective reinduction therapy with an anti-PD-1 antibody. *Clin Cancer Res.* 19, 462-468.
    https://pubmed.ncbi.nlm.nih.gov/23169436/

12 Marcus L. et al. (2019). FDA approval summary: pembrolizumab for the treatment of microsatellite instability-high solid tumors. *Clin Cancer Res.* 25, 3753-3758.
    https://pubmed.ncbi.nlm.nih.gov/30787022/

13 Fries J.F. and Krishnan E. (2004). Equipoise, design bias, and randomized controlled trials: the elusive ethics of new drug development. *Arthritis Res Ther.* 6, R250 – R255.
    https://www.ncbi.nlm.nih.gov/pmc/articles/PMC416446/

14 Kara Nyberg. (2020). Practice-changing KEYNOTE-177 results support first-line pembrolizumab monotherapy for MSI-H mCRC. *ASCO Daily News.*
    https://dailynews.ascopubs.org/do/10.1200/ADN.20.200206/full/
    Jacob Plieth. (2020). Asco 2020 – Keytruda a "new standard" in biomarker-driven cancer. *Evaluate.*
    https://www.evaluate.com/vantage/articles/events/conferences/asco-2020-keytruda-new-standard-biomarker-driven-cancer

15 Diaz L.A. Jr. et al. (2022). Pembrolizumab versus chemotherapy for microsatellite instability-high or mismatch repair-deficient metastatic colorectal cancer (KEYNOTE-177): final analysis of a randomised, open-label, phase 3 study. *Lancet Oncol.* 23, 659-670.
    https://www.thelancet.com/journals/lanonc/article/PIIS1470-2045(22)00197-8/fulltext

IV
PD-L1과 TMB

머크가 처음 PD-L1 바이오마커 전략을 짰을 때 전체 전이성 비소세포폐암 환자 가운데 PD-L1 발현 환자는 약 22% 수준이었다.[1]

마법의 탄환 프레임

글리벡(Glivec®, 성분명: imatinib) 이후 신약개발은 '마법의 탄환' 프레임에 어느 정도 갇혀 있는 것이 사실이다. 신약이라면 한 가지 약으로 치명적인 병을 기적처럼 치료하는 것이어야 하고, 기적을 만들어낸 이들은 기적에 어울리는 천문학적인 경제적 이득과 전 세계적인 명예를 보상받는 프레임이다. 그런데 머크는 가장 혁신적인 메커니즘의 면역항암제인 키트루다를, 가장 일반적이고 흔한 치료제인 화학항암제와 함께 투여해 효과를 보겠다는 임상시험을 설계한다.

2017년 키트루다는 전이성 비평편세포(nonsquamous) 비소세포폐암 환자에게 1차 치료에서 가장 널리 쓰이는 화학항암제인 페메트렉시드(제품명: Alimta®)와 카보플라틴을 키트루다와 병용투여할 수 있는 치료법으로 미국 FDA 가속승인을 받는다. 이는 KEYNOTE-021 임상2상 한 개 코호트에서 전이성 비평편세포 비소세포폐암 환자 123명의 전체반응률(ORR), 무진행생존기간(PFS) 데이터가 바탕이 됐다. 키트루다 병용투여 투여 시 전체반응률(ORR)은 55%로 화학항암제 29% 대비 약 2배 높았다. 무진행생존기간(PFS)은 키트루다 병용투여가 13.0개월로, 화학항암제 8.9개월보다 나은 효능을 보였다(HR 0.53). 키트루다를 병용투여했을 때 부작용이 약간 더 높았지만, 임상시험을 도중에 멈춘 환자 비율은 비슷했다.

키트루다와 화학항암제를 병용투여했을 때 PD-L1 발현 여부는 치료 효능에 크게 영향을 주지 않았다. 이는 키트루다의 혜택을 받을 수 있는 환자가 늘어났다는 뜻이다. 치료를 맡는 의료진 입장에서 보면 원래 쓰던 표준치료제에 키트루다만 더하면 되는 터라, 위험에 대한 부담도 덜 수 있었다.

머크는 계속해서 같은 전략으로 성과를 거둔다. 머크는 KEYNOTE-021의 연장선상에 있는 확증 임상인 KEYNOTE-189 임상3상도 성공한다. 가속승인을 받은 지 1년 만인 2018년, 머크는 키트루다와 화학항암제 병용투여가 화학항암제 단독투여 대비 사망 위험과 병기 진행 위험을 절반으로 낮춘다는 결과를 바탕으로 1차 치료제로 정식 승인을 받는다. 2개월 후 머크는 편평세포(squamous) 비소세포폐암 1차 치료제로도 입지를 넓힌다. 머크는 편평세포 비소세포폐암 환자에게서 키트루다와 카보플라틴+파클리탁셀(또는 아브락산) 병용투여가 화학항암제 단독 대비 사망 위험을 36% 줄인다는 KEYNOTE-407 임상3상 결과로 시판허가를 받는다. 역시 PD-L1 발현과 상관없이 효능이 나타났다.

BMS의 옵디보는 머크의 키트루다와 정반대의 길을 걷는다. BMS의 옵디보는 'PD-L1 발현율 5%'라는 목표로 승인받는 데 실패했다. 그럼에도 머크의 'PD-L1 발현율 50%'나 MSI-H/dMMR과 같은 전체 암 대상 바이오마커 전략도 받아들이지 않았다. BMS는 TMB(Tumor Mutation Burden)를 바이오마커로 삼아 새 임상시험에 도전한다.

TMB

TMB는 PD-L1과는 범주가 다르며, MSI-H/dMMR보다 넓은 개념이다. TMB란 종양세포 DNA에 변이가 어느 정도 있는가를 수치화한 것이다. MSI-H/dMMR도 결국 유전체 불안정성(instability)과 관련된 값이며, TMB에 속하는 경우가 많다. BMS는 CTLA-4나 옵디보의 반응률이 TMB와 관련 있다는 사실을 알고 있었기에, 폐암 1차 치료제라는 목표를 위해 CHECKMATE-026 임상3상을 다시 분석했다.

BMS는 TMB 발현(높음 vs. 중간 vs. 낮음)에 따라 나눴을 때 값이 높을수록 무진행생존기간(PFS)이 길어지는 효과가 있다고 결론 내린다. TMB와 PD-L1 발현은 서로 상관관계가 없는데, 이것이 머크의 'PD-L1 바이오마커'라는 프레임에서 벗어날 수 있는 새 기회라고 생각했던 것 같다.

BMS는 PD-L1도 중요하지만, TMB가 더 나은 바이오마커라는 것을 강조했다. 면역항암 신약개발 분야 현장 분위기도 PD-L1이 불완전하며 TMB가 좋다는 쪽으로 흘러가고 있었고, 관련 연구 또한 활기를 띠었다. BMS는 TMB 기준을 메가베이스(Mb) 당 10개로 정했다. Mb는 DNA 염기서열에서 뉴클레오티드(nucleotide)를 100만 개 단위로 부르는 단위이다. BMS가 TMB 바이오마커를 기준으로 한 비소세포폐암 CHECKMATE-227 임상3상을 다시 진행했을 때, TMB 양성으로 확인되는 환자는 약 45%였다.[2] 따라서 TMB를 바이오마커로 잡는다는 것은 PD-L1 발현율 5% 프레임을 유지하는 것과 다르지 않았다.

BMS는 옵디보가 가장 잘 들을 환자를 찾기보다는, 옵디보가 효과를 낼 수 있는 최대한 많은 환자를 찾기로 했다. BMS가 TMB에 집중하자 면역항암제 개발 경쟁에 뛰어든 아스트라제네카도 TMB에 초점을 맞추었다. 아스트라제네카는 2011년 화이자가 포기한 CTLA-4 항체 트레멜리무맙(tremelimumab)을 사들여 개발하고 있으며, PD-L1 항체인 임핀지(Imfinzi®, 성분명: durvalumab)를 갖고 있는 회사다.[3] 아스트라제네카는 CTLA-4와 PD-L1 병용투여를 시도해왔지만 연이어 실패했고, 2022년 4월 FDA로부터 간암 적응증에서 우선심사를 받은 상태다. 간암에서 첫 출시가 이루어진다면 화이자가 임상개발을 했던 기간까지를 더해 18년 만에 세상에 나오는 것이고, BMS로서는 첫 CTLA-4 경쟁자의 등장이다. 아스트라제네카는 BMS와 비슷한 전략을 구사했다. BMS가 암 조직을 검사해 TMB를 찾아내고 이를 바이오마커로 삼아 옵디보의 치료 효능을 보았다면, 아스트라제네카는 혈액에서 TMB를 찾아내고 이를 바이오마커로 삼겠다는 목표를 세웠다.

아스트라제네카는 TMB 기준을 BMS보다 높은 Mb 당 20개로 잡았다. 그리고 4기 비소세포폐암 1차 치료제로 임핀지와 트레멜리무맙 병용투여와 화학항암제를 비교하는 NEPTUNE 임상 3상을 디자인했다. 아스트라제네카 또한 실패했던 MYSTIC 임상 3상을 다시 분석해 임상시험에 반영하는 전략을 짰다. 아스트라제네카는 PD-L1 발현이 25% 이상인 비소세포폐암 환자를 대상으로 임핀지와 트레멜리무맙 병용투여와 화학항암제를 비교했지만 전체생존기간(OS) 지표에서 차이가 없었다. 이에 TMB로 재도전한 것. BMS와 비교해 더 높은 TMB 기준을 이용했으며, 말기 폐암 환자에게서 조직 채취가 어렵다는 점을 고려해 혈액을 이용한다는 차별점을 두었다.

2018년 마침내 BMS의 옵디보는 바이오마커를 TMB로 잡아 비소세포폐암 1차 치료제 시판 허가를 FDA에 신청했지만 실패한다. TMB를 바이오마커로 잡아 임상시험을 진행했지만, 뒤늦게 예측 바이오마커로 역할을 하지 못한다는 것을 알게 되면서 시판 허가를 포기했다.

CHECKMATE-227 임상3상 스토리는 꽤나 복잡한데, 그 시작은 2015년 8월이었다. BMS는 비소세포폐암 1차 치료제로 여러 시도를 해보고자 했다. PD-L1 발현 정도에 따라서 옵디보와 여보이, 화학항암제의 효능을 확인해보는 것이었다. 그러다가 BMS는 PD-L1 기준을 5%로 잡은 옵디보 임상시험에서 실패의 쓴맛을 봤고, 이를 옵디보와 여보이 병용투여 임상시험에 반영해 바이오마커를 TMB로 바꾼다.

첫 임상시험 결과는(파트1) 긍정적으로 보였다. 2018년 2월 BMS는 TMB 바이오마커(≥10개 변이/Mb) 비소세포폐암 환자에게, 옵디보와 여보이 병용투여가 화학항암제 대비 무진행생존기간(PFS)을 늘렸다고 발표했다. TMB가 높은 환자에게 병용투여를 한 경우 무진행생존기간(PFS) 7.2개월이었지만, 화학항암제는 5.4개월이었다(HR=0.58, p=0.0002). PD-L1 발현 정도와 상관이 없었으며, 비평편 또는 평편세포라는 병리학적 조직 타입에 따라서도 차이가 없었다. TMB가 측정 가능한 전체 환자에게서도 옵디보와 여보이는 화학항암제 대비 수치적으로는 무진행생존기간(PFS)을 개선했으나 통계적인 차이가 없었다. 전체생존기간(OS) 데이터는 평가 중이었다.

이런 상황에서 'PD-L1은 불완전 바이오마커'라는 주장에 힘이 실렸다. BMS는 TMB라는, PD-1보다 더 나은 바이오마커를 손에 잡은 것처럼 보였다. BMS는 유럽과 미국 규제당국에 허가

신청 서류를 제출했다. 유럽은 5월, 미국은 6월에 검토 절차에 들어간다. 이때까지만 해도 희망적으로 보였지만 3개월이 지나자 달라지기 시작했다.

유럽 규제당국은 TMB가 낮은 환자의 전체생존기간(OS) 데이터를 BMS에 요구했다. BMS가 업데이트한 결과에 따르면 TMB가 높은 환자에게서 병용투여 전체생존기간(OS) 중간값은 23.0개월, 화학항암제는 16.7개월이었다(HR=0.77). 그런데 TMB가 낮은 환자(low TMB, <10개 변이/Mb)에서의 전체생존기간(OS)은 16.2개월, 화학항암제는 12.4개월이었다(HR=0.78). TMB가 높든 낮든 관계없이 옵디보와 여보이 병용투여가 화학항암제보다 좋았다. 이는 TMB가 병용요법에 이점을 가지는 환자를 고르는 바이오마커로서 역할을 못한다는 뜻이다. PD-L1의 경우 고발현 환자에게서 PD-1 약물이 전체생존기간(OS)을 연장하지만, PD-L1이 낮은 경우에는 어떤 치료제를 투여해도 효능이 비슷하다. 이 조건에 부합할 때 PD-L1을 PD-1 약물의 예측 바이오마커라고 한다. 추가 분석 결과는 BMS가 한발 물러나도록 했다.

키트루다의 역전

머크는 PD-L1 발현 비소세포폐암뿐만 아니라 전체 비소세포폐암 환자를 대상으로 키트루다가 표준 치료제 대비 효능이 높다는 것을 입증한다. BMS의 옵디보가 곤경에 처했던 2018년, 키트루다의 매출이 옵디보의 매출을 앞질렀고, 2021년에는 키트루다 매출액이 옵디보 매출액의 2배를 넘어섰다. 키트루다는 비소세포폐암 1차 치료제 환자를 대상으로 키트루다와 화학항암제 병용투여 전략으로 디자인한 임상시험에서도 기대했던 효과를 확인한다. 비편평세포와 편평세포 비소세포폐암 각각에서 표준치료제인 화학항암제에 키트루다를 더한 접근법은 결과적으로 전이성 비소세포폐암 환자 전체로 투여 대상을 확대시켰다.

2019년, BMS는 좀더 곤경에 빠진다. BMS가 FDA에 TMB가 낮은 환자 전체생존기간(OS) 분석 데이터 요청을 받았지만, 실제 제출하기까지 3개월이 늦어진 것을 고려해 FDA는 허가 결정 시점을 2019년 5월로 정했다. 그런데 BMS는 같은 해 1월 FDA와 논의 후 미국에서 허가신청서를 철회한다. 허가받을 가능성이 없다는 판단에서였다. BMS는 유럽에서도 검토 절차를 밟다가 이듬해 바이오마커 전략을 포기한다. BMS와 전략이 비슷했던 아스트라제네카의 TMB 바이오마커 NEPTUNE 임상시험도 2019년 8월 실패한다.

같은 해 7월에는 화학항암제와 옵디보를 병용하는 임상시험이 실패했다는 결과가 발표된다. CHECKMATE-227 임상3상 파트2에서 비편평세포 비소세포폐암 환자에게 옵디보와 화학항암제를 병용투여했을 때, 기존 화학항암제 대비 전체생존기간(OS)을 개선하지 못했다는 결과였다(mOS: 18.83개월 vs 15.57개월, HR=0.86). 또한 1년 생존율에서도 병용투여 67.3%, 화학항암제 59.2%로 차이가 없었다. BMS는 화학항암제를 투여한 대조군에서 다른 임상에서보다 더 좋은 결과가 나왔다고 설명했다. 이를 머크의 임상 결과와 비교하면 좀더 직관적으로 이해할 수 있다. 키트루다 KEYNOTE-189 임상3상에서 화학항암제 투여군의 전체생존기간(OS)은 11.3개월, 1년 생존율은 49.45%였다.

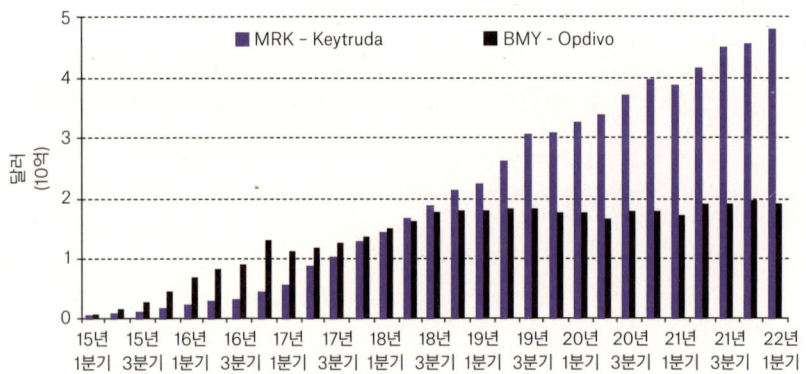

[그림 4_01] 키트루다와 옵디보의 매출액 변화 추이

일자	내용
첫 임상 디자인	파트1A: 옵디보+여보이 또는 옵디보 단독 vs 화학항암제, PD-L1 양성
	파트1B: 옵디보+여보이 또는 옵디보+화학항암제 vs 화학항암제, PD-L1 음성
	파트2: 옵디보+화학항암제 vs 화학항암제, PD-L1 구분 없이
2018.02	파트1, TMB 고발현 환자에게서 옵디보+여보이 PFS 개선 발표
2018.05	EMA TMB 고발현 비소세포폐암 허가서류 검토 시작
2018.06	FDA도 TMB 고발현 비소세포폐암 허가서류 검토 시작, 2019.02까지 결정
2018년 중반	EMA TMB 저발현 환자 OS 분석 데이터 요구, TMB가 OS를 예측하지 못한다는 것이 밝혀짐
2018.10	FDA TMB 저발현 OS 데이터 검토 후 허가날짜, 2019.05로 연기
2019.01	BMS FDA와 논의 후 결국 TMB 고발현 대상 허가서류 철회
2019.07	파트2, 옵디보+화학항암제 병용투여 임상 실패
2019.09	파트1, 옵디보+여보이 투여 시 OS 수치적으로 개선 발표
2020.01	파트1A 분석 결과(PD-L1 1% 이상) EMA 제출
2020.01	FDA도 파트1A 분석 결과 제출, 2020.05까지 결정
2020.01	BMS EMA 허가서류 제출 철회(TMB 고발현 & 파트1A)
2020.05	FDA PD-L1 1% 이상 비소세포폐암 1차 치료제로 옵디보+여보이 시판허가 결정
2020.05	FDA PD-L1 무관, 비소세포폐암 1차 치료제로 옵디보+여보이+화학항암제 삼중투여 시판허가(CHECKMATE-9LA)

[표 4_01] BMS가 애초 TMB 고발현과 이후 옵디보+여보이 병용투여로 비소세포폐암 1차 치료제로 들어가기 위한 CHECKMATE-226 검토 과정. 이벨류에이트 2020.02 자료 참조 및 재구성[4]

2019년부터 머크의 키트루다는 분위기를 뒤집었고, 우세하게 바뀐 상황을 굳혀가는 것 같았다. 머크는 BMS가 바이오마커로 삼았던 TMB를 직접 공격하듯이, 키트루다와 화학항암제를 병용투여했을 때 TMB 값과 무관하게 치료 효과를 나타낸다는 임상시험 결과를 발표하기도 했다. 또한 당시 치료제가 없었던 KRAS 변이 비소세포폐암 환자에게서 키트루다의 전체생존기간(OS) 연장 효과를 확인한 임상시험 결과도 발표한다. 비소세포폐암 환자 가운데 약 20%에게서 KRAS 변이가 발생하는데, 세부 그룹 분석 결과 사망률을 58% 줄였다는 결과였다.

2020년에도 머크는 BMS의 전략이 정말 괜찮은 것인지 궁금해하는 것 같았다. 머크는 PD-L1을 50% 이상 발현하는 전이성 비소세포폐암 환자 1차 치료제로 키트루다를 단독으로 투여했을 때와, 키트루다와 여보이를 병용투여했을 때를 비교한 KEY-NOTE-598 임상3상을 진행했다. 결과는 키트루다와 여보이를 병용투여했을 때 무진행생존기간(PFS)이나 전체생존기간(OS)에서 이점 없이 독성만 2배 더 강한 것으로 나타났다.

머크는 BMS의 TMB 전략도 검증해보고 싶었던 것 같다. BMS가 실패했던 바이오마커 TMB를 가지고 키트루다는 바이오마커 기반 치료제로 승인받았기 때문이다. 머크의 전략은 탁월했다. 머크는 비소세포폐암에서 TMB라는 수식어를 빼버리고, 전체 암에서 TMB 바이오마커 기반 가속승인을 받는다. MSI-H/dMMR에 이은 두 번째 바이오마커 기반 치료제 승인이었다. 머크는 KEYNOTE-158 임상 데이터를 이용했다. TMB가 높은 고형암 환자(TMB-H, ≥10개 변이/Mb) 102명에게 키트루다 투여 시 전체반응률(ORR) 29%라는 결과를 바탕으로, 마땅한 치료옵션이 없던 TMB-H 전이성 고형암 환자 치료제로 FDA로부터 가속승인을 받는다. 다만 이들 환자에게서 키트루다가 무진행생존기간(PFS), 전체생존기간(OS)에서의 이점을 보여주지는 못했다.

BMS에게 2020년은 기억하고 싶지 않은 해였을 것이다. BMS는 1월 유럽 EMA에 신청했던 옵디보와 여보이의 병용투여, TMB 바이오마커에 대한 허가신청 서류를 자진해서 철회했다. EMA의 약물사용자문위원회(CHMP)는 CHECKMATE-227 임상 3상에 대해, 여러 번 임상 프로토콜을 수정한 점과 임상종결점을 바꾼 것에 대해 우려를 표했다. 또한 전체 데이터 패키지를 해독할 수 없다는 의견을 냈다. 이와 같은 EMA의 반응에 BMS는 유럽에서의 허가신청을 포기한다.

반면 FDA는 EMA보다 좀더 관대(?)했다. FDA는 CHECK-MATE-226 임상3상의 파트1A에서 본 옵디보와 여보이의 이점을 인정했다. BMS는 원래 주장했던 TMB 바이오마커에 대한 내용을 뺐고, PD-L1을 1% 이상 발현하는 비소세포폐암 1차 치료제 세팅에서 옵디보와 여보이가 화학항암제 대비 전체생존기간(OS)을 늘렸다는 데이터를 내보였다. 이 데이터를 바탕으로 해서 PD-L1을 1% 이상 발현하는 비소세포폐암 치료제로 2020년 5월 FDA로부터 시판허가를 받는다. BMS는 키트루다와 화학항암제 표준치료제로 처방되는 PD-L1 1~49% 구간에서 화학요법을 쓰지 않는(chemo-free) 치료 대안이 나왔다고 강조했다.

그러나 옵디보와 여보이는 여전히 독성 위험이 높았다. 이에 비해 키트루다에 화학항암제를 병용투여하는 경우가 무진행생존기간(PFS), 전체생존기간(OS)에서 이점이 더 컸다. 같은 달 BMS는 또 다른 병용요법인 CHECKMATE-9LA 임상3상 결과를 바탕으로 옵디보와 여보이, 화학항암제 삼중요법을 전이성 비소세포폐암 1차 치료제로 승인받는다. 그러나 임상 데이터에서 키트루다와 화학항암제에 대비해 설득력은 없어 보였다. BMS도 옵디보와 여보이 병용투여로 비소세포폐암 1차 치료제로 처방할 수 있게 되었지만, 키트루다에 비해 한참 늦은 2020년에 승인받았고, 로슈의 티쎈트릭이 화학항암제 병용요법으로 비소세포폐암 1차 치료제로 사용되고 반년이 지난 다음이기도 했다.

전향적 연구와 후향적 연구

PD-1 항체는 대장암 환자 33명 가운데 1명에게서 반응을 일으켰다. 보통 이 정도 결과가 나왔다면 실패한 임상시험으로 기록하고 접었을 것이다. 33명 가운데 10명 정도에게 반응이 나타났어도 '가능성이 있겠다' 정도로 판단하는 것이 일반적이다.

　그런데 머크는 달랐다. 머크는 폐암에서 PD-L1 발현량 50%를 기준으로 잡아 임상시험을 성공시키고 환자에게 처방할 수 있게 만들었던 경험이 있었다. 이는 머크 내부에 바이오마커가 무엇이고, 어떻게 접근해야 하는지, 바이오마커를 찾는다는 것이 얼마나 어려운지, 그러나 바이오마커를 어떻게 찾아야 하는지에 대한 개념을 정립해주었을 것이다. 머크가 MSI-H/dMMR 바이오마커 개념을 처음으로 밝혀낸 것은 아니다. MSI-H나 TMB 등은 개념적으로 이미 정립되어 있었다. 단 머크는 1명의 대장암 환자에서, 이미 알려져 있었던 MSI-H/dMMR이라는 개념을 적용할 수 있겠다는 판단을 내렸을 뿐이다.

머크의 KEYNOTE-016 임상시험은, 해당 분야의 전후 연구 결과들과 상관없이 확실하게 증명된 근거 하나를 보고 가설을 세웠다. 바이오마커가 있는 대장암과 없는 대장암, 바이오마커가 있는 대장암이 아닌 모든 암까지 이렇게 딱 세 개 그룹으로 나누었다. 이렇게 나누어 임상시험한 결과를 보면 대장암에서 바이오마커 유무가 의미가 있는지, 다른 암에서 바이오마커가 어떤 영향을 주는지에 대한 답이 명확하게 도출된다. 이런 연구를 전향적 연구(prospective study)라고 한다. 신약이 기존 약보다 효능이 뛰어나다는 것을 증명하는 임상시험도 보통 전향적 연구다.

모두가 바이오마커를 다루지만 실제 어떤 식으로든 바이오마커를 바탕으로 해서 신약개발 또는 임상시험에서 성공적인 모델을 보여주는 사례는 드물다. 이는 머크가 MSI-H/dMMR를 놓고 전향적 연구를 진행했지만, 많은 경우 바이오마커는 이미 환자 선정 기준이거나 임상에서 주로 보는 기준이 아닌 탐색적 임상종결점(experimental endpoint) 수준에서 연구되기 때문일 수도 있다.

전향적 연구는 가설을 세우고 직접 실험해서 결과를 확인하는 방식의 연구다. 실험을 많이 해야 하고 비용이 많이 들지만 결과의 신뢰도가 높다. 또한 직접 실험하기 때문에 여러 변수를 통제할 수 있다.

후향적 연구(retrospective study)는 이미 알고 있는 결과를 가지고 거꾸로 추적하는 방식으로 연구한다. 이미 발표된 데이터를 가지고 연구하기 때문에 가설에 대한 검증이 아닌 역학조사를 통한 추론이다. 또 연구 안에 작용한 변수를 솎아내고 유의미한 통계자료로 만들기도 힘들다. 당뇨병 치료제 메포민(Meformin)을 투여받는 제2형 당뇨병 환자들의 데이터를 모아서 연구해보니 투여 환자군에서 암 발병률이 현저히 낮았다. 2005년에 이와 관련된 논문이 처음 발표되었고, 메포민 복용 환자는 암에 상관없이 암 발병률이 23% 낮다는 추적 결과였다. 후향적 연구는 이를 바탕으로 메포민이 암을 억제하거나, 암을 없애는 효과가 있을 거라 예측했지만 관련 연구는 모두 실패했다.

비슷한 사례는 또 있다. 20년 동안 항염증제(NSAIDs)를 투여받은 만성염증 환자들의 데이터를 모아보니 알츠하이머병 발병률이 낮았다. 후향적 연구는 이를 바탕으로 항염증제가 알츠하이머병을 예방하는 효과가 있을 것라 예측했지만 관련 연구들 모두 실패했다. 오히려 이를 입증하는 전향적 임상 연구에서는 전혀 다른 결과가 나오기도 했다. 알츠하이머병에 걸릴 위험이 큰 정상적 인지를 가진 노인들이 나프록센(naproxen)을 2년 동안 복용했지만 인지 저하와 알츠하이머병 관련 바이오마커에 영향이 없었으며, 오히려 위장과 심혈관계 부작용이 나타났다.[5] 결국 2010년 말 항염증제 연구는 알츠하이머병을 늦추는 효능이 없다는 결론으로 마무리를 짓게된다. 이러한 연구들은 후향적 분석으로 진행한 임상시험의 대표적인 실패 사례다.

다만 후향적 분석은 연구 단계에서 보지 못하는 실마리를 줄 수 있다는 점에서 의미가 있다. TMB를 보자. BMS는 PD-L1 기준을 5%로 잡아 임상에 실패하면서 주도권을 빼앗겼던 옵디보 Checkmate-026 임상3상 결과를 다시 분석했다. PD-L1이 아닌 더 의미 있는 바이오마커를 찾을 수 있지 않을까 하는 생각이었다.

BMS는 비소세포폐암 환자를 TMB 발현을 기준으로 다시 분석했고, TMB가 높은 경우 화학항암제 대비 무진행생존기간(PFS)이 더 긴 것을 확인했다(9.7개월 vs 5.8개월). TMB는 PD-L1과 상관성이 없어 머크의 PD-L1 바이오마커를 대신할 새로운 바이오마커가 될 가능성이 있고, PD-L1을 발현하지 않는 비소세포폐암 환자에게도 처방할 수 있을 것이라는 기대였다.

BMS는 이를 바탕으로 전향적 연구를 재설계한다. 허가 과정에서 우여곡절(?)이 많았던 CHECKMATE-227 임상3상이다. BMS는 TMB 바이오마커 기준을 10변이/Mb로 설정했고, 임상 3상 첫 분석 결과에서 TMB 바이오마커가 있는 환자에게 옵디보 투여 시 화학항암제 대비 무진행생존기간(PFS)이 더 길며, 전체반응률(ORR)은 3배 이상 높다는 결과(68% vs 25%)가 나왔다. 그러나 이후 BMS는 TMB 바이오마커가 생존 기간에서 이득을 줄 것인지 예측하는 바이오마커라는 점을 입증하지 못했다.

한편 머크도 TMB를 바이오마커로 주목하고 있었다. 다만 전체반응률(ORR)을 예측하는 역할을 할 수 있다는 정도까지로 본 것 같다. 2020년, 머크는 TMB가 있는 고형암 환자 데이터에서 전체반응률(ORR) 데이터를 바탕으로 바이오마커 기반 고형암 치료제로 키트루다를 FDA로부터 가속승인 받는다. 이는 TMB를 비소세포폐암 환자의 전체생존기간(OS)을 예측하는 바이오마커라 본 것이 아니다. BMS의 임상시험 결과처럼 키트루다에 약물반응을 보인 환자에게서 무진행생존기간(PFS)나 전체생존기간(OS) 이점은 없었다. 즉 TMB가 있으면 키트루다로 암을 줄일 수는 있지만 환자를 살릴 수 있는 치료제는 아니라는 결론이었다.

머크는 과학적인 근거를 파고들었다. 그리고 과학적 근거가 있다면, 이를 검증하는 임상 디자인을 설계했다. 전이성 대장암 환자 가운데 MSI-H/dMMR인 경우가 5%라는, 이미 알려진 사실을 시작점으로 두는 것에 집중했다. 33명 가운데 1명은 3% 남짓이라는 부정적인 통계 수치를 보여주지만, 그 1명이 확실한 사례일지도 모른다는 판단이 있었기에 전향적 연구를 설계하고 집행할 수 있었을 것이다. 애매한 10명의 반응보다는 확실한 1명의 반응에 더 집중했다. 머크는 키트루다를 포함한 항암제 부문에서 14개 세부 암 적응증에서 바이오마커로 환자를 찾았고(2022.06 ASCO 발표자료 기준), 키트루다 항암제 처방을 바이오마커를 기준으로 하려는 시도를 넓히고 있다.

과학적 사실

BMS라고 해서 바이오마커를 찾는 연구에 게으르지 않았다. 다만 PD-L1 발현율 50%로 키트루다가 바이오마커 기반 면역항암제라는 타이틀을 먼저 차지했던 것의 영향 때문이었는지, BMS는 PD-L1이 아닌 다른 바이오마커를 찾기 위해 애를 쓰는 것처럼 보인다. 2016년 CHECKMATE-026 임상에서 실패한 뒤 3~4년을 TMB 임상시험에 집중했다.

TMB는 MSI-H/dMMR 바이오마커보다 좀더 상위 범주다. 특정 암을 제외하면, MSI-H/dMMR는 5% 이내로만 찾을 수 있어 일반적인 검사에서 바이오마커로 찾아내기는 어렵다. 따라서 암 환자의 절반 정도에서 발현하는 TMB를 바이오마커로 적용할 수 있는 방법을 찾아낸다면, 더 쉽게 더 많은 환자를 BMS의 면역항암제로 치료할 수 있을 것이다.

바이오마커 연구는 유전자 수준에서도 활발했다. BMS와 머크는 TMB뿐만 아니라 종양미세환경(tumor micro enviroment, 이하 TME)에 대한 바이오마커도 찾아 나섰다. TME에서 특이적으로 발현하는 유전자(immune related gene express)에 대한 연구다. 종양에서 발현되는 20여 개 정도의 RNA 유전정보를 분석해 패턴화하면 바이오마커로 삼을 수 있을 것이라는 기대였다. 그러나 아직까지 임상개발에서 적극적으로 적용돼 성과를 확인한 예는 없다.

머크는 과학적인 측면에서는 고집스러울 정도로 보수적인 태도를 보여주지만, 새로운 가능성에 문을 닫아둔 것도 아니다. 머크는 다른 항암 신약개발 제약기업들이 선뜻 나서지 못하는 MSS(microsatellite stable) 대장암으로 다시 바이오마커를 찾고 있다.

키트루다가 MSI-H/dMMR 대장암 1차 치료제로 5%에 해당하는 환자의 삶을 바꿨지만, 아직 혜택을 받지 못하는 95%의 환자가 남아 있다. MSS 대장암은 전체 대장암의 80~85%를 차지하는, 면역항암제가 '전혀' 반응하지 않는 타입으로 알려져 있다. 머크가 KEYNOTE-016 임상으로 대장암 환자에게서 첫 결과를 얻었을 때도, MSS 대장암 환자 18명에게서 전체반응률(ORR)은 0%였다. 보통 면역항암제 초기 개발 단계에서 전체반응률(ORR) 수치를 환자가 치료될 가능성으로 보는데, 0%라면 면역항암제가 적합할지 아닐지 알 수 없기 때문에 계속 도전하기 어렵다.

머크의 키트루다 병용투여 전략은 타깃하는 암에서 쓰이는 표준치료제 지정에 집중되어 있다. 이런 이유로 화학항암제와의 병용투여 연구가 많다. 한편 BMS는 옵디보와 면역항암제 병용투여를 전략으로 가지고 가는 중이다. 머크도 면역항암제와 면역항암제의 병용투여를 연구하지만, 범위를 넓히지 않는다. 대신 딱 맞는 암을 찾아가는 방식이다. 머크는 LAG-3 항체 파베젤리맙(favezelimab)과 키트루다의 복합제형(co-formulation)을 여러 암에서 확인하기보다는, MSS 대장암과 전형적 호지킨림프종(classical hodgkin's lymphoma, cHL) 두 적응증에 집중하고 있다. 이는 초기 임상시험 결과를 근거값으로 삼기 때문이다.

머크가 ASCO 2021에서 발표한 MSS 전이성 대장암 대상 LAG-3와 키트루다 병용투여 임상시험 결과를 보면, PD-L1 바이오마커(CPS≥1 또는 CPS<1)를 기준으로 반응률에서 차이를 보였다.[6] PD-L1 발현 환자 36명 가운데 4명이 약물에 반응을 보였으며(ORR=11.1), 투약 후 1년이 된 시점에서 환자 절반이 생존해 있었다. 반면 PD-L1을 발현하지 않는 경우 35명 가운데 1명만 약물에 반응을 보였으며(ORR=2.9%), 1년 후 1/3만이 생존했다. 이 결과를 근거로 머크는 PD-L1 발현 MSS 대장암 환자에게 LAG-3와 키트루다 병용투여(복합제형)과 표준치료제를 투여해 전체생존기간(OS)를 비교하는 임상을 진행하고 있다. 임상결과는 2024년 나온다.

그밖에도 머크는 ASCO 2022에서 키트루다가 혈액암의 일종인 전형적 호지킨림프종(classical hodgkin's lymphoma, cHL)에서 효능을 보여준, 초기 임상1/2상 결과 2건을 발표했다. PD-1

약물을 투여받고 실패한 cHL 환자에게 파베젤리맙과 키트루다를 병용투여하자 중간 추적기간 16.5개월 시점에서 전체반응률(ORR) 31%(9/29명)이었으며, 이 가운데 완전관해(CR)를 보인 환자는 2명이었다. 대부분 환자(90% 이상)에게서 표적 부위에 암이 줄어들었다. 또한 무진행생존기간 중간값(mPFS)은 9개월, 전체 생존기간 중간값(mOS)은 26개월이었다.

완전관해(CR) 100%

2019년 12월 대담한 가설을 검증하는 임상시험이 시작되었다. 머크와 BMS가 MSI-H/dMMR 전이암에 집중하는 동안, 미국 슬로안캐터링 암연구센터(Memorial Sloan Kettering Cancer Center, MSKCC)의 대장암 전문의 안드레아 세르섹(Andrea Cercek)은 이런 바이오마커가 초기암에서도 작동할 것이라 생각했다. 초기암은 전이가 일어나기 전의 1~3기에 해당하는 병리 단계다. 안드레아 세르섹이 새 가설을 떠올리기 시작하던 때는 머크와 BMS의 면역항암제 개발 경쟁이 초기암으로 옮겨가기 시작한 때이기도 했다.

안드레아 세르섹은 여기서 한발 더 나아가, MSI-H/dMMR 바이오마커를 가진 초기암에서 면역관문억제제를 테스트해보기로 했다. 전 세계적으로 약 75만 명의 직장암(rectal cancer) 환자가 있는데 이 가운데 5~10%가 dMMR 바이오마커를 갖고 있다. 안드레아 세르섹 연구팀은 두 가지 아이디어로 시작한다.[7]

우선 면역관문억제제에 반응해 이점을 얻을 수 있는 환자가 누군지 알 수 있다면, 곧바로 면역관문억제제를 투여하자는 것이었다. 이미 키트루다 임상에서 MSI-H/dMMR 전이성 대장암과 직장암 환자가 PD-1에 잘 반응한다는 것은 알려진 사실이었다. 이 환자들은 화학항암제에 잘 반응하지 않는데, 전이성 암 세팅에서 PD-1을 투여했을 때 암이 사라지는 완전관해(CR)가 10% 수준으로 관찰됐다. 환자에게는 1%의 완전관해(CR)도 의미가 있는데 10%라면 높은 수치였다.

연구팀은 머크의 연구에서 영감을 얻었고, 효능이 좋다면 투여 시기가 빠를수록 좋다고 생각했다. 신약을 개발하는 제약기업이라면 이미 치료제가 나와 있는 전이암 치료제보다는, 다음 단계인 초기암 치료제 개발로 가는 것은 당연하다. 그러나 검증된 치료법을 따르는 임상의사에게 기대하기 쉽지 않은 발상이다. 어쨌건 초기암에서 수술 전 요법(neoadjuvant)으로 면역관문억제제를 투여하면 신항원에 반응하는 T세포가 늘어나고, 특정 종양을 인지하는 T세포가 림프절을 돌아다니면서 길게는 몇십 년 동안 암세포를 감시할 수 있을 것이다.

이러한 첫 번째 아이디어가 신약개발자와 더 잘 어울렸다면, 두 번째 아이디어는 임상의사에 더 잘 어울렸다. 직장암 치료 시 나타나는 독성을 피하자는 것이었다. 직장암 환자의 치료는 화학항암제와 방사선 치료, 수술을 복합적으로 시행한다. 문제는 치료 후 암이 완전히 사라진다 하더라도 환자에게 불임, 장 기능장애, 방광 기능장애, 성 기능장애 등이 후유증으로 남게 된다. 또한 일부 환자는 영구적인 인공항문인 결장조루술(colostomy)을 받아 평생 불편한 삶을 살아야 한다.

안드레아 세르섹 연구팀은 생각을 뒤집기로 한다. dMMR 직장암 환자에게서 PD-1이 효능을 발휘한다면 '화학항암제를 대체하고, 화학 방사선 치료를 대체하고, 화학 방사선 치료와 수술 치료를 대체할 수 있을 것'이라는 가정이었다. 임상시험 프로토콜도 기존 치료제를 건너뛰고 PD-1을 먼저 투여하는 것으로 설계했다. 연구팀은 가설을 검증하려고 면역관문억제제를 가진 여러 제약기업에 소규모 임상을 지원해 달라고 요청했지만, '임상시험이 너무 위험하다(The trial was too risky)'는 이유로 거절당했다.[8] 제약기업 입장에서는 몇 단계의 검증을 건너뛰는 이런 방식의 임상시험이 가진 실패의 위험성을 부담하기 어려웠을 것이다.

임상시험을 진행할 면역관문억제제를 구하지 못하던 연구팀은 마침내 테사로(Tesaro)를 만난다. 테사로는 항암제 개발 전문 바이오텍으로 2018년 12월 PARP 저해제 확보하려는 GSK에 인수된 상태였다.[9] 테사로는 PARP 저해제 말고도 PD-1 항체인 젬펄리(Jemperli, 성분명: dostarlimab)와 TIM-3, LAG-3 등 면역항암제 후보물질을 갖고 있었다. 그러나 이후 GSK 경영진은 테사로가 지원한 이 소규모 연구에 대해 잊었다. 2019년 말, 안드레아 세르섹 연구팀은 dMMR 바이오마커를 가진 2~3기 직장암 환자 30명에게 젬펄리를 테스트하는 임상2상을 시작한다(NCT04165772).

안드레아 세르섹 연구팀은 ASCO 2022에서 연구 결과를 처음으로 공개했다. 놀랍게도 젬펄리를 투여받은 dMMR 직장암 환자 14명 모두에게서 암이 사라지는 완전관해(CR)가 일어났다. 대장내시경이나 PET, MRI 이미지에서도 암의 흔적은 관찰되지 않았다. 완전관해(CR) 100%라는 전례없는 결과로, 통계적으로 계

산했을 때 1/10^{12}의 확률이라고 보는 사람도 있었다.[10]

　추적 기간 중간값 6.8개월(0.7~23.8개월)까지 다시 암이 자라거나 화학항암제, 방사선 치료, 수술 치료 등 다른 치료가 필요한 환자는 없었다. 3등급이나 4등급 수준의 부작용은 관찰되지 않았으며, 임상적인 합병증도 보이지 않았다. 첫 등록된 환자는 가족을 도와 가구매장 관리를 하고 있는 38세 여성이었는데, PD-1이 암을 없앤 지 2년이 지날 때까지 암이 재발하지 않았다. 안드레아 세르섹 연구팀은 ASCO 2022 발표에서 '많은 기쁨의 눈물이 있었다(There were a lot of happy tears)'라고 소감을 전했다. 연구 결과는 *NEJM*에도 실렸다.[11]

　놀라운 결과를 보여준 임상시험이 완전히 끝난 것은 아니다. 임상시험에 참여했던 환자들은 완치되었을까? 그 또한 아직 알 수 없다. 실제 임상 현장에서 치료 프로토콜을 바꾸려면 더 많은 일들이 벌어져야 한다. 14명이라는 숫자는 너무 적으며, 팔로우업 기간은 아직 충분하지 못하다. 해당 암에 숙련된 임상의가 진행한 단일기관 임상이라는 점은, 이후 어느 정도로 재현될 것인지에 대한 의문을 남기기도 한다. 암이 사라지고 나서 2년 안에 80~90%가 재발할 수 있다는 것을 고려하면, 단순히 전체반응률(ORR) 지표뿐만 아니라 암이 재발하지 않는 무사건생존기간(EFS)이나 환자가 오래 사는 전체생존기간(OS), 장기 기능이 유지되는지(organ preservation)까지도 밝혀야 한다. dMMR/MSI-H 환자가 전체의 5~10% 남짓이라는 점을 고려했을 때, 이런 컨셉의 임상시험을 단일기관에서 진행한다는 것 자체도 무리다. 실제 MSKCC 연구팀은 29개월 동안 18명의 환자를 모집했는데, 한 달에 1명을 채 찾지 못한 셈이었다.

여러 가지를 따져보면 전 세계적 규모의 제약기업이 나서야 하는 때가 되었다. 안드레아 세르섹 연구팀은 새로운 프레임으로 면역관문억제제로 암이 없어지는 면역절제 치료요법(immunoablative therapy)이라는 개념을 제시했다. 어쩌면 면역항암제가 암을 없애왔던 방식인 수술, 화학항암제, 방사선 치료를 대체할 수 있을지 모른다. 아직은 하나의 사례에 불과한 것이 사실이지만, 머크가 시도했던 바이오마커 기반 항암제가 초기암 치료제로 자리를 잡을 수 있을 수도 있다는 가능성을 보여주는 것인지도 모른다.

바이오마커는 어렵다

자운스 테라퓨틱스(Jounce Therapeutics)는 2018년 ICOS 활성화 항체(agonistic antibody) JTX-2011(vopratelimab)과 PD-1 병용투여 임상(프로젝트명: ICONIC)에 실패한다. 자운스는 CTLA-4 면역항암 메커니즘을 밝혀 노벨상을 수상한 짐 앨리슨(Jim Allison)이 공동 과학창업자로 참여한 바이오테크다. 자운스는 T세포 자극인자인 ICOS(Inducible T cell CO-Stimulator)라는 새로운 타깃과 적응형 임상 디자인(adaptive study design)과 같은 임상개발 전략을 내세웠다. ICOS 발현 여부와 상관없이 전체 고형암 대상으로 단독투여 또는 PD-1 병용투여 임상을 진행하고, 긍정적인 신호가 보이는 암과 ICOS 발현을 기준으로 다음 단계를 진행하겠다는 계획이었다.

그러나 초기 효능 결과가 실망스러웠다. 자운스는 곧바로 ICOS와 관련된 신호전달체계를 분석했고, 2019년 3월 키스톤 심포지엄(Keystone Symposium)에서 'ICOS 타깃 임상에서 배운 것들(Lessons Learned from a Clinical Trial Targeting ICOS)'이라는 주제의 발표에서 ICOS 항체에 반응을 보인 환자들이 말초 혈액 내 CD4 ICOS 발현이 높은 T세포를 갖고 있는 것을 바이오마커로 제시했다. 부분반응(PR)을 보인 환자 모두에게서 이 바이오마커가 관찰됐으나, 약물이 효능을 못낸 병기진행(PD) 환자 12명에게서는 바이오마커가 관찰되지 않았다는 것이다. 이후에도 ICOS에 대한 자운스의 믿음은 계속된다. 자운스는 PD-(L)1 투여를 받은 적이 있는 비소세포폐암 환자를 대상으로 ICOS에 CTLA-4를 병용투여하는 임상2상을 진행했지만, 효능이 기대에 미치지 못하면서 결국 2020년 임상시험을 중단한다. 자운스는 바이오마커 전략으로 다시 시도한다. T세포의 ICOS hi CD4 발현을 대변하는 18개 RNA 유전자를 바이오마커로 삼았다. 이 바이오마커를 가지고 있지만 면역항암제를 투여받은 적이 없는(naïve) 비소세포폐암 환자를 대상으로, ICOS와 PD-1 병용투여와 PD-1 단독투여를 비교하는 SELECT

임상2상이었다. 그러나 2022년 두 그룹 사이에서 유의미한 효능 차이를 보지 못하면서, 바이오마커 전략마저 실패로 돌아간다. 자운스는 아직까지 임상시험 중단을 공식적으로 알리지 않고 있지만, 사실상 끝이 나고 있는 것으로 보인다. 애초 ICOS 약물의 낮은 효능이 문제였지만, 자운스는 ICOS에 대해 냉정하게 판단하지 못하고, 병용투여와 바이오마커의 틀 안에 ICOS 성공을 끼워 맞춰 보려고 했다. 실패한 신규 면역항암제 임상개발 연구의 대부분이 이러한 전철을 밟는다. 2020년 GSK도 ICOS 면역항암제 개발에 실패했으며, 이제는 젠코(Xencor)의 ICOSxPD-1 이중항체 정도가 임상 단계 에셋으로 남아 있다.

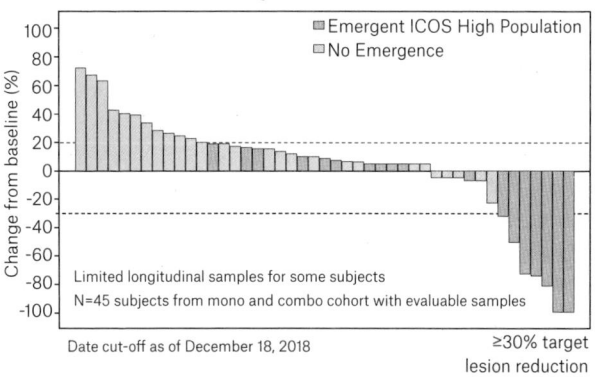

[그림 4_02] 실패한 ICOS 임상에서 자운스가 바이오마커 가능성을 재분석한 결과[12]

의료진의 선택

미국 내에서 PD-1 항체로 키트루다 바이오마커 기반 항암제 전략을 추격하고 있는 곳은 GSK가 유일하다. 키트루다가 MSI-H/dMMR 바이오마커에 기반해서 암의 종류에 상관없이 처방할 수 있는 최초의 항암제가 된 것은 2017년 5월이다. 그리고 2021년 4월, GSK가 dMMR 변이를 가진 자궁내막암 환자를 대상으로 하는 면역항암제 젬펄리(Jemperli, 성분명: dostarlimab)를 FDA로부터 승인받는다.[13] 같은 해 8월 젬펄리는 dMMR 변이를 가진 전체 고형암 환자로도 FDA 승인 범위를 넓힌다.[14]

GSK는 틈새 적응증을 잘 파고 들었다. 자궁내막암 표준치료제인 백금 기반 화학항암제로 치료를 받았지만 재발하는 바람에 마땅한 치료옵션이 없는 환자가 대상이며, 이는 전체 자궁내막암 환자의 약 1/4에 이른다. 진행성 자궁내막암 환자의 dMMR은 약 25%로 높게 발생하며 재발이 잦다. 젬펄리는 치료 옵션이 없는 dMMR 전이성 자궁내막암 환자 71명에게서 전체반응률(ORR) 42%를 확인했고, 대부분의 환자(93%)에게서는 6개월이 넘도록 암이 줄어드는 효과가 지속되는 것도 확인했다. 임상시험이 진행되던 당시 기준 자궁내막암 환자에게서 가장 큰 규모로 PD-1을 테스트한 임상시험이었다. 2021년 9월 젬펄리는 dMMR 바이오마커 기반 고형암 항암제로 가속승인을 받는다.

젬펄리와 키트루다 모두 MSI-H/dMMR(또는 dMMR, 나타나는 현상이 MSI-H이기 때문에 두 표현이 같은 뜻으로 쓰임)을 바이오마커로 삼았으며 똑같이 PD-1을 타깃하는 면역항암제였다. 단 키트루다 라벨에는 'MSI-H/dMMR인 고형암 환자에게 처방할 수 있음'이라고 적혀 있었고, 여기서 의아한 일이 벌어졌다. 머크는 2022년 3월 키트루다를 MSI-H/dMMR 자궁내막암 치료제로 승인받았다. GSK가 특정 바이오마커를 가진 한 가지 암에서 전체 암으로 적응증을 넓혀가는 것은 자연스러워 보였다. 그러나 머크는 이미 바이오마커를 기준으로 전체 암을 아우르는 처방 라벨을 가졌음에도 다시 특정 암에서 시판허가를 받은 것이다.
젬펄리 라벨에는 'dMMR 자궁내막암 및 고형암 환자에게 처방할 수 있음'이라고 적혀 있다는 차이가 있다.
그런데 자궁내막암도 고형암이니 MSI-H/dMMR 자궁내막암 환자에게도 키트루다를 처방할 수 있다. 즉 자궁내막암 치료제로 키트루다를 처방할 수 있었음에도 머크는 MSH-H/dMMR 바이오마커를 기반으로 한 자궁내막암 단일요법 치료제로 키트루다의 승인을 추가로 받은 것이다. MSI-H/dMMR 항암제로 시판허가를 받는 데 근거가 된 임상 가운데 KEYNOTE-158 스터디에 참여한 자궁내막암 환자 90명에게서 전체반응률(ORR) 46%를 확인한 결과가 바탕이 됐다.[15] 물론 바뀐 것은 라벨에 적힌 문장뿐이었다.
이 이벤트는 머크가 신약개발을 어떻게 바라보고 있는지를 엿볼 수 있게 해준다. 머크는 누가 어떤 이유로 약을 고르는지, 즉 치료가 일어나는 현장의 물리적이고 객관적인 사실에 집중했다. 분명 키트루다는 MSH-H/dMMR인 암 환자 모두에게 처방할 수 있다. 이는 기존의 진료과 중심으로 나누어져 있는 암 치료의 프레임을 깨는 혁신적인 일이었다. 그러나 모든 혁신이 현장을 한꺼번에 바꾸는 것은 아니다. 여전히 암 치료 현장에서 암은 진료과별로 구분되어 있으며, 해당 진료과에서는 특정한 암을 위한 특정한 치료제라는 프레임이 있다. 머크는 혁신을 현장에 적용하기 위해 의료진의 마음을 좀더 편하게 해주는 방법, 즉 라벨을 바꾸는 방식을 기꺼이 택했다. 실제로 벌어지고 있는 일이 무엇인지에 더 집중하려는 태도며, 현장에서 벌어지고 있는 사실에 더 큰 가치를 두는 경향이다.
머크는 자궁내막암에서 적응증을 넓혀, MSI-H/dMMR 바이오마커가 없는 환자 2차 치료제로 키트루다와 렌비마(Lenvima®, 성분명: lenvatinib) 병용투여 요법도 내놓았다.

주석

1. Merck & Co. (2015). FDA approves KEYTRUDA® (pembrolizumab) for the treatment of patients with metastatic non-small cell lung cancer whose tumors express PD-L1 with disease progression on or after platinum-containing chemotherapy.
https://www.merck.com/news/fda-approves-keytruda-pembrolizumab-for-the-treatment-of-patients-with-metastatic-non-small-cell-lung-cancer-whose-tumors-express-pd-l1-with-disease-progression-on-or-after-platinum-containing/
2. Bristol Myers Squibb. (2018). Pivotal phase 3 CheckMate -227 study demonstrates superior progression-free survival (PFS) with the Opdivo plus Yervoy combination versus chemotherapy in first-line non-small cell lung cancer (NSCLC) patients with high tumor mutation burden (TMB).
https://news.bms.com/news/details/2018/Pivotal-Phase-3-CheckMate--227-Study-Demonstrates-Superior-Progression-Free-Survival-PFS-with-the-Opdivo-Plus-Yervoy-Combination-Versus-Chemotherapy-in-First-Line-Non-Small-Cell-Lung-Cancer-NSCLC-Patients-with-High-Tumor-Mutation-Burden-TMB/default.aspx
3. Jason Mast. (2022). After 18 years in development, AstraZeneca's CTLA-4 antibody gets the red carpet treatment at the FDA. *Endpoints News*.
https://endpts.com/after-18-years-in-development-astrazenecas-ctla-4-antibody-gets-the-red-carpet-treatment-at-the-fda/
4. Jacob Plieth. (2020). Bristol's filing withdrawal sets up another US vs EU conflict. *Evaluate*.
https://www.evaluate.com/vantage/articles/news/snippets/bristols-filing-withdrawal-sets-another-us-vs-eu-conflict
5. Pat McCaffrey. (2019). Closing the book on NSAIDs for Alzheimer's prevention. *Alzforum*.
https://www.alzforum.org/news/research-news/closing-book-nsaids-alzheimers-prevention
6. Garralda E. et al. (2021). A phase 1 first-in-human study of the anti-LAG-3 antibody MK4280 (favezelimab) plus pembrolizumab in previously treated, advanced microsatellite stable colorectal cancer. *J Clin Oncol*. 39, 3584-

3584. https://ascopubs.org/doi/abs/10.1200/JCO.2021.39.15_suppl.3584
Amirah Al Idrus. (2021). ASCO: Merck's LAG-3 antibody boosts Keytruda in hard-to-treat colon cancer. *Fierce Biotech*. https://www.fiercebiotech.com/biotech/asco-merck-s-lag-3-antibody-boosts-keytruda-hard-to-treat-colon-cancer-phase-1
미국 임상연구사이트(ClinicalTrials.gov). https://clinicaltrials.gov/ct2/show/NCT05064059

7   Andrea Cercek. (2022). PD-1 blockade ad curative-intent therapy in mismatch repari deficient locally advanced rectal cancer. ASCO 2022
8   Gina Kolata. (2022). A cancer trial's unexpected result: remission in every patient. *The New York Times*. https://www.nytimes.com/2022/06/05/health/rectal-cancer-checkpoint-inhibitor.html
9   서일. (2018). GSK, 테사로 51억弗에 인수..*"*PARP 저해 항암제 확보". *바이오스펙테이터(BioSpectator)*. http://www.biospectator.com/view/news_view.php?varAtcId=6726
10 Lei Lei Wu. (2022). ASCO22: Rare biomarker leads to 'unprecedented' results in small rectal cancer study. *Endpoints News*. https://endpts.com/asco22-rare-biomarker-leads-to-unprecedented-results-in-small-rectal-cancer-study/
11 Andrea Cercek. et el. (2022). PD-1 Blockade in Mismatch Repair–Deficient, Locally Advanced Rectal Cancer. N Engl J Med 386, 2363-2376.
12 Beth Trehu. (2019). Keystone Symposium: lessons learned from a clinical trial targeting ICOS. *Jounce Therapeutics*. https://jouncetx.com/wp-content/uploads/2019/03/Jounce-at-Keystone-2019.pdf
13 GSK. (2021). FDA grants accelerated approval for GSK's JEMPERLI (dostarlimab-gxly) for women with recurrent or advanced dMMR endometrial cancer. https://www.gsk.com/en-gb/media/press-releases/fda-grants-accelerated-approval-for-gsk-s-jemperli-dostarlimab-gxly-for-women-with-recurrent-or-advanced-dmmr-endometrial-cancer/
14 GSK. (2021). GSK receives FDA accelerated approval for JEMPERLI (dostarlimab-gxly) for adult patients with mismatch repair-deficient

(dMMR) recurrent or advanced solid tumours.
https://www.gsk.com/en-gb/media/press-releases/gsk-receives-fda-accelerated-approval-for-jemperli-dostarlimab-gxly-for-adult-patients-with-mismatch-repair-deficient-dmmr-recurrent-or-advanced-solid-tumours/

15   Merck & Co. (2022). FDA approves Merck's KEYTRUDA® (pembrolizumab) for patients with MSI-H/dMMR advanced endometrial carcinoma, who have disease progression following prior systemic therapy in any setting and are not candidates for curative surgery or radiation.
https://www.merck.com/news/fda-approves-mercks-keytruda-pembrolizumab-for-patients-with-msi%E2%80%91h-dmmr-advanced-endometrial-carcinoma-who-have-disease-progression-following-prior-systemic-therapy-in-any-se/

V
TNBC

NCCN은 초기 TNBC 환자에게 세포독성(cytotoxic) 화학항암제를 권고한다. 안트라사이클린/탁센 병용투여가 가장 많이 쓰이며, 30~40%의 병리학적 완전관해율(pathological complete response, pCR rate)을 낸다고 알려져 있다. 여기에 카보플라틴(carboplatin)을 추가할 경우 pCR 비율은 50%까지 높아지지만 독성도 커지기 때문에, 이는 화학항암제 병용투여로 얻을 수 있는 거의 최대치다.

유방암

유방암은 비교적 초기에 발견되는 편이다. 조기진단법인 유방촬영술(mammography)의 발전으로 유방암으로 진단되는 환자의 90~95%는 전이가 일어나지 않은 초기 단계(1~3기)에 발견된다. 초기 유방암 환자는 수술로 암을 제거하고 필요한 경우 주변 림프절까지 제거한다.

초기 유방암은 침습성 유방암(invasive breast cancer)이라고도 불리는데, 보통 모유를 생산하는 샘(소엽)이나 모유가 이동하는 통로에서 시작되며 주변 유방조직이나 림프절로 퍼진 상태다. 이는 주변으로 퍼지지 않는 비침습성 유방암(0기)과 구별된다. 전체 유방암 환자 가운데 1/4 정도는 수술 전에 종양 크기를 줄여, 수술 과정에서 종양을 쉽게 제거하기 위한 수술 전 보조요법(neoadjuvant)을 받는다. 수술로 암을 제거하고 난 이후에는 수술 후 보조요법으로(adjuvant) 방사선요법과 화학항암제 등 전신 치료제를 투여받는다. 따라서 유방암은 수술 후 보조요법이 전체 치료법에서 큰 비중을 차지한다. 유방암 항체의약품 허셉틴의 처방 가운데 3/4이 수술 전후 보조요법에 배치되며, 1/4은 전이 환자 치료에 배치된다.

유방암 환자는 어떤 조직에서 어떤 인자가 발견되는가에 따라 다른 치료제가 처방된다. 암세포가 에스트로겐수용체(ER)를 과발현하는 경우, HER2 수용체를 과발현하는 경우, ER과 HER2를 모두 발현하지 않는 경우다. 비율로 따지면 유방암에서 HER2 양성은 15%, ER 양성은 84%(전체에서 11%는 HER2과 ER을 모두 발현한다)다. 그리고 HER2와 ER을 모두 발현하지 않는 경우가

TNBC 143

12% 정도다(ACS 2022 기준). ER, HER2 등은 유방암 예후 인자이면서 치료반응을 예측하는 인자이기도 하다.

많은 유방암 환자는 ER을 발현하며, ER 양성인 경우는 대부분 프로게스테론수용체(PR)를 동시에 발현한다. 유방암 환자 10명 가운데 8명이 ER을 발현한다면, ER 양성 환자 6~7명이 동시에 PR 양성이다. 따라서 이 경우들을 묶어서 호르몬수용체(HR) 양성이라고 부른다. 암 조직에 있는 암세포 100개 가운데 최소 1개 이상이 ER/PR을 발현하는 경우 HR 양성이라고 본다. 이런 호르몬수용체는 암세포에서 특정 유전자를 발현시키는 전사인자로 작동해, 종양화를 가속화하고 암세포를 증식시킨다. 이를 저해하는 대표적인 치료제인 에스트로겐수용체 조절제 타목시펜(tamoxifen)은 1977년 출시되어 지금까지 처방되고 있다. 호르몬치료요법으로 타목시펜이 속하는 선택적 에스트로겐수용체 조절제(SERM) 이외에도 아로마타제 저해제(aromatase inhibitor, AI), 선택적 에스트로겐수용체 분해제(SERD) 등 크게 3개가 주로 처방된다. HR 양성이며 전이성 유방암 환자 1차 치료제로 SERD인 풀베스트란트(fulvestrant)에 CDK4/6 저해제를 같이 처방하며, 이후 재발하는 환자에게는 mTOR 저해제, PI3K 저해제 등의 치료 옵션이 있다. HR 양성이면서 HER2 양성인 경우 두 표준치료제를 같이 투여해 치료한다.

허셉틴(Herceptin®)

HER2는 상피세포 증식인자 수용체 EGFR 그룹에 속한다. EGFR이 HER1이고 HER2, HER3, HER4가 있다. 수용체가 세포 밖에서 상피세포 증식인자를 인지하고 이량체를 이뤄 활성화되는 경로로, 암세포 증식과 생존을 늘린다. 1980년대 말, 유전자가 증폭된(HER2 amplication) HER2 과발현 유방암 환자의 경우 HER2 음성 대비 재발 위험이 더 크고 환자의 생존 기간도 짧다는 것을 알게 되었다.[1]

비슷한 시기 비소세포폐암 환자도 EGFR 변이를 가질 경우 예후가 나쁘다는 것이 알려졌다. 그리고 1990년대 초중반 EGFR 변이를 타깃하는 EGFR TKI 약물이 개발되기 시작했다. HER2 유전자가 발견된 것은 1984년, HER2가 유방암과 난소암과 관계 있다는 것을 밝힌 것은 1986년,[2] 제넨텍(Genentech)이 HER2 항체 트라스투주맙(treastuzumab)으로 여성 15명을 대상으로 임상을 시작한 것은 1992년, 트라스투주맙이 허셉틴(Herceptin®)이라는 제품명으로 전이성 HER2 유방암 신약허가를 받은 것이 1998년이었다.

제넨텍은 초기 임상2상에서 허셉틴 단독투여로만 전체반응률(ORR) 15%를 관찰해 치료 효과를 확인했고,[3] 이후 진행한 임상 3상에서 표준치료제인 화학항암제에 허셉틴을 투여하자 화학항암제 단독투여 대비 환자가 사망할 위험이 20% 낮아졌다.

1996년, 제넨텍은 유방암 환자 800명을 대상으로 임상3상을 시작했는데, 초기 유망한 결과를 본 환자 단체의 압박으로 제넨텍과 FDA는 분기마다 100명의 환자를 추첨해 허셉틴을 투여 받을 수 있도록 했다. 8년 후인 2006년, 허셉틴은 HER2 양성 유방암 수술 후 보조요법으로 1년 동안 투여했을 때 재발할 위험을 50%, 사망할 위험을 33% 낮추는 결과를 낸다.[4] 허셉틴의 이와 같은 임상3상 결과를 발표했던 ASCO 2005에서는 'ASCO의 모든 시선을 빼앗다(Trastuzumab Trials Steal Show at ASCO Meeting)'라는 평을 들으며 기립박수를 이끌어냈다고 한다.[5] 17년 후에 허셉틴 기반 치료제는 다시 한번 ASCO에서 기립박수를 받는다.[6] HER2 양성 유방암 환자의 5년 후 생존 예후는 ER 양성 환자의 치료와 비슷한 수준으로 나아졌다.[7]

유방암 환자를 대상으로 HER2 발현 여부 검사를 시작한 것은 1998년이지만, HER2 발현 검사가 완전히 자리를 잡은 것은 2000년대 중후반부터였다. ASCO는 2001년부터 새롭게 전이성 유방암 진단을 받은 환자에게 일상적인 HER2 테스트를 권고했다. 2007년 이후, ASCO/CAP(미국 병리학회)는 HER2 검사를 할 때 약 20% 빈도로 발생하는 오류를 줄이기 위해 기존의 HER2 면역조직화학(IHC) 검사에 HER2 유전자증폭을 측정할 수 있는 방법(FISH)을 같이 사용해야 한다고 권고했다.[8] 이후로도 HER2 검사법은 계속해서 개정되었고, 2018년 ASCO/CAP 권고를 기준으로 현재는 유방암 조직 내 HER2 발현 IHC2+가 모호한 경우 ISH를 추가로 검사한다. 환자가 HER2 발현 여부를 진단 받을 때까지 1~2주가 걸린다.

2022년 현재 HER2 양성 유방암은 IHC3+ 또는 IHC2+/ISH+로 정의하며 전체 유방암 환자의 15~20%를 차지한다. HER2 음성은 IHC0/1+ 또는 IHC2+/ISH-로 정의한다. 세포당 HER2 수용체가 2만 개 이하면 '0'(육안으로 발현이 관찰되지 않음), 세포당 수용체가 10만 개 수준이면 '1+'(부분적으로 염색), 세포당 수용체가 50만 개 수준이면 '2+'(조직에서 경미하거나 중간 또는 전반적인 염색), 세포당 200만 개 수준이면 '3+'(조직에서 진하게 염색)로 정의한다. IHC1+부터는 암 조직의 10% 이상이 HER2를 발현한다고 알려져 있다.

허셉틴은 암 유발 단백질을 억제하는, 첫 번째 단일클론항체다. 허셉틴이 표적항암제 분야에 미친 영향은 크다. 허셉틴은 유방암 치료 프레임을 바꾸었는데, 이는 표적항암제 분야에서 정밀의학이 시작되는 계기가 되었다. 제넨텍은 유방암이라는 카테고리를 '암 조직 내 HER2 과발현'이라는 지표로 나눴고, HER2 양성 유방암 환자에게서 허셉틴의 효능을 입증해, 1998년 치료제 시판과 함께 새로운 진단 기준을 만들었다. 의사들은 예후가 나쁜 HER2 양성 환자 치료에 나서려고 HER2 검사를 시작했으며, 치료 옵션이 없던 상황에서 좋은 효능 데이터는 환자 단체의 관심을 끌었다.

FDA 시판허가를 받은 1998년, 미국 의사들이 임상 현장에서 가장 신뢰하는 치료지침서를 내는 NCCN(National Comprehensive Cancer Network) 가이드라인에 HER2 테스트와 허셉틴이 치료 옵션으로 추가됐으며, 수술 후 보조요법에도 허셉틴 기반 화학요법이 곧바로 포함되었다.[9] 유방암에 걸릴 위험이 높은 여성을 찾는 미리어드(Myriad)의 BRCA 변이 검사가 미국 시판허가를 받은 것이 2014년이라는 것을 고려하면 앞서 나간 것이다.

한편 EGFR 변이 비소세포폐암 환자의 경우 EGFR TKI에 더 잘 반응한다는 것을 알았지만, 첫 EGFR TKI인 이레사(Iressa®, gefitinib)는 처음엔 EGFR 변이와 상관없이 먼저 시판됐고, 실제 현장에서 약물에 잘 반응할 환자를 찾기 위해 EGFR 변이 검사가

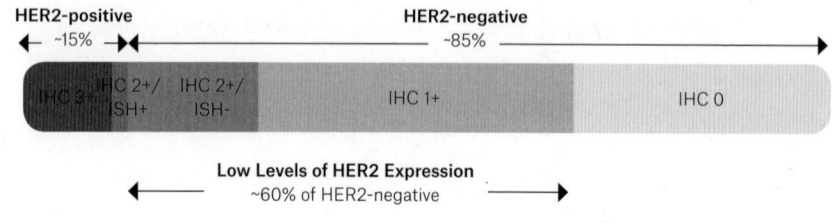

[그림 5_01] HER2 발현에 따른 HER2 양성/음성 정의[11]

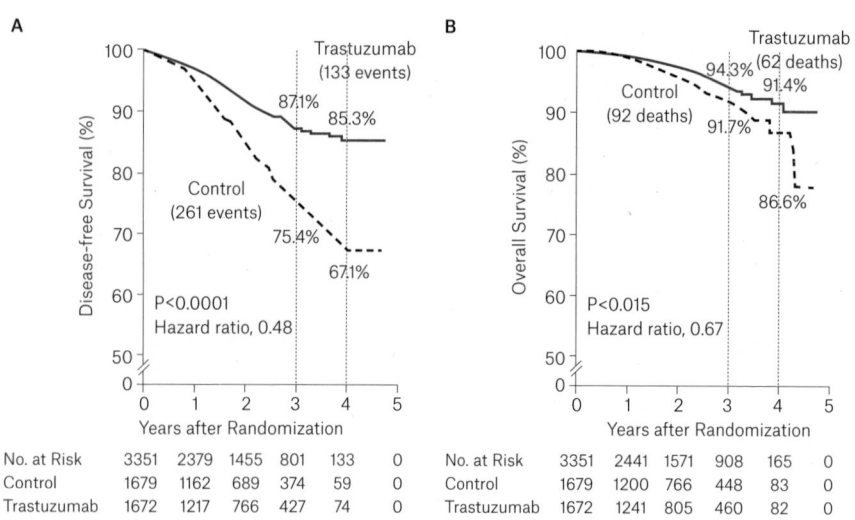

[그림 5_02] ASCO 2005에서 발표된 허셉틴 HERA 임상3상 결과[12]

필요하다는 인식이 자리 잡기까지 몇 년이 걸렸다.[10]

호세 바셀가(José Baselga)

허셉틴은 HER2 양성 유방암 치료의 표준이다. 허셉틴 처방이 시작된 이후 지난 20여 년 동안 유방암 치료제는 HER2를 중심으로 발전해왔다. 허셉틴을 변형한 약물들과 다양한 저분자화합물이 나왔다. 그리고 이런 흐름을 이끈 대표선수(?)는 로슈다.

로슈는 제넨텍을 인수하면서 허셉틴을 얻었지만 거기서 멈추지 않았다. 로슈는 HER2에 리간드가 결합하는 것을 막는 허셉틴과는 다른 메커니즘으로 HER2 이량체(dimerization) 형성을 억제하는 퍼제타(Perjeta®, 성분명: pertuzumab), 허셉틴에 독성항암제를 매단 ADC 캐싸일라(Kadcyla®, 성분명: trastuzumab emtansine; T-DM1)를 내놓았다.

허셉틴이 암세포가 증식하는 HER2 신호전달을 막는다면, 캐싸일라는 HER2를 발현하는 암세포 쪽으로, 효능이 강한 화학항암제를 직접 전달해서 암세포를 사멸시키는 원리다. 문제는 캐싸일라가 HER2 발현 암 조직으로 가기 전에 혈액에서 화학항암제를 떨어뜨리면서 심각한 부작용을 일으켰다는 점이다. 캐싸일라는 2013년 말기 전이성 유방암을 적응증으로 처음 시판됐지만, 이후 위암 등에서 실패로 어려움을 겪었다. 2019년이 되어서야 로슈는 HER2 양성 수술 후 보조요법을 캐싸일라 라벨에 적어넣을 수 있었다.

아스트라제네카의 혁신적인 유방암 치료제인 엔허투(Enhertu®, 성분명: trastuzumab deruxtecan; DS-8201)도 HER2 양성 치료제에서 출발한다. 캐싸일라는 고형암 치료제로 허가받은 첫 ADC 치료제였지만, 미흡한 ADC 기술력으로 인한 부작용과 낮은 효능이 문제였다. 전문가들은 ADC의 미래를 불투명하게 내다보았고, 시선은 면역항암제 쪽으로만 쏠려 있었다.

이런 분위기 속에서 엔허투의 원 개발사인 일본 다이이찌산쿄(Daiichi Sankyo)는 HER2 ADC의 초기 임상1상 결과를 발표했다. 엔허투는 허셉틴이나 캐싸일라를 이미 처방받은 말기 HER2 양성 유방암 환자에게서 전체반응률(ORR) 40~50%라는 결과를 보여주었다. 아스트라제네카는 엔허투의 가능성을 보고 계약금만 13억 5,000만 달러에 총 69억 달러 규모로 엔허투를 사들인다. 모두가 ADC라는 키워드를 놓치고 있을 때, 커다란 계약 이벤트가 벌어졌다.

엔허투는 캐싸일라와 비슷하게 허셉틴에 화학항암제를 단 ADC다. 다만 더 안정적인 링커를 사용해 화학항암제가 암 조직으로 가기 전에 약물을 놓치는 일이 캐싸일라보다 더 적었고, 이 때문에 항체에 더 많은 화학항암제를 붙일 수 있었다. 약물항체비율(DAR)은 캐싸일라 3.5 대 엔허투 8로, 엔허투가 더 높다.

한편 다이이찌산쿄가 ADC에 이용한 페이로드는 데룩스테칸(deruxtecan)으로, 다이이찌(Daiichi, 산쿄와 합병 전)가 1990년대 말 항암제로 개발하다가 효능 부족으로 개발을 그만뒀던 약물이다. 그런데 이러한 화학항암제를 ADC 페이로드로 적용하면 이점이 있을 것으로 생각했다. 화학항암제는 암세포를 사멸시킨 후 이웃 세포로 가서 항암 효능을 발휘하는 특성(bystander effect)을 가졌다. 반대로 화학항암제가 ADC에서 일단 떨어져나오면 빠르게 분해돼 없어지는 특성도 있었는데, 화학항암제가 혈액에 노출되면서 나타낼 수 있는 부작용을 줄일 수 있다.

아스트라제네카의 판단은 옳았다. 2015년 임상시험에 들어갔고, 5년이 채 지나지 않은 2019년 말, 엔허투는 HER2 양성 전이성 유방암 3차 치료제로 FDA로부터 시판허가를 받는다. 2021년, 엔허투는 캐싸일라가 진입에 실패한 위암 2차 치료제로도 처방할 수 있게 된다. 같은 해 엔허투는 2차 치료제 세팅에서 기존 표준치료제인 캐싸일라와 비교해 환자의 질병이 진행하거나 사망할 위험을 72% 줄인 임상3상 결과를 보여주기까지 했다. 절대 수치로 비교하면 1차 종결점인 무진행생존기간(PFS)은 3배(25.1개월 vs 7.2개월), 전체반응률(ORR)은 약 2배 증가했다(79.7% vs 34.2%). 2022년 5월, 엔허투는 HER2 양성 전이성 유방암 2차 치료제로 라벨을 넓히면서, 캐싸일라를 대신할 새로운 표준요법으로 자리 잡아가고 있다.

아스트라제네카는 HER2 양성을 다시 정의하려고 시도한다. HER2 저발현(HER2 low)이라는, HER2 IHC1+ 또는 IHC2+/ISH- 환자까지 HER2 범주로 넣으려는 시도다. 이들 환자는 HER2 음성으로 판정되어(HR-/HER2+, TNBC 등) HER2 치료제를 처방받지 않던 환자다. HER2 저발현 환자는 전체 유방암의 약 50%를 차지하기 때문에, HER2 항암제 처방 기준이 달라진다면 더 많은 환자가 치료 혜택을 누릴 수 있다. 아스트라제네카는 엔허투의 화학항암제가 이웃 암세포로 이동할 수 있다는 점을 바탕으로, HER2가 낮게 발현하는 유방암에서도 효능이 있을 것이라 판단했다. 2022년 6월 ASCO에서 아스트라제네카는

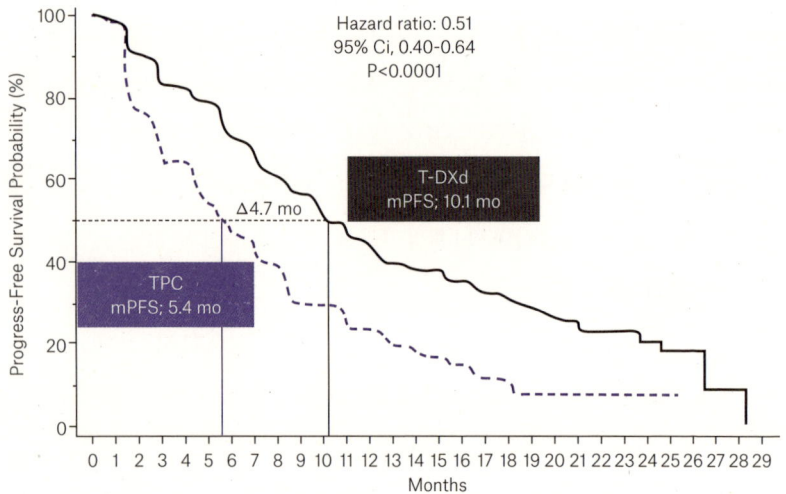

[그림 5_03] 엔허투 ASCO 2022 무진행생존기간(PFS) 데이터. ASCO 2022에서 발표한 결과에 따르면, HER2 저발현(low) HR+과 전체 유방암 환자에게 엔허투(T-DXd)를 투여했을 때 무진행생존기간(PFS) 중간값은 10.1개월, 화학항암제는 5.4개월이었다. 엔허투가 기존 치료제 대비 환자의 병기 진행이나 사망 위험을 50%가량 줄인 결과다. 엔허투는 이러한 DESTINY-Breast04 임상3상 결과를 바탕으로 2022년 8월 미국에서 HR 양성 여부와 상관없이 전이성 HER2 저발현 유방암 2차 치료제로 시판허가를 받는다. FDA가 우선심사에 들어간 지 단 11일 만의 결정이었다.

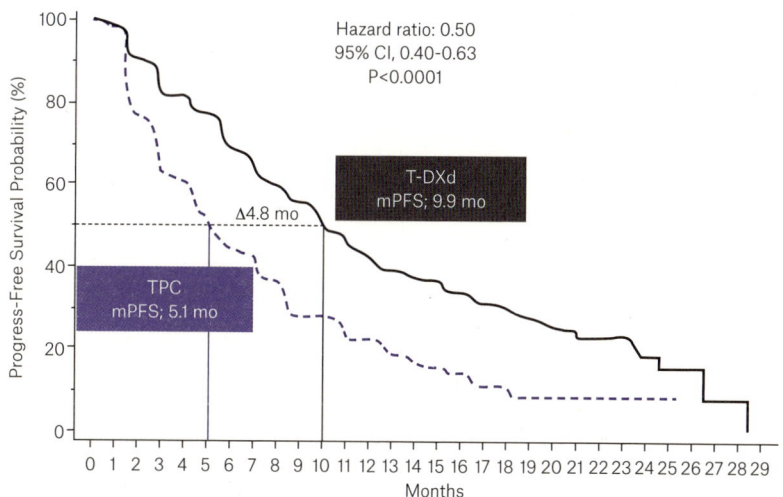

HER2 저발현 전이성 유방암 환자에게서 엔허투가 기존 화학항암제 대비 병기 진행을 절반으로 줄이고, 사망 위험은 낮춘 DES-TINY-Breast04 임상3상 결과를 공개했다. 발표가 끝나고 참석자들이 일어나 기립박수를 치는 역사적인 장면이 또 한 번 연출됐다. 2005년 허셉틴이 HER2 양성 유방암 수술 후 보조요법 임상시험 결과를 발표했을 때 보았던 기립박수 이후 두 번째였다. 이어 아스트라제네카는 2022년 8월 FDA 신속검토 절차에 들어간지 11일 만에 시판허가를 승인받으면서, HER2 low 치료제 시장을 열었다.

두 HER2 양성 임상시험에서 호세 바셀가(José Baselga)를 빼놓을 수 없다. 아스트라제네카가 생각을 바꾸고 바꾼 생각을 밀고나갈 수 있었던 데는, 유방암에서 HER2 양성 환자를 표적하는 허셉틴 연구 전반을 이끈 호세 바셀가가 있었다. 그는 아스트라제네카의 R&D 총괄자였다. HER2 양성 유방암 수술 후 보조요법 치료 프레임을 바꾼 임상(HERA, CLEOPATRA)은 호세 바셀가의 아이디어였다고 한다.[13] 호세 바셀가는 HER2 치료제라는 개념으로 신약을 만들 수 있었기에, 다시 HER2 치료제의 개념을 바꿀 수 있는 시도를 할 수 있었을 것이다.

엔허투는 완벽한 약이 아니다. 환자가 사망하는 간질성폐질환(ILD) 부작용도 있다. 지금까지 엔허투의 효능은 좋았지만, 부작용 때문에 초기 치료제인 수술 전후 보조요법으로 이동하기 쉽지 않을 것이라는 부정적인 시선도 있다. 그럼에도 엔허투는 HER2를 다시 정의하려고 하고 있고, 유방암 치료제 분야에서 굵직한 그림을 그려나가고 있다.

유방암 치료제로 HER2 항암제는 여전히 뜨거운 주제 가운데 하나다. 유방암 환자에게서 암이 뇌로 전이되는 일이 자주 일어나는 것을 고려해 혈뇌장벽(blood-brain barrier, BBB)을 투과할 수 있는 HER2 타깃 저분자화합물 투카이사(Tukysa®, 성분명: tucatinib)가 나왔으며, 엔허투 대비 부작용을 줄인 ADC, HER2 부위로 면역세포를 끌어들이는 이중항체(HER2xCD3, HER2x4-1BB 등)도 개발되고 있다. 허셉틴이 나온 뒤 20년 동안 HER2 양성 유방암 환자의 예후는 꾸준히 개선됐으며, 허셉틴이 HER2 양성 치료제 분야를 개척하면서 엔허투, 투카이사와 같은 치료제도 나올 수 있었다.

TNBC

허셉틴까지 나오자 유방암은 정리되는 것으로 보였지만, 허셉틴으로도 치료가 안 되는 유방암이 있다는 것이 구체적으로 밝혀지기 시작했다. 호르몬 치료요법, 허셉틴, 캐싸일라 모두 치료 효과를 보이지 않는 삼중음성유방암(triple negative breast cancer, 이하 TNBC)을 알게 된 것이다.

TNBC 환자는 ER, PR, HER2를 모두 발현하지 않는다. ER과 PR을 발현하면 호르몬 치료요법과 CDK4/6 저해제를 처방하고, HER2가 발현하면 허셉틴을 처방할 수 있다. 그런데 TNBC는 이 세 가지 수용체를 모두 발현하지 않기 때문에 기존 유방암 표적치료제 가운데 어떤 것을 처방해도 효과가 없다.

TNBC는 상대적으로 화학항암제에 민감하다. NCCN의 선호 치료 옵션(preferred treatment)에 따라 파클리탁셀(paclitaxel)

이나 도세탁셀(docetaxel) 등 탁센(taxane)과 독소루비신(doxorubicin)이 속한 안트라사이클린(anthracycline) 기반 화학항암제를 처방하지만, 반응하지 않거나 재발하면 마땅한 치료 옵션이 없다. 약물 반응률이 10%대로 급격하게 떨어지며, 무진행생존기간(PFS)도 2~3개월에 못 미친다.

TNBC는 최근까지 정의되지 못했던 질환이다. 호르몬치료제가 쓰인 지 40년이 넘었고, HER2 표적치료제 역사가 20년이라면, TNBC라는 이름이 붙여진 것이 약 15년 전 일이다. 사실 TNBC를 고유한 특징을 지닌 새 암으로 볼 것인지, 아니면 아직 정의하지 못한 유방암의 남은 영역으로 볼 것인지에 대한 논란도 남아 있다. 아직 완벽하게 정의하지 못한 유방암의 남은 영역이라는 의견이 우세하지만, TNBC가 가진 분자 종류에 따라 더 세분화해야 하며 이에 따라 새로운 표적치료제가 개발될 것이라는 의견이 다수다.

예를 들어 TNBC는 조직 특징에 따라 최소 4개에서 6개의 하위타입으로 나뉘는 높은 이질성(heterogeneous)을 갖고 있다.[14] 유전자 전사인자에 따라 기저형 하위타입(basal subtype) 2가지 'BL1, BL2', 중간엽 하위타입(mesenchymal subtype) 'M', 루미날 안드로겐수용체(luminal androgen receptor) 하위타입 'LAR' 등 4가지다. 이외에도 분자적인 특징에 따라 6가지로 분류된다. DNA 복제가 활발히 일어나면서 높은 DNA 손상반응(DNA damage response, DDR)을 보이는 BL1 타입의 경우, 세포분열을 억제하는 약물과 PARP 저해제를 치료제로 사용하는 것이 적절할 것이고, 일부 AR을 발현하는 LAR 타입은 AR 표적치료제가 적절할

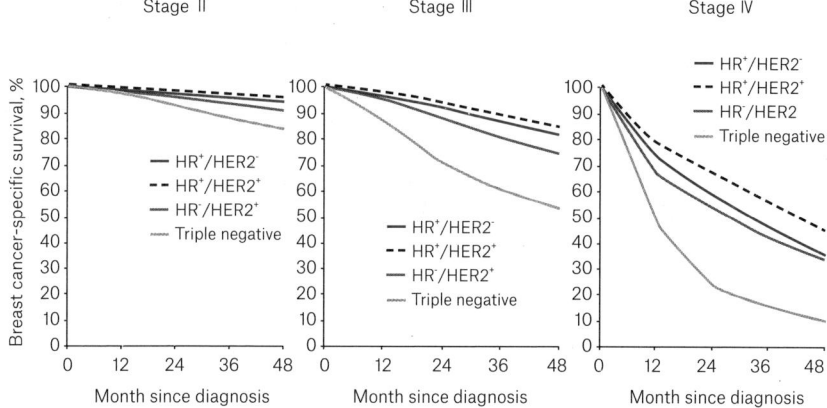

[그림 5_04] 유방암 환자의 암 타입과 병기 단계에 따른 전체생존기간(OS) 차이. TNBC 환자의 경우 안트라사이클린이나 탁센 기반의 화학항암제가 나왔음에도 불구하고 여전히 다른 유방암에 비해 환자의 전체생존기간(OS)이 짧다.[15]

것이다.

2022년 기준으로 전체 유방암 환자 가운데 15~25%가 TNBC 환자인데, 이들에 대해서는 아직 대책이 없다. TNBC에 맞는 표적치료제가 부족하고 질병의 특성상 병기 진행이 빨라, 다른 타입 유방암 환자보다 생존 기간이 짧다. TNBC 환자의 경우 암이 전이되면 5년 후 10명 가운데 1명만이 생존하지만, 다른 유방암은 3명 가운데 1명이 생존한다.[16] TNBC는 유방암 가운데서도 치료제 개발이 절실한 실정이다.

2000년대 중반에서 2010년대 초까지 TNBC를 화학항암제로 치료하는 치료법은 나름의 발전을 이뤄왔지만 표적치료제는 오랫동안 실패를 거듭했다. 유방암 분야에서 HER2 치료제가 자리를 잡아가자, 2000년대 후반부터 전 세계적 규모의 신약개발 제약기업들은 TNBC 치료제 개발에 뛰어들었다. 당시 항암제 신약 개발 분야에서 붐이 일었던 EGFR 저해제, 신생혈관 형성 저해제(antiangiogenesis), PARP 저해제(전체 TNBC 대상) 등이 2010년대 후반까지 잇따라 임상시험에 도전했지만 모두 실패했다.[17]

2018년 셀덱스(Celldex)가 글렘바투무맙 베도틴(glembatumumab vedotin) ADC의 임상2b상에서 화학항암제 대비 무진행 생존기간(PFS)을 개선하지 못하면서 임상 실패를 알린 것이 최근의 일이다. 암세포막에 발현하는 당단백 GPNMB 항체에 MMAE를 매단 ADC로, 초기 임상2상에서 긍정적인 결과를 냈지만 결국 재현에 실패했다. 로슈도 TNBC 신약개발에 뛰어들었다. 2012년 TNBC 수술 후 보조요법으로 화학항암제에 VEGF 저해제인 아바스틴(Avastin®, 성분명: bevacizumab)을 더했지만, 환자가 재발

하지 않고 사는 기간(DFS)을 늘리지 못하면서 BEATRICE 임상3상에 실패했다.[18]

티쎈트릭과 아브락산

TNBC 치료제 개발이 계속 실패하고 있던 가운데 PD-1, PD-L1 면역항암제의 등장은 다시 기대를 불러일으켰다. 2014년 머크가 샌안토니오 유방암 심포지엄(San Antonio Breast Cancer Symposium, SABCS)에서 처음으로 KEYNOTE-012 임상1b상 데이터를 발표했다. PD-L1을 50% 이상 발현하는 전이성 TNBC 환자 27명에게 키트루다를 투여했더니 5명에게서 약물 반응(ORR 18.5%)이 나타났다.[19] 임상시험에 참여한 대부분 환자가 이전에 2회 이상 치료제를 처방받았던 환자였는데, 1명은 암이 완전히 사라지는 완전관해(CR)가, 나머지는 부분관해(PR)가 관찰됐다. 또한 모든 환자에게서 약물 반응이 40주 이상 지속되고 있었다. 머크는 이전에 3회 이상 치료제를 투여를 받은 적이 있는 PD-L1 발현 전이성 TNBC 환자에게서 키트루다가 화학항암제 대비 더 긴 약물 반응을 보이는 것을 확인했고, 무진행생존기간(PFS)과 전체생존기간(OS)을 늘린 KEYNOTE-086 임상2상 데이터도 확인했다. 이후 ER+/HER2- 유방암 환자에게서도 비슷한 수준의 효능을 확인한 데이터를 발표한다.[20]

로슈는 티쎈트릭(Tecentriq™, 성분명: atezolizumab)으로 TNBC 임상시험에 들어갔다. 로슈는 유방암 치료제 개발에 경험과 전문성을 갖고 있었다. 로슈는 초기부터 화학항암제와의 병용투여 임상시험을 추진했는데, 파클리탁셀 계열 약물이 긍정적일 것이라고 판단한 것으로 보인다. 2015년 SABCS 학회에서 로슈는 TNBC 환자에게 티쎈트릭과 알부민을 결합한 파클리탁셀인 아브락산(Abraxane®, 성분명: nab-paclitaxel)을 병용투여해 얻은 전체반응률(ORR) 70.8%라는 데이터를 공개했다. 임상시험에 참여한 환자의 87%가 탁센을 투여받았던 환자라는 점에서 긍정적인 데이터였으며, 키트루다의 임상시험 결과 데이터처럼 1년 이상 지속적인 약물 반응을 보이는 환자도 여럿이었다.[21] 로슈는 PD-L1 발현과 상관없이 환자를 모집하고 이후 PD-L1 발현 여부에 따라 약물 반응이 달라지는지 봤는데, PD-L1 발현이 높은 환자에게서 반응률이 높은 경향이 나타났다. 또 초기 치료제로 세팅할수록 반응률이 높았다.

로슈는 이 결과를 바탕으로 전이성 TNBC 1차 치료제 임상3상을 시작했다. 티쎈트릭과 아브락산 또는 파클리탁셀을 병용투여하는 임상3상을 각각 추진했다. 두 약물은 알부민이 결합했는지 아닌지의 차이만 있었고, 이는 종양으로 약물 전달이 더 잘 이루어질 수 있는 방법을 알아보기 위한 설계였다. 로슈는 초기 아브락산으로 긍정적인 임상 결과를 확인했지만, 치료 옵션을 늘리기 위해 실제 임상 현장에서 쓰이는 파클리탁셀과 병용투여 임상3상까지 선택한 것으로 보인다. 그리고 같은 탁센 계열 약물이라는 점에서 차이가 없을 것으로 예상했을 것이다.

초기 TNBC 치료제 임상시험 결과를 숫자만 놓고 따져본다면 로슈의 티쎈트릭과 아브락산 병용투여 결과가 우세했다. 한편 머크는 PD-L1 고발현 환자에게서 키트루다 단독투여 임상시험을 추진했지만 실패 소식을 먼저 알렸다. 2019년 5월, 머크는 전

	1차 치료제	2차 치료제	3차 이상 치료제	총합
환자 수	9명	8명	7명	24명
확정 전체반응률 ORR (confirmed ORR, 95% CI)	66.7% (29.9~92.5)	25% (3.2~65.1)	28.6% (3.7~71.0)	41.7% (22.1~63.4)
ORR(미확정 (unconfirmed 포함; 95% CI)	88.9% (51.7~99.7)	75.0% (34.9~96.8)	42.9% (9.9~81.6)	70.8% (48.9~87.4)
CR	11.1%	0	0	4.2%
PR	77.8%	75.0%	42.9%	66.7%
SD	11.1%	25.0%	28.6%	20.8%

[표 5_01] 로슈가 SABCS 2015에서 발표한 TNBC 대상 티쎈트릭과 아브락산 병용투여 초기 임상시험 결과. 초기 치료제 세팅일수록 더 높은 반응률을 확인할 수 있다.

이성 TNBC 2·3차 치료제로 키트루다 단독투여 또는 의사가 선택하는 화학항암제(capecitabine, eribulin, gemcitabine, vinorelbine)를 투여해 전체생존기간(OS)에 이점이 있는지 평가했다. 임상시험 결과 PD-L1을 발현하는(CPS≥10, 또는 CPS≥1) TNBC 환자에게서 키트루다는 화학항암제 대비 환자의 생존 기간을 늘리지 못했다.[22]

2019년 로슈는 TNBC 시장에서 앞서나갔다. 로슈는 2019년 3월 FDA로부터 PD-L1 발현(PD-L1≥1%) 전이성 TNBC 1차 치료제로 티쎈트릭과 아브락산 병용요법에 대한 가속승인을 받는다.[23] 종양에서 PD-L1 발현 TNBC 대상 IMpassion130 임상3상에서 티쎈트릭과 아브락산 병용투여 시 무진행생존기간(PFS)은 7.4개월, 아브락산 단독투여 시 4.8개월이었다. 티쎈트릭 병용투여가 대조군 대비 환자의 병기가 진행되거나 사망할 위험을 40% 줄인 숫자였다(HR=0.60, 95% CI 0.48~0.77, p<0.0001). 전체반응률(ORR)은 병용투여 시 53%, 대조군은 33%였다. 여러 데이터는 로슈가 TNBC 치료제를 개발하게 되는 것처럼 말해주고 있었다.

머크는 TNBC 치료제 개발에 난항을 겪는 듯했다. 머크는 키트루다를 가지고 크게 3가지 임상시험을 진행하고 있었는데, 이 가운데 하나인 TNBC 수술 전후 보조요법에서 어려움을 겪었다. 2019년 7월, 머크는 면역항암제로서는 처음으로 초기 TNBC 환자에게서 긍정적인 결과를 확인한 임상시험 데이터를 발표했지만, 자문위원회의 반대 권고와 FDA 허가 거절 등으로 2021년 8월에서야 미국 시판허가를 받는다.

사실 머크는 다른 암보다 TNBC 치료제 개발을 먼저 시작했다. 머크가 초기암 치료제 시장에 뛰어든 순서는 흑색종, TNBC, 신장암 순이었다. 머크가 초기 TNBC 치료제 개발에 관심을 기울였던 이유는, TNBC도 다른 유방암처럼 대부분 초기에 진단된다는 점 때문이었다. 머크에 따르면 TNBC를 처음 진단받는 환자의 약 43%가 2기, 약 19%가 3기까지 진행된 상태다. 암세포 크기가 크고 다른 곳으로 퍼지기 쉬운 악성 상태인 병리학적 3등급(histological grade 3)에 속하며 암 증식 속도도 빠르다. TNBC를 일찍 진단 받더라도 수술 전 화학요법과 수술을 받은 환자 가운데 30~40%가 재발된다.[24] TNBC는 또한 폐, 간, 뇌로 전이도 쉽게 일어난다.

화학항암제와 키트루다의 병용투여

머크가 초기 TNBC 치료제를 목표로 임상시험에 들어갔던 과학적 배경도 있었다. 첫째, TNBC 환자에게서 PD-L1을 고발현하는 경우가 많았다. PD-L1을 고발현하는 비율을 보면 TNBC는 약 50%, 다른 유방암은 20~30% 수준이다. 둘째, TNBC 환자는 다른 유방암에 비해 종양침투 림프구(tumor-infiltrating lymphocytes, TIL)의 비율도 높다. TNBC 조직에서 TIL 비율은 70~77%인 반면 다른 유방암에서는 25~44%다. 마지막으로 키트루다 임상시험에서 이러한 면역세포 침투 정도가 높을수록 병리학적 완전관해(pCR) 비율이 높았다.

    머크는 초기 TNBC의 경우 처음부터 화학항암제 병용투여로 임상시험을 시작했다. 머크는 폐암에서 화학항암제와 키트루다 병용투여 임상시험에서 긍정적인 효과를 확인했다. 암세포를 터뜨려(lysis) 암 항원이 방출되고, 화학항암제 처리 후 암 조직 안에서 PD-L1 발현을 높이는 메커니즘이다. 머크는 고위험(high-risk) TNBC 환자에게 화학항암제를 수술 전 보조요법으로 투여했을 때 병리학적 완전관해(pCR)를 보인 환자와 그렇지 않은 환자 사이에서 5년 후 무사건생존율(EFS rate)이 차이나는 것에 주목했다. 키트루다와 화학항암제를 같이 투여한다면 병리학적 완전관해(pCR)와 무사건생존율(EFS)을 개선하고 장기적으로는 전체생존기간(OS)까지 늘릴 수 있으며, 환자는 화학항암제 이외에 새로운 치료 옵션을 고려해볼 수 있을 것이었다.

2017년 3월, 머크는 초기 TNBC 환자 대상 임상3상을 시작했다(KEYNOTE-522). 암이 일정 크기 이상이면서 림프절 전이가 의심되는 고위험 1기 또는 2기 TNBC 환자 1,174명에게 수술 전 보조요법으로 키트루다와 화학항암제 병용투여, 수술 후 보조요법으로 키트루다를 단독투여해 대조군과 비교하는 디자인이었다. 임상시험의 공동 1차 종결점으로는 병리학적 완전관해(pCR)와 무사건생존기간(EFS)을 설정했다. 2019년 7월 머크는 KEYNOTE-522 임상3상에서 키트루다가 1차 종결점 가운데 하나인 병리학적 완전관해(pCR)를 개선시켰다고 발표한다. 2020년 머크는 FDA에 초기 TNBC 치료제로 키트루다 병용요법의 가속승인 신청서를 제출하지만 '대기'하라는 의견을 받았다. 이듬해 열린 FDA 항암제 자문위원회(ODAC)에서 10:0 만장일치로 허가 반대 권고 결정을 받는다.

KEYNOTE-522 임상3상 결과에서 병리학적 완전관해(pCR)에서 차이가 뚜렷하지 않았다는 점은 이와 같은 결정들이 내려지는 데 근거가 되었다. 병리학적 완전관해(pCR)는 수술 전 보조요법을 받고 수술 절제를 한 이후 암 조직에서 암세포가 관찰되지 않는 상태를 말한다. 전이성 암에서 전신치료 후 암이 사라진 완전관해(CR)와 비슷한 개념이다.

다만 일시적으로 암이 사라지거나 줄어들 수도 있으며 이럴 경우 치료 효과가 나타났다고 말하기 어려운 것처럼, 병리학적 완전관해(pCR)가 반드시 무사건생존기간(EFS), 전체생존기간(OS)에서 이점으로 이어진다고 보기 어렵다. 특히 화학항암제의 경우 병리학적 완전관해(pCR)와 실질적인 임상적 이점 사이의 명확한 상관성이 없다. 따라서 두 그룹 사이의 병리학적 완전관해(pCR) 차이 7.5%만으로는 무사건생존기간(EFS)이나 전체생존기간(OS)을 개선할 것으로 기대하기 어렵다는 판단이었다(63.0% vs 55.5%). 심지어 통계적으로 유의미하지만 임상적으로는 무의미하다는 비판까지 나왔다. 무사건생존기간(EFS) 데이터 추적은 목표치의 절반, 전체생존기간(OS)은 1/3만 얻은 상태에서 데이터는 미성숙했고(immature) 통계적으로 유의미한 차이도 없었다.

또한 의사와 환자 입장에서 초기 수술 전후 보조요법으로 잘 쓰이지 않는 면역항암제가 일으킬 수도 있는 부작용의 위험을 부담해야 할 이유도 충분하지 않았다. 실제 임상시험에서 키트루다를 추가 투여하면서 나타나는 면역 매개 부작용(immune-mediated adverse event)으로 환자 4명이 사망한 것으로 추정되기도 했다. 치료 이점을 보장하기 어려운 상황에서 키트루다를 추가 투여해 나타날 수 있는 면역부작용 등 독성에 대한 위험을 떠안을 수 없다는 결론이었다. 머크가 TNBC 1차 치료제 임상시험에 성공했지만, 2021년 2월 FDA 자문위원회는 만장일치로 시판 반대 의견을 냈고, 다음 달 FDA는 시판허가를 거절했다.

그럼에도 머크의 도전은 계속되었다. 2021년 7월, 머크는 KEYNOTE-522 임상3상 4차 중간 분석 결과에서 수술 전후 보조요법으로 키트루다가 재발이나 사망 위험을 37% 낮춘 결과를 발표했다. 중간 추적 기간 39개월째 분석 결과로 키트루다는 무사건생존기간(EFS)을 개선했으며(HR=0.63, p=0.0003), 이는 PD-L1 발현 여부와 무관한 이점이었다. 또한 전체생존기간(OS) 지표에서도 환자 사망 위험을 28% 감소시켰다(HR=0.72, p=0.03214). 그리고 2021년 8월 키트루다는 초기 TNBC 치료제로 FDA 승인받았다. 임상3상 1차 종결점에서 유의미한 차이를 확인한 다음에도 2여 년의 시간이 걸린 데에는, 초기 치료제 세팅에서 면역항암제의 이점이 확립되지 않았기 때문이었다. 초기 TNBC 치료제로 면역항암제가 승인받기 힘들 것이라는 분위기가 대세였지만, 머크는 분위기를 뒤집었다. 머크의 키트루다는 초기 TNBC에서 면역관문억제제의 무사건생존기간(EFS) 이점을 확인한 첫 사례였다.

키트루다는 전이성 TNBC 1차 치료제로 처방할 수 있게 된다. 2020년 11월, FDA는 키트루다와 화학항암제 병용요법을 PD-L1 발현(CPS≥10) 전이성 TNBC 1차 치료제로 시판허가했다. 이는 PD-L1 발현 TNBC 1차 치료제 대상 KEYNOTE-355 임상3상에서 키트루다와 화학항암제를 병용투여하자 화학항암제 단독투여 대비 환자의 병기가 진행되거나 사망할 위험을 35% 낮춘 결과가 바탕이 됐다(HR=0.65, 95% CI 0.49~0.86. p=0.0012). 화학항암제로는 파클리탁셀, 아브락산, 젬시타빈/카보플라틴 중

하나를 투여했다. 머크는 PD-L1을 상대적으로 낮게 발현하는 CPS≥1 환자에게서도 이점이 있는지 확인했지만, 이 경우는 화학항암제 대비 차이가 없었다. 결과적으로 키트루다는 PD-L1 발현이 높은 환자를 대상으로만 했고, 임상시험에 참여한 환자 기준 약 38%가 CPS를 10 이상 발현했다.

머크가 TNBC 1차 치료제로 처방할 수 있게 될 즈음인 2020년 8월, 이변이 일어난다. 로슈가 아브락산(파클리탁셀에 알부민을 결합)과 같은 계열의 파클리탁셀과 티쎈트릭을 병용투여한 PD-L1 발현(PD-L1≥1%) TNBC 1차 치료제 IMpassion131 임상3상 실패를 알렸다. TNBC 환자에게서 티쎈트릭과 파클리탁셀 병용투여와 파클리탁셀 단독투여 사이의 차이가 없었고, 생존기간은 오히려 더 짧았다. PD-L1 발현 환자에게서 22.1개월 vs. 28.3개월, 전체 환자에게서 19.2개월 vs. 22.8개월이었다. IMpassion131은 앞서 티쎈트릭의 TNBC 가속승인 근거가 된 IMpassion130을 뒷받침하기 위한 시판 후 요구사항(post-marketing requirement, PMR)으로 진행한 확증 임상(confirmatory trial)이었다.

아브락산이 아닌 파클리탁셀을 이용했다는 것을 제외하면 두 임상 IMpassion131와 IMpassion130 사이의 차이는 없었고, 임상시험에 참여한 환자의 특성도 거의 유사했다. 이런 결과를 해석하려는 추정이 여럿 나왔지만 명확한 답은 없었다. 앞선 IMpassion130 임상시험 결과 자체에도 의문이 제기됐는데, 최종 분석 결과 전체생존기간(OS) 지표에서 통계적 유의성을 확보하지 못했다.[25]

	IMpassion130 (m=902)	IMpassion131 (n=651)
Disease setting	1st line metastatic TNBC	1st line metastatic TNBC
Trial design	Phase III, randomised (1:1), placebo controlled	Phase III, randomised (2:1), placebo controlled
PD-L1 testing	SP142	SP142
intervention	Atezolizumab or placebo combinationed with nab-paclitaxel	Atezolizumab or placebo combinationed with paclitaxel
Primary endpoint	PFS and OS ITT and PD-L1+	PFS PD-L1+ and ITT
PFS PD-L1+ (intervention vs. control)	7.5 vs. 5.0 months (HR: 0.62; 95% CI 0.49 to 0.78)	6.0 vs. 5.7 months (HR: 0.82; 95% CI 0.60 to 1.12 p=0.20)
PFS ITT (intervention vs. control)	7.2 vs. 5.5 months (HR: 0.80; 95% CI 0.69 to 0.92)	5.7 vs. 5.6 months (HR: 0.86; 95% CI 0.70 to 1.05)
OS PD-L1+ (intervention vs. control)	25.4 vs. 17.9 months (HR: 0.67; 95% CI 0.53 to 0.86)	22.1 vs. 28.3 months (HR: 1.12; 95% CI 0.76 to 1.65)
OS ITT (intervention vs. control)	21.0 vs. 18.7 months (HR: 0.87; 95% CI 0.75 to 1.02)	19.2 vs. 22.8 months (HR: 1.11; 95% CI 0.87 to 1.42)
Study population (reported)		
Trial arms (ITT)	Atezolizumab / Placebo	Atezolizumab / Placebo
Median age	55 (20-82) / 56 (26-86)	54 (22-85) / 53 (25-81)
PD-L1+	41% / 41%	44% / 46%
Liver metastases	28% / 26%	27% / 28%
> 3 metastatic site	26% / 24%	24% / 22%
Prior taxane	51% / 51%	48% / 49%
Prior anthracycline	54% / 54%	49% / 50%
De novo metastatic TNBC	37% / 37%	30% / 31%
Use of concomitant steroids	Not required	8-10mg dexamrthasone or equivalent for at least the first two infusions

[표 5_02] IMpassion130 vs IMpassion131 임상3상 디자인과 주요 결과 비교. TNBC 1차 치료제에서 티쎈트릭과 화학항암제 병용투여 IMpassion130 임상은 성공했으나 거의 유사한 디자인이었던 IMpassion131 임상은 실패로 끝났다. 두 임상 사이의 가장 큰 차이는 화학항암제에 있었다. 각 임상은 화학항암제로 파클리탁셀을 이용했거나 또는 파클리탁셀에 알부민을 결합시킨 약물인 아브락산을 이용했다. 티쎈트릭은 IMpassion130 임상 결과로 FDA 가속승인을 받았으나, 시판 후 요구사항(PMR)이었던 IMpassion131 실패 여파로 인해 로슈는 결국 TNBC 1차 치료제에서 물러나게 되었다.[26]

2021년 4월, 로슈의 임상시험 결과 발표는 FDA가 초기 결과를 바탕으로 가속승인을 받았던 면역항암제의 '유지 또는 철회' 결정을 내리는 자문회의의 여섯 가지 주제 가운데 하나였다. FDA 자문위원회는 전이성 TNBC에서 티쎈트릭과 아브락산의 가속승인 상태 유지에 7:2로 찬성했다. 그러나 로슈는 2021년 8월 전이성 TNBC 1차 치료제에서 티쎈트릭을 철회한다. 임상적 근거가 확실한 키트루다가 나왔기 때문이다. FDA는 치료 환경이 바뀐 상태에서 더 이상 가속승인을 유지하는 것이 적절치 않다고 판단했고, 앞서가던 로슈는 TNBC 치료제 개발 경쟁에서 키트루다에 선두 자리를 내주었다.

항체-약물 접합체(ADC)

항체-약물 접합체(antibody-drug conjugate, ADC)는 암 조직에서 발현하는 항원을 타깃하는 항체와 화학항암제를 결합한 치료제다. ADC는 일반적인 항체의약품과 개념이 다르다. 일반적인 항체의약품에서는 항체가 신호전달을 막지만, ADC의 항체는 독성 항암제를 암세포까지 직접 전달한다. ADC의 항체 파트가 암세포 표면 수용체에 결합해 암세포 안으로 들어가면서 리소좀(lysosome)과 만나고, 이후 링커 파트가 분리되면 화학항암제가 떨어져 나와 암세포를 사멸시키는 효과를 일으킨다.

면역항암제가 치료 옵션으로 등장할 때, 신약개발 제약기업들은 ADC 개발에 뛰어들었다. 대표적인 예가 TROP2(trophoblast cell surface antigen 2) ADC이다. TROP2는 세포 표면에 발현하는 당단백(36kDa)으로, 정상 조직에서는 피부와 폐 등 상피

조직 세포가 주로 발현한다. 그런데 암 조직에서는 세포 증식, 암의 전이, 암세포 사멸 억제 등 종양화 신호에 관여한다. 이런 이유로 TNBC, 비소세포폐암, 대장암, 췌장암 등 고형암 조직에서 TROP2가 많이 발현되며, TROP2 발현이 높을수록 예후도 나쁘다.

2017년부터 이뮤노메딕스(Immunomedics)는 여러 고형암에서 TROP2 ADC가 긍정적인 결과를 보여준 것을 발표하기 시작했다. 특히 전이성 TNBC 임상시험에서 전체반응률(ORR) 33%라는 데이터로 주목받았고 혁신치료제와 우선심사 약물로 지정됐다. 그러나 약물 제조에 문제가 생기면서 시판허가가 지연되다가, 2020년 4월 트로델비(Trodelvy™, 성분명: sacituzumab govitecan)라는 이름의 TNBC 3차 치료제로 미국 시판허가를 받았다.

이뮤노메딕스는 전이성 TNBC 3차 치료제 세팅으로 진행한 확증 임상3상에서 트로델비가 화학항암제 대비 무진행생존기간(PFS) 지표에서 위험을 57%, 전체생존기간(OS) 지표에서 환자의 사망 위험을 49% 낮춘 결과를 발표한다. 전이성 TNBC에서 ADC의 임상적 유효성을 확인한 첫 사례였다. 이 결과를 바탕으로 트로델비는 2021년 4월 전이성 TNBC 3차 치료제로 정식 허가(full approval)를 받는다.

TROP2 ADC는 시장에 ADC 붐을 일으켰다. 2020년 9월, 길리어드는 트로델비의 결과를 보고 이뮤노메딕스를 210억 달러에 인수했다. 아스트라제네카도 다이이찌산쿄와 엔허투에 이어 TROP2 ADC DS-1062을 최대 60억 달러 규모에 사들이는 계약을 맺는다. 길리어드는 2022년 9월 트로델비의 중요한 타깃인 HR+/HER2- 유방암 대상 임상3상에서 화학항암제 대비 환자의 사망 위험을 21% 줄인 결과를 발표했다. 다만 새롭게 정의된 HER2 low 유방암 치료제 영역에서 고무적인 효능을 보인 엔허투와 경쟁을 벌이는 상황에 놓이게 됐다. 또한 트로델비는 심각한 림프구감소증과 설사 등의 부작용 문제가 있다. 아스트라제네카가 사들인 DS-1062는 효능과 부작용을 개선한 약물로, 비소세포폐암과 TNBC 대상 후기 개발 단계에 있다.

ADC가 암세포를 터뜨리면서 암 항원을 방출하는 특성은, ADC와 PD-1/PD-L1 병용투여 임상시험이 활발하게 이루어지게 하는 근거가 되었다. 머크도 ADC를 긍정적으로 보고 있다. 머크는 키트루다와 화학항암제의 병용요법으로 계속해서 성과를 거두고 있다. 따라서 좀더 정밀하게 화학항암제를 전달하는 컨셉인 ADC를 주의깊게 살펴보고 있다. 머크는 2020년 키트루다와 병용투여 연구를 위해 시애틀 제네틱스(Seattle Genetics; 2022년 현재 Seagen)로부터 LIV-1 ADC 라디라투주맙 베도틴(ladiratuzumab vedotin, SGN-LIV1A; MMAE 결합)을 사들였다. SABCS 2019에서 발표된 초기 임상1/2상에서 LIV-1 ADC와 키트루다를 병용투여한 결과, 전체반응률(ORR) 54%라는 결과가 나왔다. LIV-1은 아연 수송체(zinc transport)로 HR 양성 유방암과 TNBC, 흑색종, 전립선암, 난소암 등 고형암에서 높게 발현된다. 머크는 벨로스 바이오(VelosBio)로부터 혈액암과 고형암을 타깃하는 ROR1 ADC VLS-101(MMAE 결합)도 사들였다. 머크는 TROP2 ADC도 확보한다. 머크는 2022년 5월 중국 켈룬 바이오텍(Kelun-Biotech)에서 TROP2 ADC를 사들였으며, 2개월 만에 두 번째

ADC(비공개)를 사들이는 딜을 체결했다.

ADC만큼이나 PARP 저해제를 둘러싼 관심도 높다. PARP 저해제는 특정 유전자를 갖고 있는 TNBC 환자에게 효능이 있다. 구체적으로는 환자가 BRCA1/BRCA2 유전자 변이(germline BRCA mutation, gBRCAm)를 갖고 있는 경우다. TNBC를 포함한 유방암 환자가 BRCA1/2 변이를 갖고 있을 경우 PARP 저해제를 처방할 수 있다. 2018년 FDA는 HER2- gBRCAm+ 유방암 환자에게 PARP 저해제인 린파자(Lynparza®, 성분명: olaparib), 탈젠나(Talzenna®, 성분명: talazoparib)를 처방할 수 있게 허가했다.

PARP(Poly[ADP-ribose] polymerase)는 DNA 단일가닥이 끊어질 경우(DNA single-strand break) 이를 수리해 복구시키는 역할을 한다(base-excision repair, BER). PARP는 DNA 손상을 수리하는데, 다른 한편에서는 상동재조합(homologous recombination, HR) 메커니즘으로도 DNA 손상을 수리한다. 정상 세포는 DNA 손상을 수리하기 위해 두 가지 메커니즘을 모두 이용한다. 즉 상동재조합 메커니즘에 문제가 생겨도 큰 지장이 없다. 문제는 HR 작용에 핵심인자인 BRCA1/2 변이가 생겨 PARP까지 억제할 경우, DNA 손상을 수리하지 못해 세포사멸이 유도될 수 있다는 점이다. 이렇게 하나만 망가졌을 때는 문제가 안 되지만, 둘 다 망가졌을 경우 이 둘을 합성치사(synteic lethality) 관계에 있다고 한다. BRCA1/2 변이는 유방암과 난소암에서 자주 발견되며, 이러한 환자에게 PARP 저해제는 효과적인 항암제로 작용할 수 있다. 합성치사 메커니즘은 신약개발 연구자들에게 관심을 끈다. 머크는 아스트라제네카와 함께 가장 많이 팔리는 PARP 저해제인 린파자의 적응증 확대 임상개발을 진행하며, 2022년 현재 린파자는 유방암 외에도 난소암, 췌장암, 전립선암 등 치료제로 처방되고 있다.

과학에서의 보수성

로슈의 티쎈트릭과 머크의 키트루다 모두 면역항암제다. 로슈의 티쎈트릭은 PD-L1을 타깃하고, 머크의 키트루다는 PD-1을 타깃한다. PD-L1 저해제가 PD-L1과 PD-1 리간드 결합을 막는다면, PD-1 저해제는 PD-L1뿐만 아니라 PD-L2와의 상호작용도 막는다. 아직까지 PD-L1과 PD-1 저해제의 차이를 정면으로 비교한 적은 없지만, 지금까지 임상 결과를 보면 암의 종류에 따라 효능의 차이를 보여주기도 한다. 또한 독성에서도 차이가 있는데, 예를 들어 PD-1 저해제의 경우 PD-L1 대비 폐렴 등 특정 독성 부작용이 더 높다.

로슈와 머크는 바이오마커 기준도 달랐다. 머크는 바이오마커에 대해 보수적이었다. 예를 들어 로슈는 TNBC 임상시험에서 바이오마커로 PD-L1 발현 1%, 머크는 PD-1 발현 10%로 잡았다. 로슈는 면역관문억제제를 처방할 TNBC 환자를 고르는 데 벤타나 PD-L1(VENTANA PD-L1, SP142) 어세이를 이용했으며, 머크는 pharmDx의 CPS 점수어세이(22C3)를 이용했다. 기본적으로 둘 다 조직에서 면역조직화학법(IHC)를 통해 PD-L1 발현을 확인하는 검사법이다. 전자는 암 조직에서 림프구가 발현하는 PD-L1, 후자는 살아 있는 암세포에서 PD-L1을 발현하는 암세포와 림프구의 비율을 측정하는 검사다.[27] BMS와의 경쟁에서 보여주었던 것처럼 머크는 TNBC에서도 보수적인 PD-L1 기준선을 정해, 약물의 효능을 제대로 보여줄 확실한 환자를 찾았다.

TIGIT 바이오마커가 주목을 끌었을 때, 로슈는 TIGIT에 대해 '여러 연구'를 진행한다고 발표했다. 한편 머크는 TIGIT 바이오마커와 관련해 '여러 연구'가 아닌 '특정한 연구'를 진행하고 있다고 답했다. 예를 들어 머크는 'CTLA-4 연구는 아스트라제네카의 연구 결과를 확인한 뒤 간암과 신장암 임상으로 접근 중이며, 폐암에서 CTLA-4 효능은 기대하기 어렵다는 것을 입증했다', 'LAG-3는 BMS의 연구를 살펴보고 흑색종과 MSS(Microsatellite Stable) 대장암에 적용해보려 한다', 'TIGIT의 경우 바이오마커로서 정확한 검증이 힘들지만, 폐암을 중심으로 연구를 진행할 예정'이라는 식으로 발표했다.

바이오마커에 대한 머크의 일관되게 보수적인 입장은, 어떻게 보면 조심스럽게 프레임의 전환을 시도하는 것일 수 있다. 시장이라는 관점에서 보면 환자를 치료하는 의료진이 치료제의 1차 소비자다. 머크는 암을 치료하기 위해 의료진이 머릿속에 그리고 있는 치료 지도에 따라 치료제를 개발하는 전략을 따르는 것처럼 보인다. 그런데 만약 바이오마커를 기준으로 암 치료의 프레임을 새로 구성한다면 어떻게 될까? PD-L1 발현 비소세포폐암 치료제는 폐암을 치료하려고 모여 있는 특정 진료과의 의료진들의 눈에 띌 것이다. 그런데 바이오마커로서 PD-L1이 특정한 기준을 넘어서는 비율로 발현한 환자들에게 모두 처방할 수 있는 치료제라면 어떨까? 진료과라는 프레임 속에 있는 현장 임상의료진들에게 오히려 더 어색한 느낌을 주지 않을까? 이럴 때 1차 소비자인 해당 암을 치료하고 있는 의료진의 믿음을 얻을 수 있는 방법으로서의 보수적인 바이오마커 전략이 더 적당하지 않을까? 그리고 이런 방식으로 여러 암으로 확장해나가는 것이 오히려 더 빠르지 않을까?

로슈와 머크는 화학항암제 병용요법에서도 차이를 보였다. 로슈는 파클리탁셀(paclitaxel) 또는 아브락산 한 가지로만 병용요법 임상에 들어갔는데, 머크는 환자에게 실제 치료 옵션으로 사용되는 여러 종류의 화학항암제를 병용요법으로 가져갔다. 로슈는 면역항암제 분야에서는 후발주자지만 유방암 치료제 분야에서는 선도적이다. HER2를 타깃하는 허셉틴과 퍼제타, HER2 수용체를 타깃하는 항체에 독성 물질을 붙여 암을 공격하는 ADC 개념의 캐싸일라 등은 모두 로슈가 가지고 있는 유방암 치료제다. 그리고 유방암 치료제 분야에서 갖고 있는 많은 경험과 데이터로 인한 자신감 때문이었는지, 로슈는 티쎈트릭과 화학항암제를 병용하는 TNBC 임상시험에 파클리탁셀 또는 아브락산이라는 한 가지 옵션만 가지고 들어갔다. 그런데 확증 임상에서 아브락산과 비슷한 파클리탁셀과 티쎈트릭을 병용했는데 결과는 실패였다. 아브락산은 파클리탁셀에 알부민을 결합한 형태이지만, 결과적으로 똑같이 세포분열을 억제하는 기전의 미세소관 타깃 약물이다.

머크의 키트루다는 화학항암제와 병용투여로 TNBC 임상시험에 들어갔을 때 파클리탁셀, 아브락산, 젬시타빈/카보플라틴과 같은 여러 화학항암제를 모두 진행했다. 경험과 데이터를 바탕으로 '될 것 같은 한 가지'에 집중했던 로슈에 비해 자신감은 없어 보이는 모습이었다. 그런데 결국 여러 화학항암제 치료 옵션과 키트루다의 병용투여로 KEYNOTE-355 임상3상에 성공했다. 머크는 과학 앞에서 좀더 솔직했는지도 모른다. 많은 이들이 로슈가 성공할 것으로 내다봤지만 실패했다. 그리고 실패한 이유도 정확하게 모른다. 분명 이유가 있겠지만 우리가 가진 지금의 과학 수준에서 모를 뿐이다. 정확하게 모른다면 과학의 기본을 지켜야 한다. 머크는 '알 수 없다면 가능한 모든 것을 해보고, 선입견 없이 들어가서 정답을 찾는다'라는 기본을 지킨 것일지 모른다.

바이옥스(VIOXX®) 사태

TNBC 치료제 개발에서 로슈와 머크가 보여준 모습은, 머크가 신약개발에 대해 어떤 생각과 태도를 가지고 있는지 약간이나마 짐작할 수 있게 해준다. 머크의 행동은 일반적인 시선으로 보면 이해하기 어렵지만, '과학 앞에서 보수적'이라는 공식에 넣어서 설명해볼 수 있다. '아직 다 알지 못한다'고 전제하면 머크처럼 바이오마커도 보수적으로 접근할 것이고, 화학항암제와 병용투여 또한 주어진 옵션을 모두 다 들여다봐야 안심이 될 것이다.

머크가 과학 앞에서 얼마나 보수적인지를 보여주는 대표적인 사례는 비소세포폐암에서 키트루다와 여보이를 비교한 임상시험이다. 2022년을 기준으로 보면 새롭게 진단받는 비소세포폐암 환자 10명 가운데 8명은 머크의 키트루다를 처방받고, 나머지 환자들이 BMS와 로슈 등의 치료제를 처방받는다.

숫자로만 보면 키트루다가 비소세포폐암의 주요 치료제로

자리를 잡은 셈이다. 그런데 머크는 PD-L1을 50% 이상 발현하는 비소세포폐암 환자를 대상으로 여보이와 키트루다를 병용투여했을 때의 효능과, 키트루다을 단독투여 했을 때 효능을 비교하는 임상시험을 진행했다. 이미 키트루다가 표준요법으로 처방되는 PD-L1 발현이 50% 이상인 전이성 비소세포폐암 1차 치료제 세팅에서, 키트루다에 BMS의 CTLA-4 항체 여보이를 병용투여한 것과, 키트루다를 단독투여한 결과를 비교한 임상시험이었다.

임상시험 결과 PD-L1 발현 비소세포폐암 1차 치료제로 키트루다에 여보이를 추가 투여하자 무진행생존기간(PFS)과 전체생존기간(OS)에는 차이가 없었으며, 오히려 수치적으로는 결과가 악화됐다. 심각한 독성과 면역 매개 부작용 발생도 약 2배 높아졌으며, 병용투여 그룹에서 환자 7명이 사망했다. 한편 키트루다 단독투여 그룹에서 사망자는 없었다. 로이 베인즈(Roy Baynes) 머크 글로벌 임상개발 책임자는 "폐암 치료제에서 선두 주자로서 우리는 환자의 생존 기간을 늘릴 키트루다 기반의 병용요법을 더 잘 이해하기 위해 폭넓은 임상개발 프로그램을 추진하고 있다"라며 "결과는 분명하다. 여보이를 병용투여하는 것은 임상적 이점이 없으며 오히려 독성을 더한다"라고 말했다.

이미 많이 처방되고 있는 상황에서, 결과를 예측할 수 없는 비교 임상시험을, 굳이 해 본 이유가 뭘까? 결과적으로 키트루다 단독투여의 임상결과가 더 좋은 것으로 나왔지만, 임상시험 결과 여보이 병용투여의 효과가 더 좋을 수도 있었다. 머크는 키트루다에 대한 확신이 지나쳐 여보이를 당연히 압도할 수 있을 것이라고 생각했을까? 그렇게 생각하기에는 이미 압도하고 있는 상황

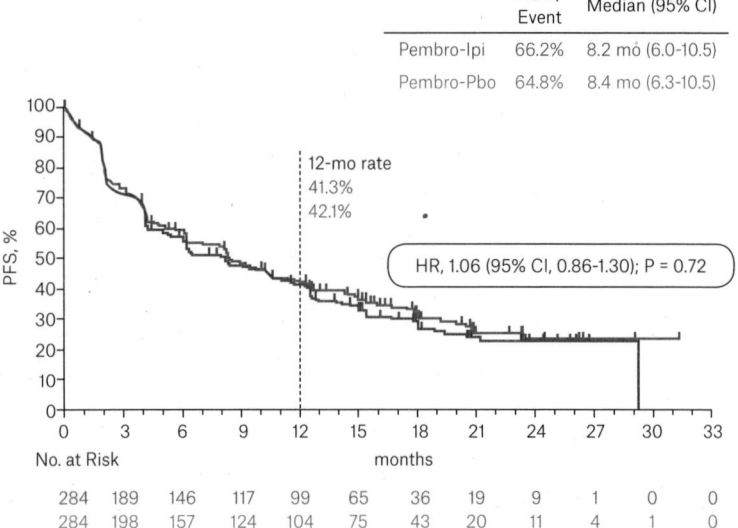

[그림 5_05] 머크는 키트루다 단독투여가 표준요법으로 처방되는 PD-L1 발현 비소세포폐암 환자를 대상으로 여보이를 병용투여했을 때 효능(PFS, OS)에 아무런 이점이 없다는 것을 증명한다. 머크가 WCLC 2020 발표한 KEYNOTE-598 주요 임상 결과

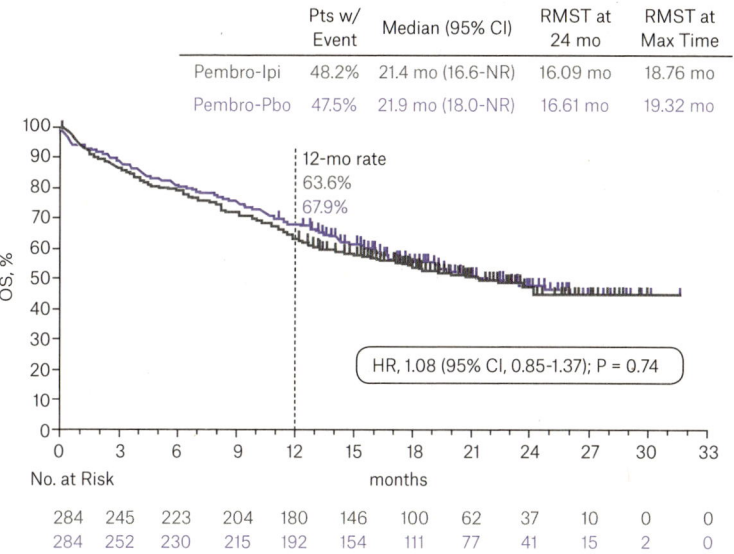

에서 떠안아야 할 위험 부담은 크며, 얻을 수 있는 것 또한 뚜렷하지 않다. 그렇다면 혹시 정말 궁금해서 그랬던 것은 아닐까? 머크는 정말로 여보이와 키트루다 가운데 어떤 약이 더 좋은지 궁금했기 때문에 비교 임상시험을 해본 것은 아닐까? 과학자나 기술자, 연구자라면 충분히 궁금할 수 있는 질문이다. 궁금함의 이유도 그리 복잡하지 않다. '좀더 좋은 치료제를 만들려면 비교해봐야 한다' 정도여도 충분하다.

과학은 아는 만큼 보이고, 보이는 만큼만 움직이는 것이 맞다. 머크는 딱 아는 만큼, 보이는 만큼씩 움직이는 듯하다. 비소세포폐암, 흑색종 환자 1,260명을 대상으로 했던 키트루다의 KEY-NOTE-001 임상시험도 과감하고, 무모하고, 공격적인 전략처럼 보일 수 있다. 그러나 '정확하게 알고 싶고 확인하고 싶어서'라는 이유라면 설명이 된다. 1,260명이라는 숫자는 머크에게 딱 보이는 만큼, 아는 만큼, 움직일 수 있는 만큼이었을 수도 있다. 특별한 결정이 아니라 당연한 결정이었을 수 있는 것이다.

머크는 이전에도 달랐다. 1999년 FDA 승인을 받은 바이옥스(VIOXX®, 성분명: rofecoxib)는 COX-2 저해 메커니즘을 바탕으로 한 진통제였다. 바이옥스는 나프록센(naproxen) 등 COX 저해 진통제가 가진 위장장애 부작용을 개선한 진통제였고, 2003년에는 전 세계 80여 개국에서 25억 달러 가까이 판매되기도 했다. 나중에는 관절염 통증에도 바이옥스를 처방할 수 있게 되기까지 했다. 당시 바이옥스는 아스피린 이후 가장 획기적인 염증 치료제로 불렸다.

그런데 2002년부터 바이옥스가 심혈관 문제를 일으킨다는 것이 역학 연구에서 보고되기 시작했다.[28] 2004년 머크는 대장선종(colorectal adenomas) 병력이 있는 2,600여 명을 대상으로 선종성 용종 재발을 예방하는 APPROVe 바이옥스를 18개월 이상 복용하기 시작한 다음부터 심장마비 위험이 증가한다는 것을 확인하고, 곧바로 전 세계 시장에서 바이옥스를 거둬들였다. 당시 레이먼드 길마틴(Raymond V. Gilmartin) 머크 대표는 "환자의 이익과 가장 잘 부합하기 때문에 철회 결정을 내렸다"라며 "비록 우리는 바이옥스 라벨에 이러한 새로운 데이터들을 반영해 계속 시장에 남을 수 있다고 판단하고 있지만, 대안이 될 수 있는 다른 치료법과 데이터에 대해 제기된 의문을 고려했을 때, 시장에서 자발적으로 철회하는 것이 책임감 있는 결정이라고 결론지었다"라는 입장을 밝혔다.[29] 이후 『란셋(Lancet)』에 발표된 바에 따르면 미국인 8만 8,000명이 바이옥스를 복용한 후 심장마비를 일으켰고 이 가운데 3만 8,000명이 사망한 것으로 추정되었으며, 소송이 이어졌다. 2007년 머크는 바이옥스 소송을 끝내기 위해 48억 5,000만 달러를 지불할 것이라 발표했는데, 이는 당시 약물 관련 소송으로 인한 최대 합의금으로 알려졌다.

머크는 또 다른 사건을 맞이한다. 2008년 1월 머크는 스타틴(statin)에 에제티미브(ezetimibe)를 더한 지질강하약물 바이토린(Vytorin®)이 스타틴 대비 죽상경화증(atherosclerosis) 진행을 늦추지 못한다는 ENHANCE 임상3상 결과를 발표한다.

스타틴은 저밀도지단백(low-density lipoprotein, LDL) 콜레스테롤을 낮추는 약물로, 혈중 콜레스테롤을 관리하는 표준요법으로 쓰인다. 그런데 스타틴 최고용량을 처방할 때 LDL을 낮출 수 있는 한계치가 있었고, 이에 따른 부작용 증가라는 값도 치러야 했다. 즉 LDL을 추가로 낮춰 심혈관 질환 발생을 더 효과적으로 예방하는 것에 대한 수요가 있었다. 머크는 쉐링플라우와 2000년부터 이미 혈압약 개발 파트너십을 맺고 있었다.[30] 이 파트너십으로 머크는 자신들이 갖고 있던 심바스타틴(simvastatin)에 쉐링플라우의 에제티미브를 더한 복합제를 개발했다. 화이자의 리피토(Lipitor®)에 1위 자리를 내주었지만, 1992년에 출시된 심바스타틴(제품명: Zocor®)은 1992년 출시되어 가장 먼저 스타틴 시장을 선점한 약물이었다.

에제티미브는 간에서 콜레스테롤 생성을 억제하는 스타틴 계열 약물과는 다르게 콜레스테롤 흡수를 선택적으로 억제해 혈중 LDL을 낮추도록 설계되었다. 스타틴과 에제티미브 복합제인 바이토린은 LDL 수치를 12~19% 추가로 낮추는 효능이 있었고, 이를 가지고 2004년 미국에서 혈중 콜레스테롤 농도를 낮추어주는 약물로 출시된다.

머크는 바이토린이 스타틴 대비 LDL를 낮추는 것뿐만 아니라, 고콜레스테롤 환자에게서 나타나는 죽상경화증도 늦출 수 있는지 궁금했다. 죽상경화증은 혈관벽 안에 콜레스테롤 등이 쌓여 혈관이 좁아지면서 생기는 질환이며, 흔히 동맥경화증이라도 부른다. 머크는 목에 있는 경동맥 두께(intima-media thickness) 변화를 측정했다. 2006년 머크는 임상시험을 시작했고 바이토린과 심바스타틴을 2년 동안 처방하면서 비교했다. 결과는 충격적이었다. 두 약물 가운데 어떤 약물을 복용하든 경동맥 두께 변화에서 차이가 없었다.[31]

이는 환자가 한 달에 100달러를 지불하고 바이토린을 복용하는 것과, 그 1/3 가격으로 조코의 제네릭(심바스타틴)을 복용하는 것 사이에 아무런 차이가 없다는 뜻이다. 몇 년 동안 바이토린을 복용하던 환자들은 당혹스러워하며 주치의에게 약을 바꿔야 하는지 묻는 연락을 쏟아냈고, 의학계와 제약업계 모두 큰 혼란을 겪었다.[32] 머크의 임상시험은 자체 개발한 복합제와 이미 팔리고 있는 자사 제품의 효능을 비교한 것이다. 즉 자기 회사 제품의 약점(?)이 드러날지도 모르는 임상시험이었다. 보통은 자기 회사 약물과 표준치료제, 또는 경쟁사 약물을 비교하기 마련이다. 화이자의 리피토가 후발주자임에도 스타틴 계열 약물 1위에 올라설 수 있었던 이유도 경쟁하는 다른 기업의 스타틴과 비교 임상 결과를 잘 활용했기 때문이었다. 머크의 바이토린 임상 디자인은 지나친 자신감일 수도 있지만, 지나치게 과학적으로 증명을 하고 싶었던 것일 수도 있다.

화이자는 바이토린의 임상시험 결과를 리피토 마케팅에 이용했다. 화이자는 바이토린 임상시험이 리피토에 '더 많은 영향력을 부여할 것'이라고 발표했다. 화이자는 '리피토가 나쁜 콜레스테롤을 줄여줄 뿐만 아니라 동맥의 플라크까지 줄인다'고 말했다.[33] 미국 심장학회(ACC)는 바이토린을 마지막 옵션으로 고려하며, 바이토린을 복용하는 환자는 일반 스타틴 요법으로 돌아갈 것을 강력하게 권고했다(strongly consider). 머크는 서둘러 바이토린의 이점을 보여줄 다른 임상을 시작했지만 환자는 바이토린을 복용할 근거가 없어졌다. 임상시험 결과가 발표된 그해, 바이토린의 미국 내 처방 건수는 절반으로 줄어들었다.

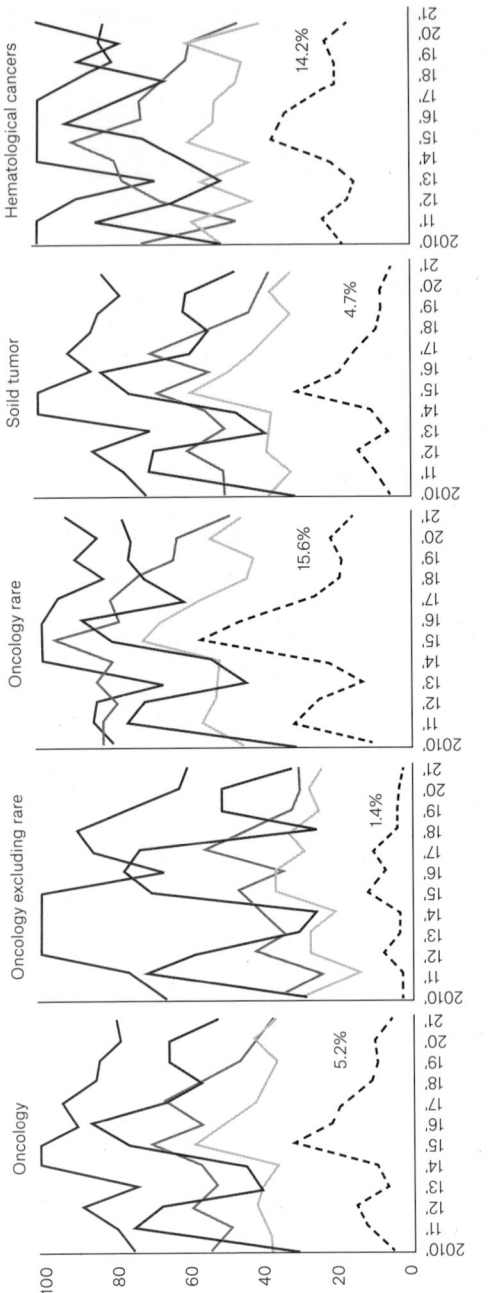

[그림 5_06] 왜 초기 항암제 또는 면역항암제 신약 임상시험에서 확인한 임상성적, 임상2상 결과가 후기 임상3상에서 재현되지 않는 것일까? 답은 '흔히 그렇다'이다. 이는 항암제뿐만 아니라 신약개발에서 일반적으로 나타나는 현상이다. 초기에 잘 통제된 단일기관 소수의 환자군에서 진행된 임상이 다기관으로 확대되고, 환자 수가 늘어나면서 더 다양한 환자가 참여하는 등 후기로 갈수록 변수가 늘어나고 자연스럽게 재현은 어려워진다. 또 일반적으로 초기 임상에서 나오는 전체반응률(ORR) 값이 무진행생존기간(PFS), 전체생존기간(OS) 으로 이어지지 않는다는 점도 따져야 한다. 마지막으로 항암제 분야에서도 특히 고형암에서 초기 임상시험 결과가 후기로 재현되는 비율이 낮다는 것도 고려해야한다(IQVIA 2022 기준).

잇따른 사고를 겪으면서 머크가 내부 구조조정에 들어간 것은 2008년이었다. 2009년은 특히 만료와 생산성 저하 등으로 전 세계적 규모의 대형 제약기업들이 비슷한 위기를 겪던 시절이었다. 2008년 머크는 8,400명을 해고하기로 결정했고, 이듬해인 2009년까지 모두 약 16,000명을 해고하기로 한다. 이는 머크 전체 인력의 15%에 이르는 규모였다.[34] 2009년 기준으로 보면, 와이어스를 합병한 화이자(19,500명 해고)에 이어 두 번째로 큰 구조조정이었다.

머크의 바이옥스 사태와 바이토린 실패 사례는 과학에 대해 다시 한번 생각하게 해준다. 머크는 과학의 잣대를 스스로에게 엄격하게 들이댔고, 그로 인해 엄청난 피해를 입었다. 그럼에도 비슷한 임상 디자인을 다시 키트루다에 적용했다. 머크는 키트루다와 여보이의 병용투여의 효과를 키트루다 단독투여 효과와 비교하는 임상시험을 진행했다. 커다란 시련이 있었음에도 여전히 자신감에 차 있는 것인지도 모르지만, 머크의 이와 같은 결정은 과학 앞에 솔직한 것임에도 틀림이 없다. 머크가 새로운 약물 키트루다를 가지고, 새로운 방식으로 개발을 진행하기 시작한 때가 2011년이다. 그러나 '새로운'이라는 표현보다는 '여전히', '제대로', '똑바로' 또는 '원칙대로'가 더 적합한 수식어일지 모른다.

FDA 가속승인

규제 유연성은 치료제가 없는 질환을 앓고 있는 환자에게 빠르게 치료 옵션을 제공할 수 있지만, 동시에 환자는 검증이 덜 된 약물을 처방받는 위험도 감수해야 된다. 가속승인(accelerated approval)은 임상시험 결과를 예측할 수 있는 합리적인 지표로 먼저 조건부 승인을 내준 이후, 확증 임상과 추적 관찰을 거쳐 신약의 효능을 입증할 경우 정식 승인을 내주는 제도다.

2021년 4월, FDA는 초기 결과로 가속승인을 내린 PD-1, PD-L1의 시판이 적절한지 다시 점검했다. FDA는 3일 동안 자문회의를 열고 후속 임상에서 효능이 확인되지 않는 머크, BMS, 로슈, 아스트라제네카의 PD-1, PD-L1 타깃 면역항암제를 계속해서 환자에게 처방할 수 있게 할 것인지 논의했다. 면역항암제가 가속승인된 이후 해당 적응증을 대상으로 하는 확증 임상에서 충분한 효능을 입증했다면 유지(maintenance), 그게 아니라면 철회(withdraw)하는 의견을 내는 자리였다.

제약기업 입장에서 가속승인은 신약개발에 들어가는 시간과 비용을 줄여준다는 장점이 있다. 시장조사기관 이벨류에이트(Evaluate)에 따르면 2020년에 26건, 2010~2020년 사이에 130건의 가속승인 허가가 있었다. 그런데 이 130건 가운데 정식 승인을 받은 경우는 44건 뿐이었다. 2010년대 중후반 면역항암제 임상시험이 많이 진행되었고, 이에 따라 많은 약물들이 가속승인을 받았다.

FDA는 무더기로 PD-1/L1 약물에 브레이크를 걸었다. 6건의 시판허가 유지/철회 여부가 논의되었다. 첫날은 티쎈트릭과 TNBC였다.

이튿날에는 키트루다와 티쎈트릭, 방광암에 대한 논의가 진행되었다. 사흘째 되는 날에는 키트루다와 위암과 간암, 옵디보와 간암 등이 논의되었다.

자문회의 결과 6건 가운데 4건이 유지 권고, 2건이 철회 권고를 받았다. 면역항암제에 대한 엄격한 기준을 내세우면서 무더기 철회가 나오는 것이 아니냐는 우려가 있었지만 면역항암제 시판을 유지하자는 의견이 우세하게 나왔다. 시판허가 철회를 권고받은 것은 키트루다 위암, 옵디보와 간암이었다. 단 자문회의에서 시판허가 권고를 받았다고 하더라도, FDA와 논의 후 치료제 처방 환경의 변화를 고려해 제약기업이 자진 철회하는 경우도 이어졌다.

2021년 면역항암제 개발 바이오테크인 아제너스(Agenus)는 자궁경부암에서 패스트트랙(fast track)으로 허가 절차를 밟고 있던 PD-1 항체 발스틸리맙(balstilimab)의 시판허가를 자진 철회했다. 아제너스는 치료제가 없는 자궁경부암 2차 치료제 임상2상에서 긍정적인 결과를 확인해 허가 절차를 진행하면서 확증 임상을 하고 있었다. 그런데 키트루다가 자궁경부암 1·2차 치료제로 승인받으면서 상황이 달라지자, FDA가 발스틸리맙의 시판허가 서류 제출 철회를 권고했다. 키트루다가 정식 승인을 받은 제품으로 나오면서 패스트트랙(fast track) 요건에서 제외된 것이며, 키트루다와 비교 임상을 진행해야 하는 상황까지 맞이했기 때문이었다. 결국 아제너스는 자궁경부암 치료제의 허가 심사를 자진 철회하고 확증 임상까지 중단했다.

단백질 분해약물

ER 타깃 치료제 분야에서는 어떤 일들이 벌어지고 있을까? 대표적으로 표적단백질 분해(target protein degradation, TPD)라는 모달리티(modality)를 꼽을 수 있다. 기존에 저분자화합물 기반 저해제(inhibitor)는 병을 일으키는 단백질 효소활성 부위를 억제하는 식으로 작동했다면, 분해약물은 체내 분해효소를 끌어들여 질병 단백질 자체를 없애는 메커니즘이다. 분해약물은 효소 활성 부위 이외에 다른 부위에 결합해도 되기에, 질병 단백질을 타깃하기가 비교적 자유로운 편이다. TPD 분야의 선두주자인 아비나스(Arvinas)는 자체 이중결합 TPD 플랫폼인 PROTAC(proteolysis-targeting chimera) 기술로 ER PROTAC 약물을 개발한다. TPD 약물로는 가장 먼저 임상시험에 들어간 약물 가운데 하나다.

아비나스는 ER 양성 유방암 치료제 분야에서 미충족수요(unmet needs)에 집중했다. ER 양성 유방암 환자에게 풀베스트란트를 단독 또는 병용투여한다. 예를 들어 1차 치료제 풀베스트란트와 CDK4/6 저해제 병용요법, 2차 치료제로 풀베스트란트에 CDK4/6 저해제, mTOR 저해제, PI3K 저해제 등을 병용투여하는 옵션이다. 그러나 풀베스트란트를 투여하는 기간이 6개월을 넘기면서, 최대 50% 수준으로 ER이 여전히 남아 있는 것으로 관찰된다. 시간이 지남에 따라 ER이 분해되지 않는 데에는 여러 경로가 관여한다. 이에 따라 하나의 경로만 타깃하지 않고 PROTAC 기술을 이용해 더 효과적으로 ER을 분해하는 약물 개발이 목표다.

전임상 핵심 데이터로 ARV-471은 ER 변이(Y537S) PDX 모델에서 풀베스트란트보다 나은 종양 억제 효능을 보였으며, 이브란스와 병용투여했을 때 효능이 더 좋아졌다. 임상시험 결과도 긍정적이었다. 2020년 12월에 발표한 임상1상 용량 증량 결과에 따르면, 이전 5번의 치료(중간값)를 받은 환자에서 ARV-471은 암 조직 내 ER을 평균 62%, 최대 90%까지 줄였다. 모든 환자가 CDK4/6 저해제를 병용투여받았고,

71%는 풀베스트란트와 같이 투여한 환자였다. 이전 임상시험에서 풀베스트란트가 ER을 40~50% 분해한 것과 비교하면 상대적으로 높은 효능이다. 또한 1명의 부분반응(PR) 환자와 안정반응(SD) 등을 합해 임상적 이점(CBR)은 42%(5/12명)였다. 기존 SERD 계열 약물에서 보이는 설사 부작용이 나타나지 않는 등 내약성도 확인했다.

화이자는 아비나스의 ER PROTAC 초기 임상시험 결과에서 가능성을 보면서, 2021년 계약금과 지분 투자만 10억 달러를 베팅해 약물 권리를 사들였다. 화이자는 호르몬수용체 양성이자 HER2를 발현하지 않는(HR+/HER2-) 전이성 유방암 표준치료제로 쓰이는 CDK4/6 저해제 이브란스(Ibrance®, 성분명: palbocicli)를 갖고 있다. 화이자는 이브란스에 이어 CDK2, CDK4, CDK2/4/6 저해제 등 차세대 포토폴리오를 구축하고 있다.

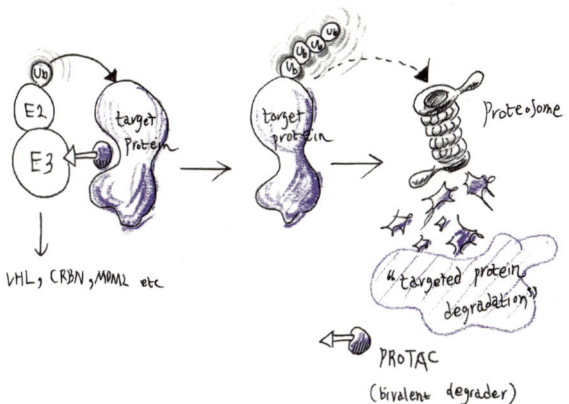

[그림 5_07] 표적단백질 분해약물인 PROTAC(더 큰 범주에서는 bivalent degrader) 작용 메커니즘

주석

1. Slamon D.J. et al. (1987). Human breast cancer: correlation of relapse and survival with amplification of the HER-2/neu oncogene. *Science*. 235, 177-182.
https://www.science.org/doi/10.1126/science.3798106
2. Genentech (1998). Herceptin: biotechnology breakthrough in breast cancer wins FDA approval. *Drugs.com*.
https://www.drugs.com/newdrugs/herceptin-biotechnology-breakthrough-breast-cancer-wins-fda-approval-4878.html
3. Sawyers C.L. (2019). Herceptin: a first assault on oncogenes that launched a revolution. *Cell*. 179, 8-12.
https://www.cell.com/cell/pdf/S0092-8674(19)30946-8.pdf
4. Piccart-Gebhart M.J. et al. (2005). Trastuzumab after adjuvant chemotherapy in HER2-positive breast cancer. *N Engl J Med*. 353, 1659-1672.
https://www.nejm.org/doi/full/10.1056/nejmoa052306
5. Tuma R.S. (2005). Trastuzumab trials steal show at ASCO meeting. *J Natl Cancer Inst*. 97, 870-871.
https://academic.oup.com/jnci/article/97/12/870/2544025
6. 김성민. (2022). "ASCO 기립박수" 엔허투, HER2 유방암 치료 '재정의'. *바이오스펙테이터(BioSpectator)*.
http://www.biospectator.com/view/news_view.php?varAtcId=16442
7. ESMO Perspectives. (2021). HER2+ breast cancer: from no hope to good prognosis in 20 years. *perspectives*.
https://perspectives.esmo.org/past-editions/all-articles/her2-breast-cancer-from-no-hope-to-good-prognosis-in-20-years
8. Wolff A.C. et al. (2007). American Society of Clinical Oncology/College of American Pathologists guideline recommendations for human epidermal growth factor receptor 2 testing in breast cancer. *J Clin Oncol*. 25, 118-145.
https://pubmed.ncbi.nlm.nih.gov/17159189/
9. Carlson R.W. et al. (2013). Ten years of progress against breast cancer: a partnership of basic and clinical/translational science. *J Natl Compr Canc Netw*. 11, 132-136.

https://jnccn.org/view/journals/jnccn/11/2/article-p132.xml
10 Ke E.E. and Wu Y.L. (2016). EGFR as a pharmacological target in EGFR-mutant non-small-cell lung cancer: where do we stand now? *Trends Pharmacol Sci.* 37, 887-903.
https://www.cell.com/trends/pharmacological-sciences/fulltext/S0165-6147%2816%2930111-0
11 AstraZececa Precision Medicine – HER2 breast cancer. *Precision Medicine.* https://www.azprecisionmed.com/tumor-type/breast-cancer/her2.html
12 Romond E.H. et al. (2005). Trastuzumab plus adjuvant chemotherapy for operable HER2-positive breast cancer. *N Engl J Med.* 353, 1673-1684.
https://www.nejm.org/doi/full/10.1056/nejmoa052122
13 ESMO Perspectives. (2021). HER2+ breast cancer: from no hope to good prognosis in 20 years.
https://perspectives.esmo.org/past-editions/all-articles/her2-breast-cancer-from-no-hope-to-good-prognosis-in-20-years
14 Won K.A. and Spruck C. (2020). Triple-negative breast cancer therapy: current and future perspectives (Review). *Int J Oncol.* 57, 1245 – 1261.
https://www.ncbi.nlm.nih.gov/pmc/articles/PMC7646583/
15 Howlader N. et al. (2018). Differences in breast cancer survival by molecular subtypes in the United States. *Cancer Epidemiol Biomarkers Prev.* 27, 619-626.
16 Hsu J.Y. et al. (2022). Survival, treatment regimens and medical costs of women newly diagnosed with metastatic triple-negative breast cancer. *Sci Rep.* 12, 729.
https://www.nature.com/articles/s41598-021-04316-2
https://pubmed.ncbi.nlm.nih.gov/29593010/
17 Jacob Bell. (2017). AbbVie's PARP inhibitor fails two late-stage cancer trials. *BioPharma Dive.*
https://www.biopharmadive.com/news/abbvies-parp-inhibitor-fails-two-late-stage-cancer-trials/440902/
18 Lisa A. Carey. (2013). The BEATRICE Study: where does targeting breast cancer vasculature stand in 2013? *ASCO Post.*
https://ascopost.com/issues/september-15-2013/the-beatrice-study-where-does-targeting-breast-cancer-vasculature-stand-in-2013/
19 Srivani Ravoori. (2014). SABCS 2014: immunotherapy shows early promise

for triple-negative breast cancer patients. American Association for Cancer Research (AACR). AACR2014.
https://www.aacr.org/blog/2014/12/11/sabcs-2014-immunotherapy-shows-early-promise-triple-negative-breast-cancer-patients/

20 Adams S. et al. (2019). Pembrolizumab monotherapy for previously treated metastatic triple-negative breast cancer: cohort A of the phase II KEYNOTE-086 study. *Ann Oncol.* 30, 397-404.
https://pubmed.ncbi.nlm.nih.gov/30475950/

21 Silas Inman. (2015). Atezolizumab/nab-paclitaxel combo shows high response rates in TNBC. *OncLive.*
https://www.onclive.com/view/atezolizumab-nab-paclitaxel-combo-shows-high-response-rates-in-tnbc
Dixon-Douglas J. et al. (2022). Integrating immunotherapy into the treatment landscape for patients with triple-negative breast cancer. *Am Soc Clin Oncol Educ Book.* 42, 1-13.
https://ascopubs.org/doi/full/10.1200/EDBK_351186

22 Merck & Co. (2019). Merck provides update on phase 3 KEYNOTE-119 study of KEYTRUDA® (pembrolizumab) monotherapy in previously-treated patients with metastatic triple-negative breast cancer.
https://www.merck.com/news/merck-provides-update-on-phase-3-keynote-119-study-of-keytruda-pembrolizumab-monotherapy-in-previously-treated-patients-with-metastatic-triple-negative-breast-cancer/
Winer E.P. et al. (2021). Pembrolizumab versus investigator-choice chemotherapy for metastatic triple-negative breast cancer (KEYNOTE-119): a randomised, open-label, phase 3 trial. *Lancet Oncol.* 22, 499-511.
https://www.thelancet.com/journals/lanonc/article/PIIS1470-2045(20)30754-3/fulltext

23 미국식품의약국(FDA). (2019). FDA approves atezolizumab for PD-L1 positive unresectable locally advanced or metastatic triple-negative breast cancer.
https://www.fda.gov/drugs/drug-approvals-and-databases/fda-approves-atezolizumab-pd-l1-positive-unresectable-locally-advanced-or-metastatic-triple-negative

24 Merck & Co. (2021). FDA approves KEYTRUDA (pembrolizumab) for treatment of patients with high-risk early-stage triple-negative breast

cancer in combination with chemotherapy as neoadjuvant treatment, then continued as single agent as adjuvant treatment after surgery. https://www.merck.com/news/fda-approves-keytruda-pembrolizumab-for-treatment-of-patients-with-high-risk-early-stage-triple-negative-breast-cancer-in-combination-with-chemotherapy-as-neoadjuvant-treatment-then-continued/

25 미국식품의약국(FDA). (2021). Oncologic Drugs Advisory Committee (ODAC) meeting. https://www.fda.gov/media/147854/download

26 Franzoi M.A. and de Azambuja E. (2020). Atezolizumab in metastatic triple-negative breast cancer: IMpassion130 and 131 trials - how to explain different results? *ESMO Open*. v.5(6), e001112. https://www.ncbi.nlm.nih.gov/pmc/articles/PMC7678394/

27 Sajjadi E. et al. (2020). Biomarkers for precision immunotherapy in the metastatic setting: hope or reality? *Ecancermedicalscience*. 14, 1150. https://www.researchgate.net/figure/Schematic-representation-of-theavailable-scoring-criteria-for-PD-L1-assessment-CPS_fig2_347336468
Li B. et al. (2020). A comparative study of PD-L1 IHC assays using immune cell scoring and CPS in breast cancer. *J Clin Oncol*. 38. https://ascopubs.org/doi/abs/10.1200/JCO.2020.38.15_suppl.e15262

28 Snigdha Prakash and Vikki Valentine. (2007). Timeline: the rise and fall of vioxx. NPR. https://www.npr.org/2007/11/10/5470430/timeline-the-rise-and-fall-of-vioxx

29 Deborah Flapan. (2004). Vioxx pulled from global market. *Medscape*. https://www.medscape.com/viewarticle/490355

30 Merck & Co. (2009). 2008 annual report on form 10-K. https://www.nrc.gov/docs/ML0909/ML090990030.pdf

31 Kastelein J.J.P. et al. (2008). Simvastatin with or without ezetimibe in familial hypercholesterolemia. *N Engl J Med*. 358, 1431-1443. https://www.nejm.org/doi/full/10.1056/nejmoa0800742

32 Linda A. Johnson. (2008). Vytorin study confuses patients, divides doctors. *NBC News*. https://www.nbcnews.com/health/health-news/vytorin-study-confuses-patients-divides-doctors-flna1c9449859

33 Reuters Staff. (2008). Pfizer says Vytorin data give Lipitor more clout. *Reuters*.
    https://www.reuters.com/article/pfizer-cfo-idUSN235989620080123
34 Fierce Pharma. (2009). Top 10 layoffs of 2009. *Fierce Pharma*.
    https://www.fiercepharma.com/special-report/top-10-layoffs-of-2009

VI
신장암

신장암 치료제 개발 분야에서 BMS의 여보이와 옵디보가 머크를 앞선 것으로 보인다. 그러나 깐깐한 인수자(?)로 유명한 머크가 큰 규모의 인수를 감행하며 키트루다로 도전장을 내밀고 있다. 바이오마커에 집중하는 머크는 신장암 치료제 개발에서도 BMS를 앞지를 수 있을까?

신장암

신장은 혈액을 여과시켜 청소한다. 혈액은 신동맥으로 들어가 신정맥으로 나오며, 이 사이에 있는 작고 가느다란 관인 세뇨관(renal tube)에서 혈액을 여과시켜 노폐물을 제거하면서 소변이 만들어진다. 신장암 환자의 약 90%는 세뇨관을 둘러싸고 있는 세포에서 암이 시작되며, 이를 신세포암(renal cell carcinoma, RCC)이라 부른다.

신세포암은 현미경으로 조직을 들여다봤을 때 보이는 특징에 따라 나눌 수 있는데, 조직학적으로 가장 이질적인(heterogeneous) 암으로도 알려져 있다. 약 70~80%는 암세포가 투명하게 보이는 투명세포 신세포암(clear cell RCC, ccRCC)이며, 나머지는 비투명세포 신세포암(non-clear cell RCC, nccRCC)으로 구분한다. 비투명세포 신세포암에는 암세포가 손가락 모양처럼 생긴 유두성 신세포암(papillary RCC)이 약 10~15%, ccRCC보다 암세포가 크지만 투명하게 보이는 혐색소 신세포암(chromophobe RCC)이 5%를 차지하고 있다.

신장암은 병기가 많이 진행될 때까지 뚜렷한 증상이 없지만, 최근에는 건강검진으로 조기 진단이 늘어나는 추세다. 신장암 환자는 진단 시 10~15% 정도가 전이가 일어난 상태며, 전이되면 5년 후 생존율이 14%에 불과하다. 전이성 신장암은 예후에 따라 저위험(good-risk) 25%, 중등도(intermediate) 50~55%, 고위험(poor) 20~25%로 분류한다. 신장암 치료는 조직의 특성이 특히 중요하며 암의 크기와 위치, 전이 여부 등에 따라 치료 방법이 달라진다.

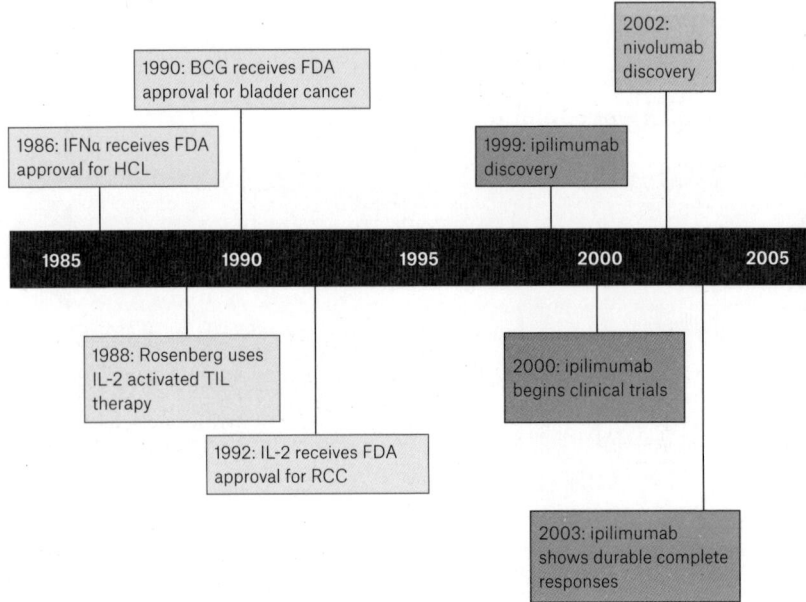

[그림 6_01] 면역항암제 분야에서 주요 마일스톤(1985-2020). 사이토카인 약물 IL-2, IFN부터 시작해 CTLA-4, PD-1 등 면역관문억제제 개발로 이어지는 주요 사건들을 보여준다.[1]
[ICI(immune checkpoint inhibitor): 면역관문억제제]

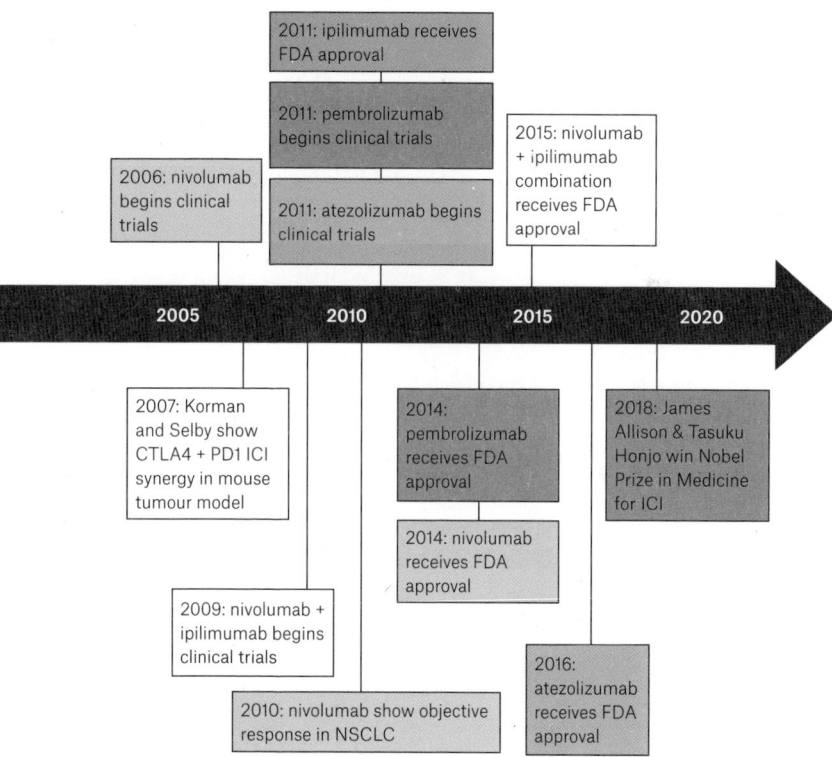

신장암은 전이가 없을 경우 대부분 수술로 암을 잘라내지만, 이 가운데 1/3은 다시 병기가 진행되거나 전이가 일어난다. 문제는 신장암 자체가 방사선치료와 화학항암제 치료에 높은 저항성을 가진다는 점이다. 신장은 화학항암제를 세포 밖으로 내보내는 수용체(p-glycoprotein)가 높게 발현되어 있어 치료제의 효과를 제대로 보기 어렵다. 결국 방사선치료와 화학항암제는 폐, 림프절, 뼈 등 전이 부위를 타깃하고 증상을 완화하는 정도로만 쓰인다. 1990년대 중후반까지 신장암은 마땅한 치료제 없이 수술 위주로 치료했기 때문에 다른 치료 대안이 필요했다. 이는 면역항암제라는 개념이 소개되었을 때 신장암에서 적극적인 임상시험이 일어났던 이유를 설명해줄 수 있다.

면역항암제 바람이 일어났던 2010년대 중반이 되기 전에 이미 20여 년 동안 면역치료제가 전이성 신장암 표준치료제로 처방되어 왔다.[2] 면역세포 신호전달 분자인 사이토카인(cytokine) 인터루킨-2(interleukin-2, IL-2), 인터페론-알파(IFN-α)가 면역세포를 활성화시키는 것을 이용한 메커니즘이었다. 1985년 *NEJM*에 면역 사이토카인이 전이성 신장암 환자에게 효능이 있을 것이라는 주장이 처음으로 나왔고, 1990년대로 들어오면서 많은 관련 임상시험 결과 또한 나왔다.[3] 이 시기는 스티븐 로젠버그(Steven A. Rosenberg)가 IL-2로 활성화시킨 종양침투림프구(TIL)를 환자에게 주입하는 암 치료법을 시도했고, 결핵백신 BCG(bacillus calmette-guerin)가 면역을 활성화하는 메커니즘의 방광암 치료제로 미국에서 시판허가를 받는 등 면역치료라는 개념이 주목을 받던 때다.

두 종류의 면역항암제가 나타났지만 전이성 신장암 반응률은 5~15% 수준으로 낮았고, 부작용이 심했으며, 극히 일부 환자만 장기 생존 혜택을 볼 수 있었다. 여전히 대부분 환자의 생존 기간은 1년 남짓이었다. 그럼에도 치료 대안이 없었기에 20여 년 동안 표준치료제로 사용된 것이었다.

1992년 FDA는 고용량 인터루킨-2 프로류킨(Proleukin®, 성분명: aldesleukin)을 전이성 신장암의 첫 면역치료제로 승인했다. IL-2는 T세포를 성장시키는 인자로 발견되었는데, T세포뿐만 아니라 NK세포, B세포 등 면역세포를 증식시키고 기능을 높인다는 것이 더 밝혀졌다.

1995년 『저널 오브 클리니컬 온콜로지(Journal of Clinical Oncology, JCO)』에 FDA 시판허가의 근거가 되는 임상시험 결과가 발표됐다.[4] 7개의 임상2상에 참여한 전이성 신장암 환자 255명 데이터를 모은 것이었는데, 고용량의 IL-2를 투여했고 전체반응률(ORR)은 14%였다. 이 가운데 암이 사라진 완전관해(CR)는 5%, 나머지 9%는 암이 30% 이상 줄어드는 부분반응(PR)을 보였다. IL-2는 5일 동안 최대 14회에 걸쳐 정맥주사로 투여되었다. 이후 5~9일 간격으로 같은 사이클을 반복하는 프로토콜이었으며, 암이 자라지 않거나 감소한 환자에게는 6~12주마다 반복 투여했다. 이후 임상시험을 최종 분석한 결과에서 약물 반응에 따라 반응 기간에서 차이가 났다.[5] 특히 완전관해(CR) 환자에게서 약물 반응 중간값(mDoR)은 80개월 이상(7~131)으로 길었으며, 부분관해(PR) 환자에게서는 약 20개월(3~126) 정도였다. 약물 반응 환자의 전체생존기간 중간값(mOS)은 16.3개월이었다. 당시 전이성 신장암 환자의 생존 기간이 채 1년이 안 되었다는 것을 고려하면 의미 있는 데이터였다. 이러한 임상시험 결과를 바탕으로 2000년대 이전까지는 IL-2가 유일한 전이성 신장암 전신 치료제로 처방됐다.

그러나 IL-2 치료제는 심각한 부작용 문제가 있었다. 약 4%의 환자가 프로류킨 투여 부작용으로 사망했다. 모세혈관 누출 증후군(capillary leak syndrome)으로 인한 심근경색과 호흡부전이 나타났던 것이다. 당시에는 메커니즘을 몰랐지만, IL-2가 혈관 내피세포와 호산구(eosinophil)가 발현하는 CD25 수용체(IL-2Rα)에 결합해 이를 활성화시키면서 나타나는 현상으로 보고 있다. 그밖에도 프로류킨 투여에 따른 빈번한 부작용으로는 고혈압 증상이 있었다. 문제는 병원 입원이 필요한 4등급 부작용 발생 비율만 15%에 이르렀다는 점이다. 이런 이유로 환자에게 투여할 수 있는 양이 제한적이었다.

또 다른 사이토카인 INF-α도 고려 대상이었다. IFN-α는 다른 암에서 치료제로 쓰이고 있었는데, 1986년 FDA는 IFN-α를 희귀백혈병(hairy cell leukemia, HCL) 치료제로 승인했다. 이는 사이토카인이 암 치료제로 승인받은 첫 사례였고, 흑색종 등 다른 암 치료제로 범위를 넓혀갔다. 그러던 2001년 전이성 신장암 환자가 신장절제술(nephrectomy)을 받고 난 이후에 IFN-α를 투여받으면 암의 재발이 늦어지고 환자의 생존 기간이 길어진다는 논문 2편이 『란셋(Lancet)』과 NEJM에 실렸다.[6] 그러나 IFN-α 또한 면역세포를 비특이적으로 활성화하면서 거의 모든 장기에서 독성 부작용을 일으키는 단점이 있었기에 투약이 제한적이었다.

전이성 신장암에서 IFN-α가 정식 승인받은 것은 2009년이었다. 로슈는 전이성 신장암 치료제로 VEGF 항체 아바스틴(Avastin®, 성분명: bevacizumab)과 IFN-α 병용요법의 시판허가를 받았다.[7]

그럼에도 사이토카인 약물의 효능은 확실하지 않았다. 프로류킨 시판 후 *NEJM*에는 전이성 신장암 환자 425명을 대상으로 IL-2, IFN-α, IL-2+IFN-α 병용투여를 직접 비교한 결과가 실렸다.[8] 임상시험 결과 25주차 전체반응률(ORR)은 각각 2.9%(4/138명), 6.1%(9/147명), 13.6%(19/140명)였으며, 두 사이토카인의 반응률은 낮았고 차이도 없었다. 전체생존기간 중간값(mOS) 데이터도 각각 12개월, 13개월, 17개월로 비슷했다. 마땅한 치료제가 없었기에 신장암 치료에서 면역항암제는 더 큰 기대를 받았지만 IL-2 치료제의 일관되지 않는 효능이 실망을 가져다준 것으로 보인다.

수니티닙(sunitinib)과 파조파닙(pazopanib)

2000년대 중반부터 항암 신약으로 표적치료제가 등장하면서, 전이성 신장암 치료제 프레임이 바뀌기 시작한다. 신세포암의 대부분을 차지하는 ccRCC의 90~95%는 종양억제인자인 VHL(von Hippel-Lindau) 유전자 변이로 일어난다. VHL 기능이 망가지면 저산소증이 일어나면서 HIF-2α 신호전달이 비정상적으로 활성화되고, VEGF, PDGF와 같이 신생혈관 형성을 촉진시키는 인자가 함께 활성화된다. 또한 암 증식을 촉진하는 PI3K/AKT/mTOR 신호전달도 활성화된다. 따라서 VEGF 등을 억제하는 (다중 타깃) TKI 약물과 항체를 개발한 표적항암제가 치료 컨셉으로

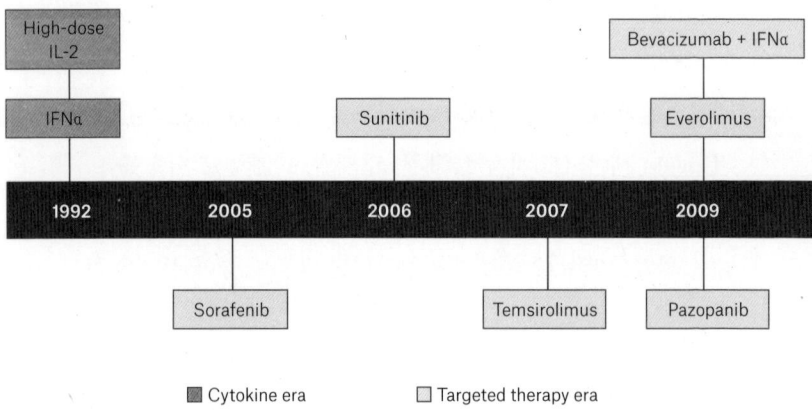

[그림 6_02] 전이성 신장암 표준치료는 크게 세 번의 변화를 겪는다(1992-2019). 사이토카인 치료제가 유일한 대안이었던 전이성 신장암 치료는 표적치료제가 등장하면서 변화가 일어났고, 이후 면역항암제 등장으로 다시 한번 변화를 겪는다. 최근에는 면역항암제 병용요법이 등장하면서 새로운 진전이 일어나고 있다.

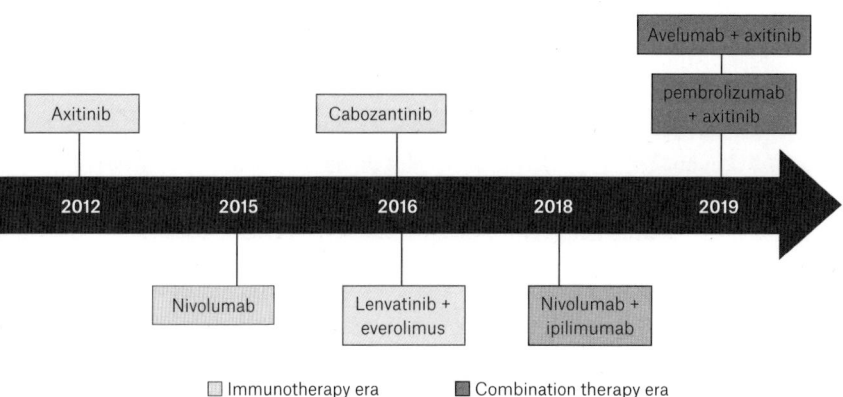

잡혔고, 10개가 넘는 표적항암제가 나올 수 있었다.

표적치료제는 사이토카인 약물 대비 전이성 신장암 환자의 생존 기간을 늘렸다. 표적치료제 개발 경쟁은 치열했다. 타이로신 카이네이즈 저해제(TKI) 약물과 VEGF 저해제, mTOR 저해제 등이 거의 비슷한 시기에 나타났다. 간암 치료제로 알려져 있던 넥사바(Nexavar®, 성분명: sorafenib)는 BRAF 저해제이면서 VEGFR, PDGFR 등을 같이 억제한다. 화이자의 수텐트(Sutent®, 성분명: sunitinib)와 인라이타(Inlyta®, 성분명: axitinib), 노바티스의 보트리엔트(Votrient®, 성분명: pazopanib), 머크-에자이의 렌비마(Lenvima®, 성분명: lenvatinib), 엑셀리시스(Exelixis)의 카보메틱스(Cabometyx®, 성분명: cabozantinib) 등 TKI 약물이 나왔다. VEGF를 저해하는 항체인 로슈의 아바스틴, mTOR 저해제인 노바티스의 아피니토(Afinitor®, 성분명: everolimus), 화이자의 토리셀(Torisel®, 성분명: temsirolimus) 등이 나왔다.

이 가운데 수니티닙(sunitinib)과 파조파닙(pazopanib)이 신장암 1차 치료제 표준요법으로 인정받아 왔다. mTOR 저해제는 수니티닙과 파조티닙으로 치료에 실패한 환자에게 권장된다. 수니티닙은 VEGFR, PDGFR, KIT, FLT3 등 신호전달을 억제하는 나중 TKI 약물이다.

2006년 수니티닙은 신장암 1차 치료제로 FDA로부터 시판 허가를 받았다. 화이자는 전이성 신장암 1차 치료제 세팅에서 수니티닙(335명)과 IFN-α(327명)를 비교한 임상3상을 진행했고, 전체반응률(ORR) 지표에서 31%와 6%라는 의미 있는 차이를 확인했다. 모든 그룹에서 약물에 반응을 보인 환자는 부분관해(PR)

반응을 얻었다. 또한 무진행생존기간(PFS) 중간값은 수니티닙 12개월, IFN-α 5개월로 환자의 병기가 진행되거나 사망할 위험을 58% 줄일 수 있었다(HR=0.42, 95% CI 0.32~0.54, p<0.001).[9] 2009년 최종 분석에서 전체생존기간(OS) 데이터가 발표됐는데, 수니티닙은 전체생존기간(OS) 중간값 26.4개월 IFN-α는 21.8개월이었다.[10] 이는 환자의 사망 위험을 약 18% 줄인 값이다 (HR=0.82, 95% CI 0.67~1.00, p=0.051). 장기 추적 결과에서 두 그룹 모두에서 전체반응률(ORR)이 늘어났으며(47% vs 12%), 완전관해(CR) 케이스도 생겼다.

　사이토카인 약물 대비 수니티닙 효능은 전이성 신장암 1차 치료제로 우위를 차지할 수 있게 해주었다. 2017년 고위험 신장암 환자를 대상으로 한 신장암 수술 후 보조요법으로도 승인되면서 라벨을 넓혔지만, NCCN 가이드라인이 해당 세팅에서 수니티닙 사용을 권고하지는 않는다. 수니티닙의 미국 특허는 2021년 만료돼 제네릭이 출시됐다. 그러나 특허만료 전 2020년 미국 내 매출액은 2억 2,300만 달러, 전 세계 매출액은 6억 달러에 이를 정도로 많이 처방되는 치료제였다.[11]

　파조파닙은 전이성 신장암 1차 치료제로 2009년 등장했다. 원래 GSK가 갖고 있던 약물이었지만, 2015년 노바티스가 GSK와 각각 가지고 있던 항암제/백신에 대한 권리를 맞바꾸면서 파조파닙을 갖게 된다.[12] 파조파닙도 수니티닙과 같이 VEGFR, PDGFR, c-kit 등을 억제하는 다중 TKI 약물이다. 전이성 신장암 환자 1,110명에게서 파조파닙과 수니티닙을 직접 비교한 임상3상은 전체생존기간(OS)과 무진행생존기간(PFS)에서 파조파닙이 수니티닙에 비해 비열등성을 보였으며, 안전성과 삶의 질(QoL) 측면에서는 파조파닙이 이점을 보여주었다.[13]

사이토카인 약물로 환자의 생존 기간을 12개월 정도 유지하던 것을, 표적치료제는 20~30개월로 늘렸다. 그러나 표적치료제 중심의 전이성 신장암 치료는 PD-1, PD-L1 면역항암제가 나타나면서 다시 변화를 겪는다.

신장암 치료제 옵디보

전이성 신장암 치료제 개발은 2010년대 후반 PD-1 면역항암제가 나타남에 따라 새로운 풍경이 펼쳐진다. 의료 시스템이 가진 보수성에도 불구하고, 신장암 치료 분야는 표준치료제 진화가 가장 빠른 곳 가운데 하나다.

신장암 치료제로 표적치료제가 나타난 이후 10년 동안 환자의 생존 기간이 늘어났다. 그러나 결국 다시 일정 수준에 머물렀고, 표적치료제에 반응하지 않는 환자의 생존 기간을 늘릴 대안은 여전히 없었다. 바로 이 즈음 PD-1 항체는 폐암과 흑색종 등에서 기존 표준치료제인 화학항암제 대비 생존 기간을 늘린다는 결과가 나오기 시작했다. PD-1 항체가 여러 고형암에 효능을 나타낸다는 증거가 쌓여갔고, 신장암에서 표적치료제의 한계를 넘기 위해 면역항암제를 투여해보려는 시도는 자연스러운 것이었다.

먼저 BMS가 옵디보로 도전을 시작했다. 2012년 BMS는 진행성 신장암 환자 821명을 대상으로 옵디보와 2차 표준치료제인 mTOR 저해제 에베로리무스(everolimus)를 비교하는 임상3상을 시작한다. 이전에 진행한 임상2상에서 옵디보가 여러 차례 치료받았던 전이성 신장암 환자에게서 전체생존율(ORR) 20~22%, 생존 기간 18.2~25.5개월을 확인한 데이터가 새 임상시험을 시작할 수 있는 근거가 되었다.[14]

임상3상에 참여한 환자의 70%가 이전에 수니티닙, 파조파닙, 엑시티닙(axitinib) 등 신생혈관 형성을 억제하는 TKI로 치료받았다. 또한 PD-L1을 1% 이상 발현하는 환자를 기준으로 했을 때 임상시험 참여자의 24%, PD-L1 발현을 5% 이상으로 잡으면 임상시험 참여자의 11%가 해당했다. 다른 암에 비해 신장암은 PD-L1 발현이 낮은 편인데, 이는 머크가 키트루다를 가지고 신장암 치료제 분야로 비교적 늦게 진출한 이유일 것이다.

CHECKMATE-025 임상3상 결과는 긍정적이었고 임상시험도 조기 종료되었다. 1차 종결점인 전체생존기간(OS) 지표에서 중간값은 각각 옵디보가 25.0개월, 에베로리무스는 19.6개월이었다. 옵디보가 mTOR 저해제 대비 사망 위험을 27% 낮춘 것이었다(HR=0.73, 95% CI 0.60~0.89; p=0.0018). 전체반응률(ORR)은 각각 25%, 에베로리무스는 5%로 나왔다. 다만 무진행생존기간(PFS)에서는 통계적으로 유의미한 차이가 없었고, 옵디보 투여 시 면역 매개 신장염(nephritis) 발생 비율이 높았다.

FDA는 2015년 신장암 첫 면역치료제로 옵디보를 승인했고, 전이성 신장암 2차 치료제로 옵디보가 처방되기 시작했다. FDA는 해당 세팅에서 mTOR 저해제인 템시롤리무스(temsirolimus)가 전체생존기간(OS) 이점을 증명한 유일한 치료 옵션이며, 옵디보도 치료 옵션에 들어갔다는 점을 강조했다.[15] BMS는 흑색종, 폐암에 이어 세 번째로 PD-1 항체의 생존 기간 이점을 증명했다.

BMS는 2018년 전이성 신장암 1차 치료제로 옵디보와 여보이 병용요법의 시판허가도 받는다. 중등도 내지 고위험 진행성 신장암 대상 CHECKMATE -214 임상3상에서 옵디보와 여보이(저용량) 병용투여는 수니티닙 대비 전체반응률(ORR) (41.6% vs. 26.5%), 완전관해(CR) (9.4% vs 1.2%)를 늘렸으며, 전체생존기간(OS)도 유의미하게 늘려 환자의 사망 위험을 37% 낮췄고, PD-L1 발현 정도와 무관하게 이점을 보였다. 다만 옵디보 단독투여 임상에서 봤던 것처럼 무진행생존기간(PFS)에서는 유의한 차이가 없었다(11.6개월 vs 8.4개월). 또한 독성 부작용 우려가 있는 여보이 투약 용량을 줄여, 3등급 내지 4등급 부작용 발생 비율이 수니티닙보다 낮았다(65% vs. 76%).

BMS는 파트너십을 통해 병용투여 임상시험도 활발하게 진행했다. 2016년 켈리테라 바이오사이언스(Calithera Biosciences)와 임상시험 협력을 하기로 한다. 신장암(ccRCC)을 대상으로 한 암 대사(tumor metabolism) 타깃 CB-839와 옵디보를 병용투여 하는 것이 주요 내용이었다.[16] CB-839은 글루타미나아제(glutaminase) 저해제로, 암세포가 주요 영양소로 쓰는 글루타민 경로를 억제해 면역억제성 종양미세환경을 개선하고 면역항암 작용을 활성화하는 컨셉이다. 다만 2021년 ASCO에서 발표된 결과에 따르면 CB-839은 말기 신장암 환자에게서 카보자티닙 병용투여 시 카보자티닙 단독투여 대비 이점이 없었다.

2018년 BMS는 넥타와는 IL-2 작용제, 엑셀리시스(Exelixis)와는 카보자티닙을 각각 옵디보와 병용투여하는 임상시험을 협력해 추진한다.[17] 두 가지 임상시험 가운데 카보자티닙과 병용투여 임상3상은 긍정적인 성과를 냈다. 그에 비해 IL-2와 병용투여는 2022년 결국 중단되고 만다.

'신장암 치료제로서의 옵디보'는 BMS의 자존심을 세워주는 역할을 하고 있다. 2021년 미국에서 옵디보 매출의 26%가 신장암 치료제 처방에 따른 것이다. 전체 옵디보 처방 비율 가운데 1위는 흑색종(29%), 2위가 신장암(26%), 3위가 비소세포폐암(20%) 치료제로 처방된다.

2009년 로슈는 신장암 1차 치료제로 아바스틴과 IFN-α 병용요법의 시판허가를 받았다. 그러나 임상 현장에서는 잘 처방되지 않는다. 로슈는 면역관문억제제 경쟁에서도 아바스틴을 고집(?)하는 것처럼 보였다. 예를 들어 신장암 1차 치료제에서 티쎈트릭과 아바스틴 병용투여 임상시험에서 PD-L1을 1% 이상 발현할 때, 수니티닙 대비 무진행생존기간(PFS)을 늘린 데이터를 발표한다. 그러나 공동 1차 종결점인 전체생존기간(OS)에서 차이를 보여주지 못하면서 유럽 규제당국에 제출한 허가를 자진 철회했다. 이후로도 로슈는 수술 후 보조요법에서 티쎈트릭 단독투여 임상시험과, 면역항암제로 치료받은 후 다시 병기가 진행되는 신장암에서 티쎈트릭과 카보자티닙을 평가하는 임상3상을 진행하고 있다.[18]

PD-1+TKI vs. PD-1+CTLA-4

신장암 치료제 개발은 다시 한 번 변화를 겪는다. 전이성 신장암 치료제는 사이토카인 약물로 시작해, 표적항암제, PD-1 약물로 방향을 바꾸어가고 있다. 이제 PD-1/PD-L1 약물을 병용투여하

2018.04.	옵디보와 여보이 신장암 1차 치료제 승인(CHECKMATE -214)
2019.04.	키트루다와 인라이타 신장암 1차 치료제 승인(KEYNOTE-426)
2019.05.	바벤시오와 인라이타 신장암 1차 치료제 승인(JAVELIN Renal 101)
2021.01.	옵디보와 카보자티닙 신장암 1차 치료제 승인(CHECKMATE -9ER)
2021.08.	키트루다와 렌비마 신장암 1차 치료제 승인(KEYNOTE-581/CLEAR)
2021.08.	HIF-2α 저해제 VHL 관련 신장암, 혈관모세포종, 췌장암 등 암종 승인
2021.11.	키트루다 신장암 수술후 보조요법 승인(KEYNOTE-564)

[표 6_01] 신장암에서 면역관문억제제 경쟁은 키트루다와 옵디보를 중심으로 이뤄지고 있다. 신장암 치료제 분야에서 면역관문억제제 병용투여와 초기 치료제와 관련한 주요 마일스톤

는 쪽으로 흐름이 만들어지고 있다.

머크는 먼저 2016년 9월 화이자의 인라이타(Inlyta®, 성분명: axitinib)와 키트루다 병용투여 임상3상을 시작했으며, 다음달 에자이와 파트너십을 맺고 있는 렌비마(Lenvima®, 성분명: lenvatinib)와 병용투여 임상시험도 진행했다.[19]

한편 머크는 HIF-2α 저해제를 가진 펠로톤 테라퓨틱스(Peloton therapeutics)를 22억 달러에 인수하면서, 첫 HIF-2α 저해제 웰리레그(Welireg™, 성분명: belzutifan) 시판허가를 받으며 기존 표적치료제 병용투여에서 새로운 메커니즘으로 신장암 치료제 영역을 넓힌다. 신장암 수술 후 보조요법에서는 키트루다가 첫 면역요법으로 미국에서 시판허가를 받았고, 이는 BMS보다 빠른 것이었다.

신장암 1차 치료제로 옵디보와 여보이 병용투여는, CHECK-MATE-214 임상3상 결과에 대한 첫 발표 당시 데이터가 다소 혼재돼 있었다.[20] 2017년 8월 탑라인 결과에서 옵디보와 여보이 병용투여는 수니티닙 대비 전체반응률(ORR)을 늘렸지만(42% vs 27%, p<0.001), 무진행생존기간(PFS) 지표에서는 사전 지정한 통계적 유의성에 도달하지 못했다(11.56개월 vs 8.38개월). 이점이 있으나 확실한 이점이라고 보기는 힘들었다.

그런데 3개월 후 전체생존기간(OS) 데이터가 나오면서 분위기가 바뀌기 시작했다. PD-L1을 1% 이상 발현하는 신장암 환자에게서 사망 위험을 55%, PD-L1을 1%보다 낮게 발현하는 경우는 사망 위험을 27% 낮췄다. 결과값이 업데이트되면서 안정적인 전체생존기간(OS) 데이터가 나왔다. 2021년 9월, 옵디보와 여보이를 투여받은 중등도 또는 고위험 신장암 환자를 5년 동안 추적해보니 약 절반(48%)이 생존해 있었다.[21] 옵디보와 여보이 병용투여의 전체생존기간(OS) 중간값은 47.0개월, 수니티닙은 26.6개월로 사망 위험을 32% 낮추었다(p=0.0003). 전에 없던 성과였다. 다만 임상 중단율은 옵디보와 여보이 병용투여에서 약 2배 높았다(15% vs. 7%).

신장암 치료를 위한 옵디보와 여보이 병용투여의 가장 큰 장점은 장기 생존 데이터다. 의료진이 여러 가지 신장암 1차 치료제 옵션을 고려할 때, 장기 생존 가능성이 높다는 점은 치료제 선택에 영향을 줄 것이다. PD-L1 발현 비소세포폐암에서는 키트루다와 여보이 병용투여가 효능에서 이점을 보여주지 못하면서 독성이 2배 증가한다는 결과를 냈지만, 이는 암마다 다른 것으로 해석된다. 그 예로 CTLA-4 면역관문억제제는 신장암과 간암에서 우수한 효능을 나타내고 있기 때문이다. 옵디보와 여보이 병용투여 시 환자의 장기 생존 데이터가 보여주는 이점이 뚜렷하며, 두 조합에 불응한 환자에게는 TKI 치료 옵션이 남아 있다는 것도 긍정적이다.

PD-1 약물과 표적치료제의 병용투여도 이점이 있다. CTLA-4 병용투여는 중등도 또는 고위험 신상암 환사가 내상이지만, 표직치료제와 병용투여는 저위험(favorable)을 포함한 모든 전이성 신장암 환자에게 처방할 수 있다. 또한 TKI 약물은 면역관문억제제 병용투여보다 효능이 나타나는 시간이 빨라, 종양 부담이 크고 증상이 심한 환자에게 이점이 있는 치료 옵션이 될 수 있다.

PD-1과 병용투여하는 TKI만 놓고 본다면 어떤 차이가 있

	First-line therapy option: Clear cell RCC
Preferred option	**Favorable risk:** · Axitinib with pembrolizumab · Cabozantinib with nivolumab · Lenvatinib with pembrolizumab **Intermediate or poor risk** · Axitinib with pembrolizumab · Cabozantinib with nivolumab · Ipilimumab with nivolumab · Lenvatinib with pembrolizumab · Cabozantinib

[표 6_02] NCCN 2022 신장암 1차 치료제 가이드라인 선호 치료옵션(preferred options) 리스트

을까? 차이는 효능과 이에 따른 부작용 프로파일 문제다. 약물 효능은 렌바티닙, 카보자티닙, 엑시티닙 순이며, 일반적으로 효능이 높아지면 부작용도 커진다. 이 가운데 카보자티닙은 다른 TKI에 비해 신장암 1차 치료제 시장에 늦게 진입해, 2017년 12월에 FDA로부터 시판허가를 받았다. 카보자티닙은 VEGFR2를 피코몰(pM) 단위로 억제하며, MET, AXL, c-MET 등을 억제하는 다중 TKI 약물이다. 카보자티닙은 수니티닙 대비 무진행생존기간(PFS) 이점을 확인한 것이 근거가 됐다. 또한 카보자티닙은 NCCN 2022 가이드라인이 신장암 1차 치료제 선호 옵션(preferred option)으로 제시하는 유일한 TKI 단독투여 약물이며, 구체적으로 중등도 내지 위험군 환자에게서 처방을 고려할 수 있다.

카보자티닙과 옵디보 병용투여는 긍정적인 결과를 내고 있다. BMS가 ASCO GU 2022에서 업데이트한 데이터에 따르면 모든 환자를 최소 2년 이상(중간값 32.9개월) 추적한 CHECKMATE-9ER 임상3상에서 결과, 수니티닙 대비 무진행생존기간(PFS) HR 0.56(6.6개월 vs. 8.3개월), 전체생존기간(OS) HR 0.70(37.7개월 vs. 34.3개월)이었다. 전체반응률(ORR)도 더 높았으며(55.7% vs. 28.4%), 완전관해(CR)는 2배 이상 차이가 났다(12.4% vs. 5.2%).[22]

키트루다와 엑시티닙
키트루다와 렌바티닙
머크는 면역항암제와 TKI 병용요법에서 앞서나갔다. 2019년

3월, 머크는 엑시티닙(axitinib)과 키트루다 병용투여로 수니티닙 보다 높은 효능을 확인했고 이를 바탕으로 신장암 치료제로 처방이 가능해졌다. 엑시티닙은 화이자의 약물로 VEGF1/2/3를 강하게 억제하는 특성의 TKI인데, 2012년 미국에서 신장암 2차 치료제 승인을 받았다. 머크가 시판허가를 받은 다음달 화이자도 PD-L1 항체 바벤시오(Bavencio®, 성분명: avelumab)와 엑시티닙 병용 투여로 FDA로부터 신장암 1차 치료제로 승인받게 된다.[23] 다만 직접적인 비교는 어렵지만 키트루다와 엑시티닙의 병용투여 조합이 더 우위에 있는 것으로 보이며, NCCN 2022 가이드라인은 엑시티닙과 키트루다 병용투여 요법을 신장암 1차 치료제로 권고하고 있다.

한편 화이자의 달라진 입장도 바벤시오가 신장암 1차 치료제로 자리잡는 데 힘을 뺐다. 화이자는 PD-1/PD-L1 경쟁에서 밀리면서 바벤시오 개발 또한 한 발짝 뒤로 물러선 상황이었다. 2022년 업데이트한 파이프라인 데이터에는 바벤시오 프로그램에 대한 언급이 없다. 오히려 화이자는 PD-L1이 아닌 PD-1 프로그램을 더 긍정적으로 평가하고 있으며, 파이프라인 가운데 방광암 대상 피하투여(SC) 제형의 PD-1 항체 사산리맙(sasanlimab) 임상3상이 눈에 띈다.[24]

머크는 꾸준히 장기 추적 데이터를 쌓아가고 있다. ASCO 2021에서 머크는 신장암 1차 치료제로 엑시티닙과 키트루다 병용 투여를 약 3년 반 동안 팔로우업한 KEYNOTE-426 임상3상 결과를 업데이트했다.[25] 해당 치료제 분야에서 면역항암제와 VEGF/VEGFR 저해제 병용투여를 가장 길게 추적한 데이터 값이었다. 중간 팔로우업 기간 42.8개월에서 키트루다와 엑시티닙 투여 시 전체생존기간(OS) HR 0.73(45.7개월 vs. 40.1개월), 무진행생존기간(PFS) HR 0.68(15.7개월 vs. 11.1개월)로 꾸준한 이점을 확인했다. 안전성 데이터는 두 그룹이 비슷했다.

머크는 키트루다와 렌바티닙 병용투여에서 더 확실한 결과를 원했다. ASCO GU 2021에서 머크가 업데이트한 결과에 따르면 중간 추적 기간 27개월 시점에서 키트루다와 렌비마 병용투여는 수니티닙 대비 무진행생존기간(PFS) HR 0.39(23.9개월 vs. 9.2개월), 전체생존기간(OS) HR 0.66(모든 그룹에서 중간값이 도달하지 않음)이었다. 또한 키트루다와 렌바티닙 병용투여는 전체생존률(ORR)이 71.0%로 높았으며, 수니티닙은 36.1%였다. 완전관해(CR) 비율도 16.1%, 4.2%로 차이를 보였다. 이는 2022년 7월 기준 PD-1과 TKI 병용투여에서 가장 높은 전체생존기간(OS)/완전관해(CR), 무진행생존기간(PFS) 개선 수치를 보여준 것이었고, 효능 면에서 베스트 인 클래스(best-in-class) 가능성을 인정받았다. 다만 독성으로 약물 내약성이 떨어진다는 우려가 있으며, 이는 약 처방을 제한하는 요소가 될 수 있다. 병용투여 시 3등급 이상 부작용 발생이 72%로, 직접 비교는 어렵지만 옵디보와 카보자티닙 62% 대비 높았다. 또한 임상3상에서 키트루다와 렌바티닙 약물 중단 비율은, 옵디보와 카보자티닙 대비 2배 이상 차이가 났다(25% vs. 10%).

2021년 11월 머크는 중등도 또는 고위험 신장암에서 신장 절제 또는 전이 병변 수술을 받은 환자 대상 수술 후 보조요법으로 키트루다를 승인받는다. PD-1 면역항암제가 전이성 초기 치료제로 승인받았던 것을 고려하면 특별한 일이 아니었지만, 기존 신장암 치료 방식을 고려하면 특별한 일이었다. 키트루다가 시판 허가를 받기 전까지 신장암은 수술 후 보조요법이 잘 처방되는 암이 아니었다. EGFR TKI는 일관된 효능을 보이지 않았고, 유일한 신장암 수술 후 보조요법으로 2017년 미국 시판허가를 받은 수니티닙도 효능이 일관적이지 않아 NCCN 가이드라인 권고 사항이 아니었다.

키트루다는 신장암 수술 후 보조요법으로 환자의 위약 대비 무사건생존율(DFS)을 32% 줄인 KEYNOTE-564 임상3상 결과를 바탕으로 FDA 승인을 받았다(HR=0.68, 95% CI 0.53~0.87, p=0.0010). 이제 신장암 수술 후 보조요법 표준치료제로 자리잡기 위해 전체생존기간(OS) 이점을 증명하는 것이 중요해졌다. 2021년까지는 긍정적인 추세가 보이고 있는데, ASCO 2021에서 24개월 추적 결과 업데이트에 따르면 전체생존기간(OS) HR은 0.54였다. (다만 발표 당시 데이터가 충분하지 않아 통계적 유의미성 평가는 어렵다).

이와 대조적으로 로슈의 PD-L1 항체 티쎈트릭은 어려움을 겪고 있는 듯 보인다. 로슈는 2022년 7월 신장암 수술 후 보조요법으로 티쎈트릭을 투여하는 IMmotion010 임상3상에서 무사건생존율(DFS)을 개선하지 못했다.[26] 신장 절제 수술 후 보조요법으로 키트루다는 환자의 재발과 사망을 늦췄지만, 티쎈트릭은 이를 늦추지 못했다. 로슈에 이어 BMS는 8월 신장암 수술 후 보조요법으로 옵디보와 여보이 병용투여를 위약과 비교했지만, 이 역시 무사건생존율(DFS)을 개선시키지 못하는 결과를 냈다. 초기 신장암 시장에서 머크는 성공했지만, 로슈와 BMS는 실패했다.

새로운 컨셉인 삼중투여도 관심을 끌고 있다. 삼중투여는 약물을 더해 효능을 높이겠다는 의미가 있지만 독성, 내약성, 투여 대상, 환자의 상태 등을 모두 고려해야 한다. 약물의 숫자가 늘어나는 것은 새롭게 리스크가 커지는 일이기 때문이다. 카보자티닙을 개발한 BMS의 파트너 엑셀리시스는 신장암 1차 치료제 세팅에서 카보자티닙+옵디보+여보이 삼중투여를 옵디보+여보이 병용투여와 비교하는 임상3상을 시도하고 있으며(COSMIC-313), 아직까지 초기 결과에서 삼중투여에 따른 독성 이슈는 없었다.[27]

다만 2022년 7월 엑셀리시스가 발표한 중간 결과에 따르면 삼중요법의 전망은 흐리다. 옵디보와 여보이 병용요법에 카보자티닙을 더하는 것은 병기가 진행되거나 환자가 사망할 위험을 27% 줄였지만, 사전 지정된(prespecified) 전체생존기간(OS) 중간 결과에서는 통계적으로 유의미한 개선이 없었다.[28] 약물을 추가함에 따라 나타날 독성 부작용 우려를 고려한다면, 옵디보와 여보이 병용투여가 나은 옵션일 수 있다.

HIF-α

머크는 TKI 표적치료제 병용투여와 수술 후 보조요법 개발에 먼저 들어갔지만, 신장암 치료제 개발에서 BMS보다 우위에 있다고 말하기는 어렵다. 좀더 일찍 신장암 치료제 개발에 집중했고 CTLA-4로 장기 전체생존기간(OS) 데이터를 확보한 BMS가 앞서 나가는 것은 당연한 일인지 모른다. 그리고 머크는 이런 상황에서 벗어나기 위해 펠로톤 테라퓨틱스(Peloton therapeutics)를

	키트루다+ 엑시티닙	키트루다+ 렌비마	옵디보+ 카보잔티닙	옵디보+ 여보이	옵디보+ 여보이+ 카보잔티닙
임상 프로젝트명	KEYNOTE- 426	KEYNOTE- 581	CHECKMATE- 9ER	CHECKMAT E-214**	COSMIC- 313**
비교 약물	수텐트	수텐트	수텐트	수텐트	옵디보+여보이
mPFS (단위: 개월)	15.1 vs 11.1 HR=0.60 (p<0.001)	23.9 vs 9.2 HR=0.39 (p<0.0001)	16.6 vs 8.3 HR=0.51 (p<0.0001)	11.6 vs 8.4 HR=0.82 (통계적 유의성 없음)	아직 공개되지 않음 HR=0.73 (p=0.01)
mOS (단위: 개월)	45.7 vs 40.1 HR=0.73 (p<0.001)	NR vs NR HR=0.66 (p=0.0049)	NR vs NR HR=0.60 (p=0.0010)	NR vs 25.9 HR=0.63 (p<0.0001)	아직 공개되지 않음 통계적 유의성 없음

[표 6_03] 전이성 신장암 1차 치료제 시장에서 키트루다와 옵디보는 엇비슷한 결과를 보여준다. 직접 비교는 어렵지만 전체생존기간(OS)에서는 옵디보와 여보이가 유리해 보인다(각 임상 결과의 추적 기간이 다르다는 것을 고려해야 한다). 키트루다+렌비마, 옵디보+카보잔티닙, 옵디보+여보이는 긍정적인 임상 결과를 내고 있다. **로 표시한 부분은 중등도 또는 고위험군 환자 대상 임상시험이다.
출처: 이벨류에이트파마(Evaluate Pharma) 2022.07 자료 재구성[29]

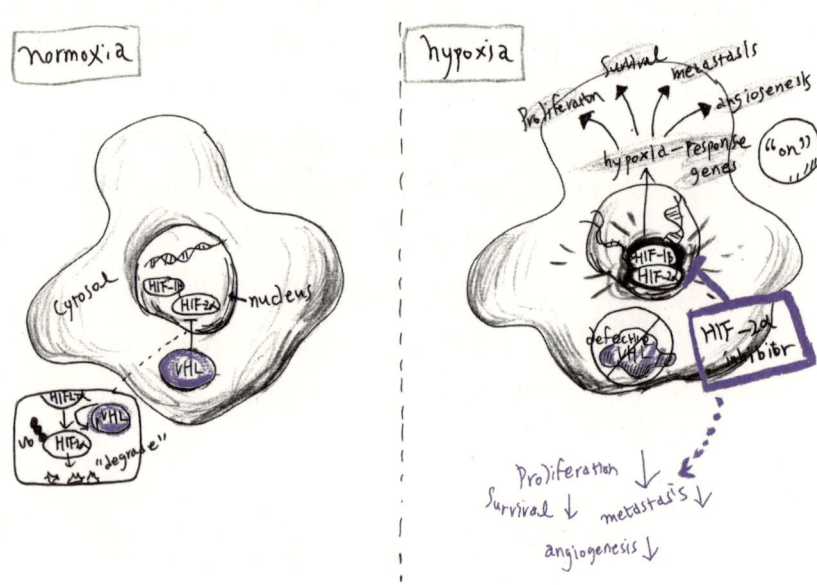

[그림 6_03] VHL 변이 암에서 HIF-2α 벨주티판(belzutifan) 작용 메커니즘

22억 달러 규모로 인수한 것으로 보인다.

2019년 5월 21일, 머크는 나스닥 상장을 하루 앞두고 있던 펠로톤 테라퓨틱스를 계약금 10억 5,000만 달러를 포함해 개발 및 판매에 따른 마일스톤으로 11억 5,000만 달러를 지급하는 조건에 인수하기로 결정한다. 머크가 다른 기업이 개발한 물질이나 바이오테크 자체를 인수하는 데 적극적이지 않은 것을 고려하면 주목할 만한 사건이었다. 당시 펠로톤의 HIF-2α 저해제 PT2977은 유망한 신약 후보물질로 주목받았다.

펠로톤의 전략은 선명하다. '경구용 HIF-2α(hypoxia-inducible factor-2α) 저해제 임상개발'이라는 한 문장으로 설명할 수 있기 때문이다. HIF-α는 항암 타깃으로 20년 동안 주목받았지만 신약개발에서는 실패를 되풀이하고 있었다. HIF-α는 핵 안에서 작동하는 전사인자로, 저분자화합물로 저해하기 어렵다고 알려져 있었다. 이에 직·간접적으로 HIF-α 생성을 막거나, 분해를 촉진하는 약물 개발이 시도되었지만, 효능이 미미하거나 부작용 문제가 있었다.

그런데 PT2977은 임상시험에서 약물 안전성과 효능을 확인했다. 또한 HIF-α는 신장암 표준치료법으로 사용되는 VEGF 타깃보다 상위 신호전달 과정에 있는 인자다. 신장암 TKI 치료 옵션이 나왔지만 모두 VEGF, mTOR에 쏠려 있다. 만약 VEGF 상위인자면서 여러 종양 유전자를 '켜는(on)' HIF-α 신호전달을 효과적으로 억제할 수 있다면, 더 높은 효능을 기대할 수 있을 것이었다. 또한 기존 치료제에 반응하지 않는 환자에게도 새로운 치료 대안을 제시할 수 있을 것이었다.

HIF-2α가 퍼스트 인 클래스(first-in-class) 메커니즘이 될 수 있는 가능성을 살펴보자. HIF는 몸안에서 산소(O_2)가 부족한 위험 상황을 인지해 환경을 변화시키는 전사인자다. HIF는 종양미세환경을 바꾸는데, 산소를 이용해 에너지를 만드는 환경을 산소 없이도 에너지를 만들 수 있는 환경으로 바꾼다. HIF는 산소에 민감한 α-단위체(α-subunit)와 상시 발현되는 β-단위체(β-subunit)가 짝을 이뤄 구성된다. 세포핵 안에서 HIF-2α는 HIF-1β와 이량체를 이뤄 유전자 프로모터 부위의 HRE(Hypoxia-Response Element)에 결합해서 여러 유전자를 발현시킨다. 그 결과 신생혈관 형성을 촉진하는 VEGF를 발현시키고, 적혈구 생성을 촉진하는 EPO를 생성하며, 약물을 세포 밖으로 내보내도록 유도한다. 또한 세포 분열을 유도하고, 예정된 세포사멸을 줄인다.

HIF-α 작용은 VHL로 조절된다. 산소가 풍부한 환경에서 PHD 혹은 FIH-1이 HIF-α의 프롤린 잔기(proline residue)에 OH기를 붙이고, 그 다음 VHL이 결합해 HIF-α에 유비퀴틴 딱지를 붙이면, 유비퀴틴-프로테아좀 시스템(ubiquitin-proteasome system)에 의해 HIF-α가 분해된다. 반대로 산소가 부족해지면 HIF-α가 분해되지 않고 HIF-β 등 다른 전사인자와 이량체를 이루면서 산소 공급량을 늘리는 여러 인자의 발현을 유도한다.

그런데 VHL 유전자에 변이가 생기면, 산소가 풍부한 환경임에도 불구하고 VHL이 HIF-α를 분해하지 못해서 HIF-α 신호전달을 계속 활성화한다. HIF-α는 종양미세환경에서 종양 성장과 전이를 돕는 여러 신호전달을 활성화한다. VHL 변이가 아니더라도, 고형암 조직에서는 늘 산소가 부족(hypoxia)하다. 종양미세환경의 저산소 환경은 HIF-α를 과발현시키는데, 이는 방사선치료와 화학치료 등의 항암 효능을 반감시킨다. 또한 암화는 물론 약물 내성도 일으킨다.

신장암은 대부분 VHL 변이와 관계가 있다. 특히 신장암의 대부분을 차지하는 ccRCC 환자의 90~95%는 VHL 유전자 변이로 일어난다. 머크가 신장암 치료제 개발을 위해 HIF-α를 인수하는 것은 자연스러워 보였다. PT2977은 HIF-2α과 다른 인자가 이량체를 형성하는 것을 막는 원리였으며, HIF-1α에 대해서는 억제 효능을 보이지 않았다.

머크의 판단은 옳았다. ASCO GU 2020에서 발표한 임상1/2상 결과를 보자. 3번 이상의 치료제를 투여받은 적이 있는 신장암 환자 55명에게서, HIF-2α 저해제는 전체반응률(ORR) 25%, 질병통제율(DCR) 80%라는 결과를 낸다. 임상시험에 참여한 환자 가운데 93%가 VEGF 저해제, 72%가 면역항암제, 2/3 이상이 PD-1과 VEGF 표적치료제를 모두 투여받았던 환자였다. 이후 유럽종양학회(ESMO) 2020에서 발표한 임상2상 결과에서도 HIF-2α 저해제를 단독투여한 결과 전체반응률(ORR)이 36.1%로 개선되었다. 신장암 외에 VHL 변이와 관계가 있는 췌장암 병변과 CNS 혈관모세포종 병변을 가진 환자에게서 전체반응률(ORR) 30~64%를 확인했다. 안전성 데이터로 4등급 또는 5등급 부작용은 없었다. 흔한 부작용으로 90.2%(55/62명)의 환자에게서 온타깃(on-target) 빈혈 부작용이 나타났으며, 이 가운데 3등급 이상 빈혈은 6.6%(4/62명)였다. 다만 대부분 환자가 이러한 부작용을 완화할 수 있는 적혈구형성자극제(EPO, Erythropoietin)에 반응해 큰 이슈는 없었다.

기업공개(IPO) 바로 직전까지도 머크와 펠로톤은 인수 협상을 이어갔던 것으로 보인다. 펠로톤 입장에서는 전이성 신세포암 대상 HIF-2α 저해제 임상3상을 앞두고 있는 시점이었고, 기업공개를 하면 충분한 자금을 확보할 수 있었을 것이다. 따라서 파격적인 조건이 아니라면 계약을 맺을 필요가 없었을 것이었다. 게다가 머크는 깐깐한 인수자다. 머크가 펠로톤을 인수하기 전에 맺은 계약들을 보면, 백신을 개발하는 이뮨디자인(Immune Design)을 약 3억 달러, 항암 바이러스(oncolytic virus)를 개발하는 바이랄리틱스(Viralytics)를 약 3억 9,000만 달러 규모에 인수하는 정도였을 뿐이다.

머크는 바이오마커 전략으로 먼저 진입한다. 머크는 펠로톤을 인수한 지 2년 만에 HIF-2α 벨주티판(Welireg™, 성분명: belzutifan)의 시판허가를 얻는다. 메커니즘을 바탕으로 했기 때문에 신장암 치료제로 범위를 좁히지도 않았다. VHL 변이로 걸리는 VHL 관련 종양에서 처음이자 유일한 전신치료제라는 프레임을 짠 것이다. VHL은 신장암에서 흔하지만, 암 전체로 보면 드문 암이다. VHL 관련 질환은 미국에서 1만 명 가운데 1명 정도의 비율로 발생하며, 주로 수술 치료만 이루어졌다.

2021년 8월, 머크는 VHL 관련 신세포암(RCC), 중추신경계 혈관모세포종(CNS hemangioblastomas), 즉각적인 수술이 필요하지 않은 췌장신경내분비종양(pancreatic neuroendocrine tumor, pNET) 환자를 위한 치료제로 승인받는다. 작용 메커니즘에 따라 벨주티판의 제품 박스에는 임신 중 태아에게 노출될 경우 태아에게 해를 끼칠 수 있다(embryo-fetal toxicity)는 경고문이 부착되기는 했다.

FDA로부터 허가를 받을 수 있게 해준 데이터 가운데 VHL 관련 신장암에서 효능 데이터를 보자. 신장암 환자에게서 벨주티판 투여 시 전체반응률(ORR)은 49%(30/61명)였으며, 약물 반응 중앙값(mDoR)에는 도달하지 않아 추적하고 있다(2.8~22.3개월). 약물에 반응한 환자 가운데 56%(17/30명)는 12개월 이상 지속적인 반응을 보였다.

머크는 신장암에서 공격적으로 HIF-2α의 병용투여 임상3상을 진행하고 있다. 2024년 신장암 2차 치료제로 벨주티판과 렌바티닙 병용투여와 카보자티닙을 직접 비교하는 임상3상, 2025년 다음으로 PD-1/L1과 VEGFR 표적치료제를 투여받고 재발하거나 불응한 신장암 환자에게 벨주티판과 에베로리무스(everolimus)를 직접 비교하는 임상3상 결과가 나온다.

머크는 신장암에서 BMS의 여보이가 가진 가능성도 탐색하는 듯하다. CTLA-4를 테스트하는 디자인까지 자체 임상시험에 포함시켰기 때문이다. 신장암 1차 치료제로 벨주티판+렌바티닙+키트루다 삼중투여, 자체 개발 중인 CTLA-4 항체 쿼본리맙(quavonlimab)+렌바티닙+키트루다 삼중투여를 키트루다+렌바티닙 병용투여와 비교하는 임상3상이다.[30] 1차 결과는 2026년에 도출될 예정이다.

IL-2의 부활?

전 세계적인 규모의 대형 제약기업이든, 크고 작은 바이오테크든 PD-1과 PD-L1을 이어나갈 새 면역항암제를 찾고 있다. 면역항암제와 병용투여해 20~30% 정도 반응률을 끌어올릴 약물을 찾는 데 집중한다. 이를 위해 수많은 계약이 이뤄지고 있으며, PD-1과 PD-L1 병용투여 임상시험도 폭발적으로 늘었다. 2017년 9월 기준, PD-1/PD-L1 약물과 병용투여 임상시험은 1,105건이었다. 이는 165개의 서로 다른 타깃을 PD-1/PD-L1 약물과 병용투여하는 임상이었다.[31] 1개 타깃에 대해 PD-1/L1 병용투여 임상시험 6~7건이 진행되고 있다는 것인데, 실제로 각각의 임상시험들에서는 IDO, LAG-3, STING, VEGF 등 인기 있는(?) 타깃을 향한 쏠림 현상도 있다. '선천성 면역자극', 'T세포 조절', '종양미세환경 내 면역억제세포 저해', '항원제시세포 활성화' 등 면역항암제 개념도 점점 세분화되어 가고 있다. 이런저런 이유로 면역항암제 임상개발은 끊임없이 늘어나, 2017년에 2,030개였던 것이 2019년에는 5,100건에 이르렀다(Nature Review Drug Discovery 2019.09 데이터).[32] 비슷한 기간 동안 키트루다 관련 임상개발만 1,000건을 넘어섰다.

그러나 임상시험 실패가 쌓였고, 2020년 들어서면서부터는 단독투여로 PD-1/PD-L1보다 면역항암 효능이 더 좋은 약물을 발굴하기가 어렵다는 쪽으로 의견이 모아지고 있다. 이에 따라 PD-1/PD-L1과 병용투여해 효능을 높이고, 약물 불응성을 극복하는 쪽으로 초점이 맞춰지고 있다.

IL-2는 이런 맥락에서 주목받는 약물 가운데 하나다. 이미 여러 면역항암제 후보물질이 임상개발에 실패한 터라, IL-2가 신장암과 흑색종 등의 암에서 어느 정도 효능이 확인됐다는 것에 가치를 두는 것으로 보인다. IL-2를 단독으로 처방해 암이 사라진 완전관해(CR) 사례가 보고되었고, 투여에 따른 부작용을 줄여 더 많은 용량의 IL-2를 투여하면, 효능도 높아질 것이라는 아이디어가 가능해질 것이다. 또한 IL-2는 T세포를 활성화시키고 증식시키는 작용까지 있으니, PD-1/PD-L1 병용투여 약물로 적합하다는 것은 충분히 설득력이 있어 보였다.

2018년 BMS는 넥타 테라퓨틱스(Nektar Therapeutics)의 IL-2 면역항암제 후보물질 벰펙(bempeg, NKTR-214)에 대해, 옵디보와 여보이와 병용투여하는 권리를 사들이는 것만으로 계약금(upfront) 10억 달러를 지불한다.

2022년을 기준으로 봤을 때, 비임상~초기 임상 신약 후보물질을 사들이는 딜의 계약금이 5,000만~1억 달러 규모만 되어도 눈길을 끄는 대단한 계약인 것을 따져보면, 병용투여 권리에 대한 계약금 10억 달러는 상상하기 힘든 정도의 규모다.

BMS가 성급했다거나 지나쳤다는 의견도 있었지만, 잘못된 판단이라고 말하기도 어렵다. 면역항암제 병용투여 경쟁이 치열한 상황에서 넥타가 초기 임상1/2상에서 흑색종, 신장암, 방광암 등에 걸쳐 IL-2와 옵디보 병용투여로 전체반응률(ORR) 64~75%라는 결과를 발표했기 때문이다. BMS와 계약을 맺으면서 넥타는 모두의 주목을 받았고, IL-2를 포함한 사이토카인 약물에 대한 관심도 함께 높아졌다. 넥타와 비슷하게 IL-2 약물의 반감기를 늘리고, 부작용을 피할 수 있도록 IL-2 수용체 결합을 최적화하거나 종양에서만 활성화되도록(이중항체[(bispecific antibody]) 또는 프로드럭[prodrug] 등) 약물 디자인을 바꾼 차세대 IL-2 약물이 쏟아졌고, 계약과 투자 유치로 이어졌다. IL-12, IL-15, IL-10 등 약물 개발도 활발해졌다.

그러나 넥타는 이후 데이터 비공개, 비소세포폐암 임상시험에서 나온 실망스러운 수준의 데이터, 임상 재현성이 떨어지는 것을 제조(CMC) 이슈라고 둘러대는 등 신뢰를 잃어가는 모습을 보여주었다. BMS는 이 과정에서 넥타 IL-2 벰펙와 병용투여 임상을 18개에서 5~6개로 줄여 갔다. 2022년 흑색종 1차 치료제 대상 옵디보와 벰펙 vs 옵디보를 비교한 PIVOT IO-001 임상3상에서 전체반응률(ORR), 무진행생존기간(PFS), 전체생존기간(OS) 모든 지표에서 차이를 입증하지 못하면서 임상시험에 실패했다. BMS와의 벰펙 병용투여 임상시험이 중단되었고, BMS는 넥타와의 계약을 정리했으며, 넥타는 인력을 70% 감축하는 구조조정에 들어갔다. 결국 벰펙 개발을 중단한다. 넥타의 주가는 BMS와 계약을 맺던 당시와 최고가와 비교했을 때 96%까지 하락했다.

여전히 차세대 IL-2 약물개발은 이어지고 있다. 넥타의 실패가 IL-2 면역항암제 전반의 실패를 뜻하는 것도 아니다. 사노피-신소릭스(Synthorx) IL-2 작용제 THOR-707(SAR444245), 알커머스(Alkermes) ALKS 4230(nemvaleukin) 등의 후기 임상시험 결과가 나와야 판단이 가능할 것으로 보인다. 그러나 넥타의 실패가 IL-2와 사이토카인 약물 개발 분위기를 크게 바꾼 것만큼은 사실이다.

주석

1. Korman A.J. et al. (2022). The foundations of immune checkpoint blockade and the ipilimumab approval decennial. *Nat Rev Drug Discov.* 21, 509-528.
https://www.google.com/url?sa=i&url=https%3A%2F%2Fwww.nature.com%2Farticles%2Fs41573-021-00345-8&psig=AOvVaw2V74TluhONJViMpmLizorn&ust=1656574537086000&source=images&cd=vfe&ved=0CAwQjRxqFwoTCNiw1pmT0vgCFQAAAAAdAAAAABAV

2. American Society of Clinical Oncology (ASCO). Cancer Progress Timeline - Kidney Cancer.
https://www.asco.org/research-guidelines/cancer-progress-timeline/kidney-cancer

3. Rosenberg S.A. et al. (1985). Observations on the systemic administration of autologous lymphokine-activated killer cells and recombinant interleukin-2 to patients with metastatic cancer. *N Engl J Med.* 313, 1485-1492.
https://www.nejm.org/doi/full/10.1056/NEJM198512053132327

4. Fyfe G. et al. (1995). Results of treatment of 255 patients with metastatic renal cell carcinoma who received high-dose recombinant interleukin-2 therapy. *J Clin Oncol.* 13, 688-696.
https://pubmed.ncbi.nlm.nih.gov/7884429/

5. 프로류킨(Proleukin®, 성분명: aldesleukin) 처방 목록 정보.
https://www.accessdata.fda.gov/drugsatfda_docs/label/2012/103293s5130lbl.pdf

6. Flanigan R.C. et al. (2001). Nephrectomy followed by interferon alfa-2b compared with interferon alfa-2b alone for metastatic renal-cell cancer. *N Engl J Med.* 345, 1655-1659.
https://www.nejm.org/doi/full/10.1056/NEJMoa003013
Mickisch G.H.J. et al. (2001). Radical nephrectomy plus interferon-alfa-based immunotherapy compared with interferon alfa alone in metastatic renal-cell carcinoma: a randomised trial. *Lancet.* 358, 966-970.
https://www.thelancet.com/journals/lancet/article/PIIS0140-6736(01)06103-7/fulltext

7   Summers J. et al. (2010). FDA drug approval summary: bevacizumab plus interferon for advanced renal cell carcinoma. *Oncologist.* 15, 104-111.
    https://www.ncbi.nlm.nih.gov/pmc/articles/PMC3227879/
8   Negrier S. et al. (1998). Recombinant human interleukin-2, recombinant human interferon alfa-2a, or both in metastatic renal-cell carcinoma. Groupe Français d'Immunothérapie. *N Engl J Med.* 338, 1272-1278.
    https://www.nejm.org/doi/pdf/10.1056/NEJM199804303381805
9   Motzer R.J. et al. (2007). Sunitinib versus interferon alfa in metastatic renal-cell carcinoma. *N Engl J Med.* 356, 115-124.
    https://www.nejm.org/doi/full/10.1056/nejmoa065044
10 Motzer R.J. et al. (2009). Overall survival and updated results for sunitinib compared with interferon alfa in patients with metastatic renal cell carcinoma. *J Clin Oncol.* 27, 3584-3590.
    https://www.ncbi.nlm.nih.gov/pmc/articles/PMC3646307/
11 Eric Sagonowsky (2021). The top 10 drugs losing U.S. exclusivity in 2021. *Fierce Pharma.*
    https://www.fiercepharma.com/special-report/top-10-drugs-losing-u-s-exclusivity-2021
12 Caroline Copley. (2014). Novartis sees GSK's cancer drugs as potential blockbusters. *Reuters.*
    https://www.reuters.com/article/us-novartis-cancer-drugs-idUSBREA3L0W120140422
    Novartis. (2015). Novartis announces completion of transactions with GSK.
    https://www.novartis.com/news/media-releases/novartis-announces-completion-transactions-gsk
13 Motzer R.J. et al. (2013). Pazopanib versus sunitinib in metastatic renal-cell carcinoma. *N Engl J Med.* 369, 722-731.
    https://www.nejm.org/doi/full/10.1056/nejmoa1303989
14 Motzer R.J. et al. (2015). Nivolumab versus everolimus in advanced renal-cell carcinoma. *N Engl J Med.* 373, 1803-1813.
    https://www.nejm.org/doi/full/10.1056/NEJMoa1510665#t=article
15 미국식품의약국(FDA) (2015). FDA approves Opdivo to treat metastatic renal cell carcinoma.
    https://www.drugs.com/newdrugs/fda-approves-opdivo-metastatic-renal-cell-carcinoma-4302.html

16 Bristol Myers Squibb. (2016). Bristol-Myers Squibb and Calithera Biosciences announce clinical collaboration to evaluate Opdivo (nivolumab) in combination with CB-839 in clear cell renal cell carcinoma.
https://news.bms.com/news/partnering/2016/Bristol-Myers-Squibb-and-Calithera-Biosciences-Announce-Clinical-Collaboration-to-Evaluate-Opdivo-nivolumab-in-Combination-with-CB-839-in-Clear-Cell-Renal-Cell-Carcinoma/default.aspx
Courtney Marabella. (2021). Telaglenastat/cabozantinib does not significantly improve PFS in metastatic RCC, but future directions hold promise. *OncLive*.
https://www.onclive.com/view/telaglenastat-cabozantinib-does-not-significantly-improve-pfs-in-metastatic-rcc-but-future-directions-hold-promise

17 Bristol Myers Squibb. (2017). Exelixis and Bristol-Myers Squibb enter clinical collaboration for late-stage combination trial in first-line renal cell carcinoma.
https://news.bms.com/news/corporate-financial/2017/Exelixis-and-Bristol-Myers-Squibb-Enter-Clinical-Collaboration-for-Late-Stage-Combination-Trial-in-First-Line-Renal-Cell-Carcinoma/default.aspx
Bristol Myers Squibb. (2018). Bristol-Myers Squibb and Nektar Therapeutics announce global development & commercialization collaboration for Nektar's CD122-biased agonist, NKTR-214.
https://news.bms.com/news/partnering/2018/Bristol-Myers-Squibb-and-Nektar-Therapeutics-Announce-Global-Development--Commercialization-Collaboration-for-Nektars-CD122-biased-Agonist-NKTR-214/default.aspx

18 Nichole Tucker. (2022). Does the addition of cabozantinib to atezolizumab improve survival in advanced RCC? *Targeted Oncology*.
https://www.targetedonc.com/view/does-the-addition-of-cabozantinib-to-atezolizumab-improve-survival-in-advanced-rcc-

19 미국 임상연구사이트(ClinicalTrials.gov).
https://clinicaltrials.gov/ct2/show/NCT02853331
미국 임상연구사이트(ClinicalTrials.gov).
https://clinicaltrials.gov/ct2/show/NCT02811861

20 Bristol Myers Squibb. (2017). Bristol-Myers Squibb Announces Topline Results from CheckMate-214, a Phase 3 Study of Opdivo in Combination

with Yervoy in Intermediate and Poor-Risk Patients with Previously Untreated Advanced or Metastatic Renal Cell Carcinoma. https://news.bms.com/news/details/2017/Bristol-Myers-Squibb-Announces-Topline-Results-from-CheckMate--214-a-Phase-3-Study-of-Opdivo-in-Combination-with-Yervoy-in-Intermediate-and-Poor-Risk-Patients-with-Previously-Untreated-Advanced-or-Metastatic-Renal-Cell-Carcinoma/default.aspx

21. Bristol Myers Squibb. (2021). Five-year data from CheckMate -214 show Opdivo (nivolumab) plus Yervoy (ipilimumab) demonstrates longest median overall survival currently reported in phase 3 trial of patients with previously untreated advanced or metastatic renal cell carcinoma. https://news.bms.com/news/corporate-financial/2021/Five-Year-Data-from-CheckMate--214-Show-Opdivo-nivolumab-Plus-Yervoy-ipilimumab-Demonstrates-Longest-Median-Overall-Survival-Currently-Reported-in-Phase-3-Trial-of-Patients-with-Previously-Untreated-Advanced-or-Metastatic-Renal-Cell-Carcinoma/default.aspx

22. Zachary Klaassen. (2022). ASCO GU 2022: final overall survival analysis and organ-specific target lesion assessments with two-year follow-up in CheckMate 9ER: nivolumab plus cabozantinib versus sunitinib for patients with advanced renal cell carcinoma. *UroToday*. https://www.urotoday.com/conference-highlights/asco-gu-2022/asco-gu-2022-kidney-cancer/135499-asco-gu-2022-final-overall-survival-analysis-and-organ-specific-target-lesion-assessments-with-two-year-follow-up-in-checkmate-9er-nivolumab-plus-cabozantinib-versus-sunitinib-for-patients-with-advanced-renal-cell-carcinoma.html

23. Pfizer. (2019). FDA approves BAVENCIO® (avelumab) plus INLYTA® (axitinib) combination for patients with advanced renal cell carcinoma. https://www.pfizer.com/news/press-release/press-release-detail/fda_approves_bavencio_avelumab_plus_inlyta_axitinib_combination_for_patients_with_advanced_renal_cell_carcinoma

24. Pfizer. (2022). Pfizer pipeline. (2022년 7월 기준) https://cdn.pfizer.com/pfizercom/product-pipeline/Pipeline_Update_03MAY2022_0.pdf?pWVIQNUFK6RVnEnsURz7_45dAZaZc0L2

25. Jason M. Broderick. (2021). Long-term survival benefit reported for pembrolizumab/axitinib combo in RCC. *CancerNetwork*.

26 https://www.cancernetwork.com/view/long-term-survival-benefit-reported-for-pembrolizumab-axitinib-combo-in-rcc
  Roche. (2022). HY 2022 results.
  https://assets.cwp.roche.com/f/126832/x/eb63dba2ab/irp220721-a.pdf
27 미국 임상연구사이트(ClinicalTrials.gov).
  https://clinicaltrials.gov/ct2/show/NCT03937219
28 Exelixis. (2022). Exelixis announces cabozantinib in combination with nivolumab and ipilimumab significantly improved progression-free survival in phase 3 COSMIC-313 pivotal trial in patients with previously untreated advanced kidney cancer.
  https://ir.exelixis.com/news-releases/news-release-details/exelixis-announces-cabozantinib-combination-nivolumab-and
29 Jacob Plieth. (2022). Exelixis unlikely to move Bristol's renal needle for now. *Evaluate*.
  https://www.evaluate.com/vantage/articles/news/trial-results-snippets/exelixis-unlikely-move-bristols-renal-needle-now
30 미국 임상연구사이트(ClinicalTrials.gov).
  https://clinicaltrials.gov/ct2/show/NCT04736706
31 김성민. (2018). [창간기획①]면역항암제 병용투여 잇단 실패, 어디로? *바이오스펙테이터(BioSpectator)*.
  http://www.biospectator.com/view/news_view.php?varAtcId=5508
32 김성민. (2019). 면역항암제 '붐' 계속.. "IO약물, 2년전 대비 91% 증가". *바이오스펙테이터(BioSpectator)*.
  http://www.biospectator.com/view/news_view.php?varAtcId=8601

VII
키트루다를 가능하게 만든 것들

신약 후보물질의 표준요법 채택 가능성 체크리스트

사전에 설정한 1차 종결점에서 통계적으로 유의미한 값을 얻었는가? ☐

임상적으로 의미가 있는 임상 결과인가? ☐

과학적으로 타당성이 있는 결과인가? ☐

현장에서 의사가 환자를 치료하는 방식을 바꿀 수 있는가? ☐

다음 단계는 무엇인가? ☐

프레이밍

면역항암제 신약개발에서 BMS는 선두주자였다. 여보이로 가능성을 확인했고, 옵디보로 암 치료에서 효과를 입증했다. BMS가 면역항암제라는 개념을 개척해나갈 때, 머크는 면역항암제가 무엇인지도 정확하게 모르고 있었다. BMS의 옵디보가 세상에 모습을 드러냈던 2010년대 초를 기준으로 보면, BMS와 머크 사이에는 아무리 짧게 잡아도 4~5년 정도의 차이가 있었다. 그러나 2022년 현재를 기준으로 보면 머크의 키트루다는 여러 종류의, 그리고 여러 단계의 암에서 고르게 인정받는 면역항암제가 되었지만, BMS의 옵디보와 여보이는 그에 미치지는 못한다.

BMS와 머크 사이에는 어떤 일이 있었던 것일까? BMS와 머크가 진행했던 임상시험들을 바탕으로 그 차이를 추론해보자. BMS가 여보이와 옵디보로 면역항암제라는 메커니즘의 가치를 먼저 알아봤던 것은 사실이지만, 면역항암제가 폐암 치료제 분야에서 어떤 변화를 일으킬 것인가에 대한 가치를 더 정확하게 알아본 것은 머크였는지도 모른다.

머크가 2011년에 기획했던, 폐암 치료제 신약개발 역사에서 손꼽히는 규모의 1,260명 임상1상은 쉽게 상상하기 어려운 기획이었다. 또한 머크는 흑색종 환자 10명 정도를 대상으로 했던 임상시험에서 7명 가운데 6명이 반응하는 것을 확인하고 임상시험 대상자 숫자를 655명으로 키웠다.

불과 1년 전까지만 해도 머크는 키트루다를 팔아버리려고 했다. 따라서 1년 만에 머크 내부에서 면역항암제의 메커니즘적 이해가 늘었다고 보기는 어려울 것이다. 다만 면역항암제가 폐암을 비롯한 암 치료제 분야에서 판을 바꿀 것이라는 점은 확신했을 것이다. 그리고 신약개발에 늦어진 시간을 회복하기 위해 머크의 거의 모든 것을 걸었다고 할 만큼의 대규모 임상시험을 기획했다. 짧은 시간동안 많은 임상시험 데이터를 모으고 경험을 쌓는 데는, 대규모 임상시험이 최선의 선택이었을 것이다. 또한 '머크가 면역항암제에 모든 것을 걸었다!'는 신호를 신약개발을 둘러싼 모든 행위자들에게 선언하는 데에, 이보다 정확한 신호는 없었을 것이다.

키트루다를 흑색종 치료제로 시판하기 시작하고 비소세포폐암 치료제로 시판허가 신청서를 제출한 시기인 2015년, 머크는 7개 암에서 키트루다의 효능을 확인했고,[1] 30개 이상 암에서 20개가 넘는 병용투여에 대한 70여 개의 임상시험을 진행 또는 계획하고 있었다. 그리고 이 숫자는 2019년 1,000건을 넘어선다.

'산속을 호령하는 호랑이도 작은 토끼를 잡을 때 죽을힘을 다한다'는 속담처럼 머크는 키트루다 개발에 죽을힘을 다해 뛰어든 듯했지만, 상대적으로 BMS는 머크만큼은 아니었던 것으로 보인다. 선발주자의 여유로움이었을 수도 있고, 이미 갖게 된 옵디보와 여보이라는 물건의 진정한 가치를 보지 못했을 수도 있다. 정확한 이유를 알 수는 없지만, BMS가 옵디보와 여보이를 세상에 막 내놓은 2010년대에 진행했던 임상시험 방식으로 이를 미루어 짐작해볼 수 있다.

BMS 역시 많은 숫자의 환자로 임상시험을 진행했지만, 특정 암에 집중해서 진행하기보다는 최대한 많은 적응증으로 옵디보와 여보이의 가능성을 확장하는 방식에 가까웠다. BMS가 2008

년부터 2013년까지 진행한 옵디보의 진행성 고형암 환자 약 400여 명 대상 임상시험은 흑색종, 신장암, 전립선암, 비소세포폐암, 대장암 등 5개 암에 걸쳐 있었다. 그리고 이런 BMS의 전략은 머크에 힌트를 제공했다.[2] BMS는 2009년 말에는 흑색종 환자를 대상으로만 임상1상도 진행했는데 약 130명 환자를 대상으로 진행한 임상시험이었다. BMS의 관심사는 고형암뿐만 아니라 혈액암, C형간염 등으로 다양했다. 머크는 모든 것을 걸었고, BMS는 하던 대로 걸었다.

로저 펄뮤터(Roger M. Perlmutter)
바이오마커는 개념과 임상이 깔끔하게 맞아떨어지지 않는다. 이는 바이오마커라는 개념에 문제가 있기 때문이 아니라, 아직 우리가 모르는 것이 많기 때문이다. 한쪽에 암의 종류, 변이를 포함한 암의 상태, 환자의 상태와 개성을 정렬해서 적는다. 그리고 맞은편에는 치료제와 치료 효과를 정렬한다. 이제 양쪽에 정렬된 것들을 서로 연결하는 화살표를 그린다. 바이오마커는 바로 이 화살표를 그리는 작업이다.

안타깝게도 우리는 양쪽에 정렬되어 있는 것들에 대해 모두 알지 못한다. 그러니 바이오마커는 개념으로서는 이상적이지만, 임상에서는 아직까지 확신하기 어렵다. BMS가 옵디보를 세상에 공개하고 머크가 키트루다의 가치를 이제 막 알아가기 시작하던 2010년대 초까지만 해도, 신약개발을 둘러싼 전문가들은 바이오마커에 대해 여전히 확신하지 못했다.

임상적으로 의미 있는 바이오마커를 찾는 연구에는 많은 돈과 시간을 쏟아야 한다. 그런데 이렇게 찾은 바이오마커가 달라지기도 한다. 예를 들어 전이성 대장암, 두경부암 치료제로 처방되는 일라이 릴리의 EGFR 항체 얼비툭스(Erbitux®, 성분명: cetuximab)는 EGFR을 발현하는 전이성 대장암 환자에게 처방하는 약이었다. 얼비툭스는 면역조직화학법(IHC)을 바탕으로 EGFR 발현을 테스트하는 동반진단 검사(EGFR pharmDx)도 함께 승인받았다. 그런데 2005년 EGFR를 발현하지 않음에도 세툭시맙을 투여받고 종양이 줄어드는 환자 사례가 보고되었다. 바이오마커를 기반으로 처방해왔는데, 바이오마커가 없어도 약의 효능이 나타났던 것이다. 그동안 어떤 환자들은 바이오마커 검사 결과 때문에 약을 처방받지 못했을 것이지만, 약을 처방받았더라면 효능을 봤을 수도 있다.

일라이 릴리는 과거 임상시험을 다시 분석해 KRAS 변이 유무에 따라 반응성이 나뉜다는 것을 확인했다. 추가 연구 결과에 따르면 KRAS 변이가 있는 환자는 얼비툭스에 전혀 반응하지 않았다. 즉 치료 효능이 없을 것으로 예상되는 환자를 제외하는 예후 바이오마커로 여겨졌다. FDA는 2009년 얼비툭스와 또다른 EGFR 항체인 암젠의 벡티빅스(Vectibix®, 성분명: panitumumab)의 처방 대상을 야생형 KRAS 대장암 환자로 한정하는 라벨을 추가한다. 항암제 처방에서 유전자 검사를 할 것을 제시한 FDA의 첫 번째 가이드라인이었다. 그리고 2012년, PCR 검사로 KRAS 변이 유무를 검사하는 동반진단 키트가 출시됐다. 이러한 일들은 BMS가 PD-L1 바이오마커를 바라봤던 시각에도 영향을 미쳤다.[3] PD-L1은 불완전하며, TMB라는 더 좋은 바이오마커로 면역항암제의 판도를 바꿀 수도 있다는 생각이었다.

머크도 바이오마커 전략을 짤 때 PD-L1의 불완전성을 알고 있었다. 2013년 암젠에서 R&D를 총괄하다가 13년 만에 머크로 돌아온 로저 펄뮤터(Roger M. Perlmutter)와 그를 따라 암젠에서 머크로 합류한 동료들은 벡티빅스의 임상개발을 경험했기에, 상업적으로 의미 있는 바이오마커를 찾는 것이 얼마나 어려운 일인지 알고 있었다. 암젠은 벡티빅스를 가지고 얼비툭스를 뒤쫓는 입장이었다. 얼비툭스와 벡티빅스는 둘 다 EGFR 타깃이지만 벡티빅스는 인간 항체라는 차별점이 있었다.

2006년 벡티빅스는 EGFR 발현 치료 불응성 대장암 치료제로 승인되었지만, 2010년 두경부암 임상3상에서 실패했다. 이 시기 암젠도 EGFR 발현이 벡티빅스의 반응을 잘 예측하지 못한다는 결과를 알고 있었다.[4] 그리고 예측 바이오마커를 찾기 위한 고난이 시작된다.

암젠은 두경부암과 더 초기 치료제 시장인 대장암으로 넓히기 위해 차세대 시퀀싱기술(NGS)을 임상3상에서 적용했다. 종양 샘플에서 EGFR·RAS 관련 10개가 넘는 유전자를 검사하고, 유전체 분석 분야에서 대표적인 기업 일루미나(Illumina)와 공동연구 협약을 맺는 등 예측 바이오마커 발굴에 노력을 쏟았다. 그러나 결론은 KRAS와 NRAS 변이가 있는 경우 약물 반응성이 없다는 것이었고, NRAS 야생형 환자에게 처방한다는 라벨이 추가됐을 뿐이었다. 약물이 처음으로 시판되고 9년 만인 2014년, 암젠은 옥살리플라틴 기반 화학항암제(FOLFOX)와 벡티빅스 병용투여 전략으로 야생형(wild-type) KRAS 전이성 대장암 1차 치료제로 시장을 넓힐 수 있었다. 그리고 같은 해 FDA는 치료제에 반응을 보일 환자를 선별하는 동반진단 개발에 대한 가이드라인을 제시했다.[5]

바이오마커 연구는 상업적 고려보다 과학적 고려가 우선되어야 한다. PD-1과 PD-L1의 생명과학적 메커니즘은 복잡하다. PD-L1은 국소 염증을 대변하는 마커라 인터페론감마(IFN-γ)와 같은 염증 사이토카인이 높을 수 있고, T세포가 해당 부위로 침투해 들어왔을 것으로 추정되며, 이를 통해 PD-1 약물이 효능을 보일 수 있다. 로저 펄뮤터는 과학적으로 말이 되는가에 더 무게를 두었고, 머크에 합류했을 때 비소세포폐암에서 PD-L1 바이오마커 아이디어를 수긍하면서도 가설을 증명하려고 했다.

바이오마커가 과학적으로 밝혀지지 않은 것들이 많았기에 의심을 받았던 것만은 아니다. 바이오마커라는 개념은 혁신적인 신약이 갖추고 있을 것만 같은 '상업성'과 거리가 있어 보인다. 바이오마커에 기반한 치료는 해당 바이오마커라는 조건을 충족하는 환자에게 치료제를 처방하겠다는 뜻이다. 즉 약을 처방할 수 있는 환자의 숫자가 줄어들 수밖에 없다. 어렵게 개발한 신약이 더 적게 팔린다는 뜻이니 제약기업 입장에서 반드시 좋은 것만은 아닐 수 있다. 예를 들어 비소세포폐암 환자 가운데 PD-L1 발현율이 5% 이상이면 옵디보를 투여해 효과를 확인하려고 했던 BMS의 임상시험은, 옵디보에 대한 자신감이 있었기 때문이기도 했겠지만 '치료제를 팔아 돈을 버는 기업'이라는 입장도 영향을 주었기 때문이었을 것이다. BMS는 항암제 분야에서 싹트고 있던 정밀의학(precision medicine)이라는 경향성에 거스르면서 기존 방식을 바꾸지 않았다. 그리고 머크와 BMS의 임상3상 결과가 나오기 전까지만 해도, PD-1 싸움에서 머크가 졌다는 인식이 지배적이었다.

그렇다면 머크가 비소세포폐암 1차 치료제 임상시험에서 PD-L1 발현율 50% 이상을 바이오마커로 잡았던 이유는 무엇이었을까? 단정할 수는 없지만 빠르게 BMS의 옵디보를 따라잡아야 하는 절박함도 무시할 수 없다. 적은 수의 환자에게 처방하면 상업성이 떨어질 수 있지만, FDA 승인을 확실하게 받을 수 있는 안전한 기준을 택했을 것이다. 그런데 머크의 키트루다는 PD-L1 발현율 50% 이상이라는 기준으로 바이오마커를 세팅해 후발주자의 위기를 벗어난 다음에도 이런 바이오마커 전략을 계속 이어갔다.

머크는 항암제로는 처음으로, 특정한 암에 처방하는 치료제가 아닌 어떤 암이든 특정한 변이가 있다면 처방할 수 있는 치료제로 키트루다를 개발해 나갔다. MSI-H/dMMR 변이를 가진 암에 키트루다를 처방하는 바이오마커 전략은, 비소세포폐암 1차 치료제 시장에서 TMB로 고전하고 있는 BMS를 앞질러, 모든 종류의 암에서 TMB가 높은 환자에게 처방하는 바이오마커 전략으로 또다시 FDA 시판허가를 받는다. 또한 머크는 암의 특성이나 병용투여 약물에 따라 바이오마커 전략을 바꾸면서, 적응증을 확대해 나간다.

BMS는 바이오마커 전략을 유연하게 받아들이지 못한 것으로 보인다. 비소세포폐암 1차 치료제 시장에서 머크가 PD-L1 발현율 50% 이상으로 성공을 거두었지만, BMS는 여전히 TMB라는 넓은 범위의 최소 조건을 만족하는 신약개발 전략을 바꾸지 않았다. 결과적으로 BMS는 면역항암제 개발 초기에는 머크보다 4~5년 앞서 있었지만, 2022년을 기준으로 보면 4~5년 뒤쳐졌다.

병용투여

신약은 임상 현장에서 어떻게 자리를 잡아 갈까? 신약의 등장은 화려하다. 놀라운 메커니즘으로 질병 치료에 놀라운 효과를 보이며 주목받는다. 그런데 임상 현장에서는 여전히 기존 치료제도 널리 쓰인다. 기존 치료제가 가지고 있는 신뢰도와 낮은 가격은 임상 현장을 구성하고 있는 의료진, 환자, 보험, 제약기업 등 행위자들에게 영향력을 미친다. 한편 환자의 상태와 질병의 특성에 따라 모든 경우에 기적의 신약을 쓸 필요가 있는 것도 아니다. 신약이 자리를 잡는 데는, 생각보다 오랜 시간이 걸릴 수 있다.

환자가 병원을 찾는다. 류머티즘 인자가 있는지 찾아보는 혈액검사, 관절이 손상됐는지 보는 엑스레이 검사 등을 진행하고 의료진이 류머티즘 관절염이라는 진단을 내린다. 류머티즘 관절염 치료제 가운데 애브비(Abbvie)의 혁신적인 항체의약품인 휴미라(Humira®, 성분명: adalimumab)가 유명하다. 그런데 의료진은 환자에게 휴미라를 바로 처방하지 않는다. 류머티즘 관절염은 염증이 나타나면서 생기는 질환이기에, 아마도 환자는 초기 비스테로이드성 항염증제, 스테로이드 약물과 메토트렉세이트(methotrexate, MTX)를 처방받을 것이다. 메토트렉세이트는 세포 내 항염증·항증식에 관여하는 여러 효소에 작용하는데, 대표적으로 아데노신(adenosine) 분비를 높여 면역세포의 염증 작용을 줄인다. 이런 메커니즘으로 류머티즘 관절염 환자의 염증을 낮추고 면역을 조절하는 치료 효과를 일으킨다.

의료진에게 처음으로 류머티즘 관절염 진단을 받은 환자는 1차 치료제 표준요법으로 메토트렉세이트를 처방받는데, 이 가운데 60~70%는 메토트렉세이트만으로 치료가 된다.[6] 메토트렉세이트가 일차적으로 처방되기 때문에 대표적인 항류머티즘 약물(conventional synthetic disease-modifying antirheumatic drugs, csDMARD)로 분류된다. 메토트렉세이트가 아니면 하이드록시클로로퀸, 설파살라진이 고려될 수 있다. 효과가 부족하거나 부작용에 따라 레플로마이드나 부실라민을 추가로 처방하기도 한다. 모두 화학 합성 의약품이다.

그런데 모든 류머티즘 관절염 환자에게 메토트렉세이트가 효과를 보이는 것은 아니다. 의료진은 이때 TNF-α 항체인 휴미라를 투여하고, 이에 불응하는 환자는 다른 TNF-α나 IL-6 등 생물학적 항류머티즘 제제(biological DMARD, bDMARD) 또는 JAK 저해제가 속하는 표적합성 항류머티즘 제제(targeted synthetic DMARD, tsDMARD)로 교체해 메토트렉세이트와 병용 처방한다.

휴미라는 핵심 염증인자인 TNF-α를 억제함으로써 염증을 낮추는 메커니즘으로 류머티즘 관절염을 치료한다. 먹는 약이 아니기에 환자가 스스로 배나 허벅지에 주사로 피하투여해야 하는 불편함이 있지만 치료 효과는 높다. 메토트렉세이트만으로 치료가 안 되는 환자 가운데 50~60%는 휴미라와 메토트렉세이트를 병용투여하는 방식으로 치료가 가능하다. 휴미라의 피하주사(40mg, 2주 1회) 약가는 85만 원 정도고, 이 가운데 건강보험이 90% 정도를 부담한다. 바이오시밀러가 출시된 이후에는 약가가

30% 정도 더 떨어졌다.

의료진은 질병을 보고 엄격하게 정해진 프로토콜에 따라 어떤 약을 쓸지 결정한다. 만약 류머티즘 관절염 진단을 받은 환자가, 여러 약들에 대한 설명을 듣고 스스로 선택할 수 있다면 어떻게 될까? 정확하게 예측할 수는 없지만 첨단 치료제를 선택하는 경우가 늘어날 것이다. 어쩌면 싼 약은 약효가 덜 할 것이라고 생각할 수도 있다. 비싼 것을 쓰면 좋을 것이라는 막연한 느낌이다. 부모나 자녀가 류머티즘 관절염 진단을 받았는데 치료제를 고를 수 있는 권한이 주어진다면, 어딘가 더 좋아 보이는(?) 생물학적 류머티즘 제제 류인 치료제를 고르고 싶지 않을까?

의료진의 의사결정은 다르다. 의료진은 질병을 없앨 수 있는, 믿을 수 있는 치료제를 찾을 것이다. 오랫동안 써왔기에 효과와 부작용을 잘 알고 있고, 역시나 오랫동안 써왔기에 값이 싼 치료제부터 처방할 것이다. 의료진은 한 번의 치료로 질병이 사라지지 않을 수 있다는 것도 잘 안다. 따라서 1차 치료에 성공하지 못했을 때를 대비한 2차, 3차 치료제를 확보하려고 한다. 목표는 어떤 약을 구매할지가 아니라, 어떻게 병을 고칠 것이냐다. 휴미라가 혁신적인 신약인 것을 알지만 곧바로 처방하지 않는다. 중요한 것은 새롭고 비싸고 좋은 물건을 쓰는 게 아니라, 질병을 치료하는 것이기 때문이다. 그저 더 잘, 더 빠르게 고칠 수 있으면 된다. 100년 전에 나온 아스피린은 여전히 많이 쓰이는 중요한 약이다. 면역항암제는 혁신적인 암 치료제지만 화학항암제가 여전히 많이 쓰이고 있다.

머크는 키트루다를 폐암 치료제로 내놓으면서 기존 폐암 치료제들을 인정했다. 키트루다의 바이오마커 기준을 'PD-L1 발현율 50% 이상'으로 잡아 확실한 치료 효과를 확인하려고 했던 것처럼, 임상 현장에서 효능이 이미 검증된 화학항암제와 한 팀을 이루는 병용투여 전략에 무게를 두었다. 키트루다 혼자서 폐암을 치료하면 멋있었겠지만, 머크는 멋보다는 확실한 치료 효과를 원했다. 중요한 것은 의료진을 설득할 수 있는 효과다. 치료 효과를 혼자서 내든 화학항암제와 같이 내든, 그것은 중요하지 않다.

모든 약에는 독성이 있다. 화학항암제도 마찬가지다. 폐암 치료 프로토콜에서 화학항암제는 거의 모든 곳에 위치하고 있는데, 독성이 강하다. 화학항암제는 세포가 분열하는 과정에 개입해 세포분열을 방해한다. 암세포는 정상 세포보다 더 빨리 더 많이 분열하는 경향이 있는데, 화학항암제가 이를 방해하면 암세포가 죽거나 더 늘어나지 않는 메커니즘이다. 문제는 화학항암제가 꼭 분열해야 하는 정상세포의 분열도 방해한다는 점이다. 화학항암제의 대표적인 부작용으로 머리카락이 빠지거나, 음식물을 잘 소화시키지 못하는 것이 있다. 모근 세포와 소화기관 상피세포도 분열 속도가 빠르다. 따라서 화학항암제가 모근 세포의 분열을 방해하면 머리카락이 빠지기만 하고 자라지 않고, 소화기관 상피세포 분열을 방해하면 정상적인 소화가 어려워진다.

화학항암제는 암세포를 없앨 수 있지만, 부작용과 독성을 환자가 견딜 수 있을 때까지만 암세포를 없앨 수 있다. 부작용과 독성이 심해지면 암으로 죽기 전에 약으로 죽을 수 있기 때문이다. 이런 이유로 화학항암제 투여에는 제한이 있다. 더 많은 화학항암제를 투여하면 좀더 확실하게 암을 걷어낼 수 있지만, 환자가 약을 버틸 수 없다면 화학항암제를 충분하게 투여할 수 없다. 완전히 없애지 못한 암은 재발하고 전이된다.

그런데 화학항암제와 면역항암제를 병용투여하면 상황이 달라진다. 화학항암제를 더 투여할 수 없어 없애지 못했던 암세포를, 면역항암제 투여로 달라진 면역세포가 직접 없앨 수 있다. 다만 문제가 되는 것은 화학항암제의 양면성이다. 화학항암제는 면역을 활성화시킬 수도 억제할 수도 있다.

지금까지는 화학항암제가 가진 독성이 면역을 억제한다는 점에 더 초점이 맞춰져 있었다. 그런데 화학항암제가 종양미세환경에 미치는 영향은 더 복잡하다. 화학항암제가 일으키는 현상 가운데 면역원성 세포사멸(immunogenic cell death, ICD)이 있다. ICD는 '주변이 인지하는' 시끄러운 세포의 죽음이다. 그리고 '주변'에는 면역세포도 포함된다. 화학항암제가 암세포를 터뜨리면 암 항원이 방출되는데, 면역세포가 암 항원을 인지해 암세포를 없애는 세포성 면역반응(cellular immune response)이 일어나고, 암 항원 특이적인 항체를 분비하는 체액성 면역반응(humoral immune response)으로 이어지는 메커니즘이다. 이는 일반적으로 세포사멸(programmed cell death)이라고 불리는 조용한 죽음(apoptosis)보다 복잡한 일들이 벌어지는 세포의 죽음이다. 또한 ICD로 갑작스럽게 세포가 터지면서 칼레티큘린(calreticulin; 칼슘이 결합된 단백질), ATP, HMGB1 등 손상연관 분자패턴(damage-associated molecular patterns, DAMP)이 나오고, 이로 인해 선천성 면역반응이 활성화될 수 있다. 머크는 키트루다가 화학항암제와 시너지를 낼 수 있는 가능성으로 암 항원이 방출되고, 종양미세환경의 면역 프로파일이 달라지고, 선천성 면역이 활성화되는 메커니즘을 제시했다.

같은 맥락에서 머크는 항체-약물접합체(ADC)도 들여다보고 있다. 머크는 키트루다 병용투여 약물을 크게 면역항암제(immuno-oncology, IO)와 그 외(non-IO)로 나눈다. 면역항암제가 아닌 그 외 약물로 대표적인 것이 화학항암제다. ADC는 화학항암제를 항체에 붙이고, 항체가 암 조직에 특이적으로 전달되면, 붙어 있던 화학항암제가 분리되어 암세포를 없애는 개념이다. 암 조직에 특이적으로 전달되면, 결과적으로 더 많은 용량의 화학항암제가 전달되는 셈이라 치료 효능이 높이는 개념의 방식이다. 머크는 ADC를 포함한 차세대 화학항암제 개발을 강조하고 있으며 실제 ROR1 ADC, LIV-1 ADC, TROP2 ADC 등을 사들이면서 ADC에 투자하고 있다.

폐암 환자에게 화학항암제만 처방하는 것보다 키트루다를 함께 처방했을 때 환자에게 더 큰 면역반응을 끌어낼 수 있다. 머크의 키트루다 병용투여 전략은 통했다. 2017년을 기준으로 보면 머크는 키트루다로 500개의 임상시험을 진행하고 있었는데, 이 가운데 300개가 병용투여 임상시험이었다.[7] 2018년을 시작으로 머크의 키트루다는 화학항암제와 병용투여하는 1차 치료제로 승인받기 시작한다.

BMS의 옵디보는 머크의 키트루다와 정반대의 길을 걷는다. BMS는 메다렉스가 강조했던 PD-1과 CTLA-4, 더 나아가서는 PD-1과 면역항암제라는 프레임을 유지했다. BMS는 2015년 흑색종에서 처음으로 옵디보와 여보이 병용요법의 시판허가를 받으면서, 적응증을 확대해 나갔다. 면역항암제와 면역항암제의 병용투여는 머크를 앞지를 수 있는 중요한 전략 가운데 하나로 상정되었다.

물론 CTLA-4에 적합한 암이 있을 수 있다. 그리고 CTLA-4가 임상에서 증명된 중요한 면역관문 타깃인 것도 맞다. 그러나 '비소세포폐암 치료제'라는 목표를 두고 BMS는 옵디보 병용약물로 여보이를 쉽게 놓지 못한 것처럼 보인다. BMS는 TMB 바이오마커 전략을 구사하면서도 해당 임상시험에서 옵디보와 여보이 병용투여를 계속 시도했고, 마침내 옵디보와 여보이 병용투여로 비소세포폐암 1차 치료제라는 목표도 이뤘다. 그러나 키트루다와 화학항암제 병용투여보다 부족한 이점을 보였다.

BMS의 생각을 엿볼 수 있는 사건으로 2018년 넥타 테라퓨틱스(Nektar Therapeutics)와 맺은 병용투여 파트너십 계약이 있다. BMS는 넥타가 보유한 IL-2 약물 NKTR-214(bempegaldesleukin)를 옵디보, 여보이와 병용투여 치료제로 개발하는 권리를 확보하기 위해 계약금만 10억 달러에 이르는, 최대 36억 달러 규모의 계약을 맺었다. 당시 BMS와 넥타는 역사상 최대 규모 파트너십 계약이라는 점을 강조했다. 이는 PD-1 병용투여 임상시험이 우후죽순처럼 벌어지고 있던 당시의 분위기를 잘 보여주는 것이기도 했다.

BMS가 IL-2에 베팅하면서 다시 IL-2 사이토카인 붐이 일어났다. 2022년 3월, 넥타는 흑색종 대상 임상3상에서 NKTR-214와 옵디보 병용투여가 옵디보 단독투여 대비 효능 이점이 없다는 결과를 발표한다. 임상3상 실패를 발표하고 1개월이 지나 BMS

와 4건의 병용투여 파트너십 종료, 그 다음달에는 넥타의 IL-2 개발 종료와 인력 70% 감축 등 대대적인 구조조정이 이어졌다. BMS는 머크에 점점 밀리는 상황을 한발짝 뒤로 물러나서 보기 시작했을까? BMS는 비소세포폐암 치료제 분야에서 머크에 뒤처지고 있는 상황에서, 2022년 3월 옵디보와 백금 기반 화학항암제 병용투여로 초기 치료제 수술 전 요법에 머크와 로슈보다 먼저 성과를 냈고, 전이성 치료제 분야는 키트루다가 성과를 보였다. 초기 치료제 시장을 놓고 빅파마들의 PD-(L)1 경쟁이 벌어지는 2라운드가 시작되는 듯하다.

PD-L1 발현이 어느 정도이든 키트루다와 화학항암제를 병용투여하면 효능이 있다는 데까지 이르렀다. 폐암 치료제로 승인받으려는 면역항암제는 화학항암제와 병용투여를 상수로 놓아야 할 정도가 되었다. 면역항암제는 분명 더 발전할 것이지만, 그때가 되더라도 화학항암제는 사라지지 않을 것이다. 이전에는 화학항암제가 메인이고 면역항암제가 서브였던 것처럼, 지금은 면역항암제가 메인이 되고 화학항암제가 서브가 되었지만 말이다. 지금이나 앞으로나 병용은 중요한 이슈다. 그리고 결국 환자에게 혜택이 되는 것이 전략이다.

규제기관

머크에서 비임상 안전성 책임자(the head of non-clinical safety)를 맡고 있던 조셉 디조지(Joseph DeGeorge)는 2012년 일본에서 열린 안전성 학회에 참여했다가 우연히 FDA가 '혁신치료제 지정'이라는 제도를 고민하고 있다는 점을 알았고, 새 제도에 적응하

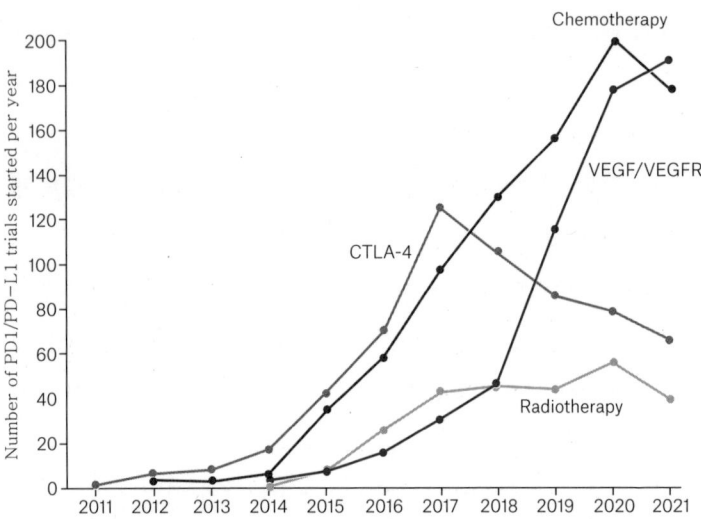

[그림 7_01] PD-1/PD-L1 면역관문억제제와 병용투여하는 약물 추세(2011-2021). CTLA-4가 활발히 개발되다가 점차 병용투여 임상개발 건이 줄어드는 것을 볼 수 있다. 화학항암제와 VEGF/VEGFR 병용투여가 꾸준히 늘어나는 추세다.[8]

기 위한 준비를 미리 시작했다. 머크의 키트루다가 연이어 성과를 낼 수 있었던 데는, 규제당국과의 소통 또한 중요했다.

신약을 개발하는 제약기업은 유연하고, 신약을 허가하는 규제기관은 경직되어 있을 것이라 생각하기 쉽다. 때로 선입견은 진실을 감추기도 한다. 신약을 개발하는 제약기업은 자신들이 믿는 메커니즘에 몰입되어 경직되기도 하는데, 신약을 허가하는 규제기관은 얼른 좋은 약을 허가해서 더 많은 환자를 구하기를 원한다. 조셉 디조지와 키트루다 팀은 규제기관의 이와 같은 간절함과 소통하기로 했다.

2012년 말, 키트루다는 FDA로부터 전이성 흑색종 대상 희귀의약품으로 지정 받았다. 2013년에 키트루다는 항암제로는 처음으로 혁신치료제 지정을 받았고, 2014년 가속승인을 받으면서 첫 PD-1 항체 치료제가 되었다. 키트루다가 비소세포 폐암 치료제가 되는 과정도 비슷했다. 2014년 혁신치료제 지정을 받고 2015년 시판허가를 받았다. 머크는 규제기관과 소통을 잘하는, 혹은 규제기관이 편애하는(?) 제약기업으로 평가받는다.

혁신치료제 지정은 마땅한 치료제가 없는 심각한 질환에서 초기 임상시험 증거를 바탕으로 먼저 승인을 받고, 허가 임상시험을 거쳐 임상적 이점을 증명하는 제도이다. 초기 임상시험 증거라고 하면 환자 숫자가 허가 임상시험의 기준보다는 적지만 명확한 효능이 나타나는 경우부터, 알츠하이머병 치료제 아두헬름(Aduhelm™, 성분명: aducanumab)처럼 뇌 아밀로이드베타(Aβ)를 낮추는 대리표지자(surragete marker)를 바탕으로 먼저 허가를 내주는 바이오마커 기반의 허가까지 포함한다.

에파카도스타트(epacadostat)

2018년 4월 인사이트(Incyte)가 IDO 저해제 에파카도스타트(epacadostat)와 키트루다 병용투여 임상시험에 실패했다. 면역항암제 바람 한가운데 있었던 인사이트는 말 그대로 뜨거운 기업이었다.

제약기업들은 PD-1이나 PD-L1 면역관문억제제의 효능을 높여줄 병용투여 약물을 찾는 데 열심이었고, 병용투여 임상시험만 1,100건 넘게 이루어지고 있었다. 이 가운데에서도 IDO 저해제에 관심이 쏠렸다. 이유는 명쾌했다. 인사이트는 흑색종 대상 초기 임상시험 결과에서 에파카도스타트와 키트루다를 병용해 전체반응률(ORR)이 60%가 넘는 데이터를 발표했기 때문이었다.

전문가들은 인사이트의 데이터 발표 결과를 보고 큰 기대를 걸었고, 기대감은 IDO 저해제에 대한 대형 계약과 대규모 임상개발로 이어졌다. 인사이트 한 곳에서만 IDO 저해제 관련 13건의 임상시험을 진행할 정도였다. 모두 5,000여 명의 암 환자를 대상으로 계획한 임상시험이었다. 그러나 인사이트의 임상3상에서 결과가 재현되지 못했다. IDO 저해제와 키트루다 병용투여는 키트루다 단독투여 대비 개선 효과가 없었다.[9] 임상시험 결과는 충격적이기까지 했는데, 무진행생존기간(PFS) 중간값 지표에서 IDO 병용투여는 4.7개월, 키트루다 단독투여는 4.9개월이었다(HR=1.00). 약물투여 1년이 된 시점에서 두 그룹의 환자

생존율은 74.1%로 동일했다. 인사이트는 에파카도스타트 임상시험들을 멈췄고, 다른 기업들도 IDO 저해제 임상개발을 중단했다. 이제 기대가 컸던 새 면역항암제 병용투여 임상시험 결과가 재현되지 않으면 '또 다른 IDO 저해제인가?'라는 말이 관용어처럼 쓰이기도 한다.

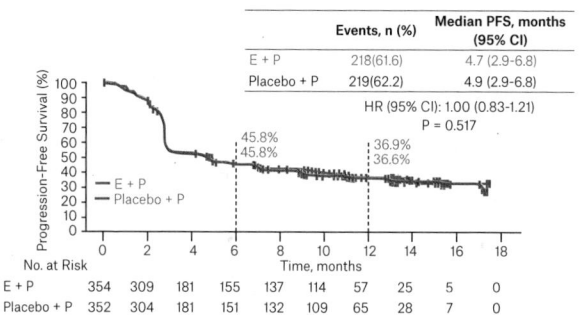

[그림 7_02] 인사이트의 IDO 저해제 에파카도스타트와 키트루다 병용투여 ECHO-301 임상3상 결과. 육안으로 봐도 키트루다 단독투여와 아무런 차이가 보이지 않는다. ASCO 2018 발표

항암제에서 초기에 높은 전체반응률(ORR)을 기준으로 일찍 허가를 내주는 것도 바이오마커가 있기에 가능하다. 전체반응률(ORR)은 암을 줄이는 정도를 보는 것인데 일반적으로 암을 잘 줄일수록 환자에게 효능 이점이 클 것으로 기대한다. 신약개발 제약기업은 결국 무진행생존기간(PFS), 전체생존기간(OS)에서 이점을 증명해야 한다. 흑색종과 비소세포폐암에서 가속승인을 이끌어낸 KEYNOTE-001 임상총괄자 에릭 루빈(Eric Rubin)은 FDA와 밀접하고 빈번한 소통에 집중했다고 밝혔다. 머크는 임상시험 과정에서 이슈가 터지면 곧바로 대응했고, 임상개발 설계와 데이터 분석을 계속 조정해나갔다. 또한 FDA가 환자를 보호하기 위해 요청한 데이터를 정기적으로 전달했으며, 통계적 엄격성을 보장했다. 적극적인 소통으로 실수와 오해를 줄였다.

머크는 적응형 임상 디자인을 짜고, 빠르게 우선순위를 정해서 특정 암에 베팅하고, 규제당국과 활발하게 의사소통을 하는 등 방법론적인 측면에서 혁신적이었지만, PD-L1 기준을 설정하고 키트루다 효능을 냉정하게 평가하는 과학적인 측면에서는 누구보다도 엄격하고 보수적이었다.

사람

폐암 신약개발 라운드에서 면역항암제를 놓고 경쟁했던 BMS와 머크. 2022년을 기준으로 보면 머크의 키트루다가 우세해 보인다. 머크의 전략은 기존 신약개발 프레임보다 유연했다. BMS가 여보이와 옵디보로 선발주자라는 여유를 바탕으로 실수하는 듯했다면, 머크는 후발주자라는 긴장감을 유지했다. 이 모든 일은 결국 사람이 판단하고 행동하는 일이었다.

머크의 키트루다가 폐암 면역항암제 신약개발 분야에서 BMS의 옵디보에 적어도 4~5년 이상 뒤쳐져 있던 상황을 뒤집을 수 있게 된 계기는, 2011년에 내린 몇 가지 결정들 덕분이었다. 임상1상에서 흑색종 환자를 대상으로 키트루다를 평가하는 코호트 임상시험에서 7명 가운데 6명에게서 종양이 30% 이상 줄어드는 부분관해(PR) 반응을 보였다.

놀라운 결과였지만 머크가 그 다음에 보여준 행동보다는 놀랍지 않을지 모른다. 머크는 30여 명을 대상으로 했던 고형암 임상1상을, 흑색종과 비소세포폐암 환자 1,260명 대상 임상시험으로 확대했다. 환자 1,260명이 등록된 이 임상시험은, 암 치료제 신약개발 분야 임상시험 가운데 비슷한 사례를 찾기 힘들 정도로 큰 규모의 임상1상이었다. 2011년 당시나 2022년 지금, 머크가 전 세계적 규모의 제약기업인 것은 사실이다. 그럼에도 2022년 당시 머크 입장에서 보자면, 이는 모든 것을 거는 도전이었다. 물론 2022년 현재까지도 쉬운 결정이 아니다.

로저 펄뮤터(Roger M. Perlmutter)는 의사이자 면역학자다. 그는 머크에서 1997년부터 2001년까지 연구와 전임상개발 담당 부사장을 맡았다. 2001년 1월부터 2012년 2월까지 암젠 연구개발(R&D) 총괄자로 자리를 옮겼다가, 2013년 다시 머크로 돌아왔다.

로저 펄뮤터가 암젠으로 옮긴 2001년은 변화의 시기였다. 암젠은 2001년 이뮤넥스(Immunex)를 160억 달러에 인수하면서, 지금의 암젠을 만드는 주축이 된 면역질환 블록버스터 바이오의약품 엔브렐(Enbrel®, 성분명: etanercept)을 얻는다. 로저 펄뮤터가 다시 머크로 옮기게 된 시점도 지금의 암젠의 정체성을 결정한 중요한 한 해였다. 당시 암젠은 대표이사이자 회장인 케빈 쉐러(Kevin W. Sharer)가 은퇴하면서 R&D를 총괄하는 로저 펄뮤터까지 물러나는 세대교체가 진행되고 있었다.[10] 로저 펄뮤터가 머크로 쫓겨났다고(?) 말하는 이가 있을 정도로 대대적인 구조개편이었다. 2012년 로저 펄뮤터가 머크를 떠나 암젠에 자리를 잡았을 때, 암젠은 인간 유전체 분야에서 성과를 내고 있던 디코드 제네틱스(deCODE Genetics), 최초의 이중항체 블린사이토(Blincyto®, 성분명: blinatumomab)를 갖고 있던 마이크로멧(Micromet) 등을 인수했다.

2013년은 머크가 R&D 비용을 줄이면서 대규모 구조조정을 하던 시기다. 2011년 1만 명 넘게 구조조정한 데 이어 2013년에도 8,000여 명 넘게 구조조정하면서 비용을 줄여나갔다.[11] 2013년 당시 머크는 마취제, 골다공증 신약개발 등 주요 후기 임상 파이프라인이 실패했다. 머크는 구조조정과 함께 R&D 초점을 PD-1 면역항암제 프로그램에 맞췄다.

키트루다는 불안정한 변화의 시기에 탄생했다. 로저 펄뮤터가 머크에 합류했을 때는, 키트루다의 비소세포폐암 2차 치료제 임상시험이 시작된 2013년 봄이었다. 로저 펄뮤터는 키트루다에 대한 머크의 전략 방향을 바꾼다. 이를테면 머크에서 하고 있던 다른 모든 일을 멈추고 키트루다에 모든 것을 걸어야 한다는 정도의 변화였다. 로저 펄뮤터는 머크 경영진을 설득했는데, 앞으로 면역항암제의 시대가 열릴 것이며 면역항암제를 놓치면 모든 것을 놓칠 수 있으니 올인(all-in)해야 한다는 것이었다. 로저 펄뮤터는, 후회하고 싶지 않다면 10억 달러 정도의 연구비를 면역항암제에 추가로 투자해야 한다고 머크 경영진을 설득했다. 로저 펄뮤터는 다른 모든 프로젝트를 합친 것보다 키트루다의 가치가 높다고 여겼다. 머크 경영진은 키트루다를 최우선순위로 하면서 어느 정도의 선이 적절한지 물었다. 이 이야기를 들은 로저 펄뮤터는 모든 것을 걸어야 한다고 대답했다. 키트루다의 1,260여 명 임상시험이 시작될 수 있었던 계기다. 로저 펄뮤터가 암젠에 있던 시기에 대한 평가는 엇갈린다. 그럼에도 로저 펄뮤터가 있던 11년 동안 암젠의 연간 매출액은 30억 달러에서 150억 달러 규모가 됐고, R&D 비용은 31억 7,000만 달러로 약 4배 늘었다.[12]

로저 펄뮤터는 2020년 12월 머크를 떠났다. 그리고 2021년 5월 에이콘 테라퓨틱스(Eikon Therapeutics)라는 스타트업에 대표로 합류했다. 에이콘 테라퓨틱스는 살아 있는 세포에서 단백질 단일 분자의 동적인 메커니즘까지 추적할 수 있는 초고해상도 현미경(super-resolution microscopy)으로 약물을 발굴하는 회사다. 초고해상도 현미경은 일반 광학 현미경이 빛의 파장을 이용해 볼 수 있는 최대 해상도(0.2μm)를 뛰어넘어, 나노미터(nm) 수준으로 이미지를 확대할 수 있는 현미경으로, 2014년 노벨화학상을 받은 기술을 바탕으로 한다. 초고해상도 현미경은 기존의 얼리거나 고정시켜 멈춰 있는 세포 이미지를 살아 있는 상태로 볼 수 있으며, 아주 작은 단위인 개별 단백질까지 추적이 가능하다.

로저 펄뮤터라는 이름과 새로운 기술 컨셉 덕분에 에이콘 테라퓨틱스는 대규모 투자를 유치할 수 있었다.[13] 2021년 시리즈 A로 1억 4,800만 달러, 이듬해 시리즈B로 5억 1,780만 달러의 투자금을 유치했다. 2022년 7월 머크에서 로저 펄뮤터와 같이 일하던 로이 베인즈(Roy D. Baynes) 글로벌 임상개발 총책임자(CMO)도 에이콘으로 합류했다. 켄 프레이저(Ken Frazier) 대표는 자문위원단으로 이름을 올렸다.

로저 펄뮤터는 피터 김(Peter Kim)의 은퇴 소식과 함께 머크로 돌아왔다. 피터 김은 한국계 미국인 과학자로, 2001년부터 머크에서 연구했다. 주로 감염병, 특히 인간면역결핍 바이러스(Human Immunodeficiency Virus, HIV)를 연구했다. 피터 김은 머크의 HIV 연구 분야에 대한 투자나 연구 스타일 등에 영향을 주었다. 머크는 인유두종바이러스가 자궁경부암을 일으키는 메커니즘을 바탕으로 자궁경부암 백신 등을 개발하기도 했다. HIV 신약개발은 임상종결점으로 이용하는 바이오마커가 진화하면서 발전을 이뤘는데, 바이오마커의 중요성을 강조하는 피터 김은 키트루다의 바이오마커 전략에 영향을 주었다. BMS의 옵디보와의 경쟁에서 결정적인 차이를 만들어냈던 PD-L1 50% 이상 발현이라는 바이오마커 전략은 여기에서 비롯되었다. 또한 조셉 디조지(Joseph DeGeorge)가 일찍이 새로운 규제제도에 대해 알게 됐고, 이를 키트루다에 적용하려고 했던 시도는 머크가 BMS를 앞지르는 데 중요한 기반을 마련했다.

1~3A기 비소세포폐암

폐암이 전이되면 생존율은 크게 떨어진다. 따라서 조기검진이 더욱 중요한 암이다. 다행히 폐암 검진이 활발해지면서 초기에 암을 찾는 환자 비율이 높아지고 있다. 2014년부터 2018년까지 폐암이 다른 곳으로 퍼지기 전인 국소 단계에서 진단되는 비율은 매년 4.5%씩 늘어났다.[14] 이는 더 많은 환자를 살리는 결과를 낳았다. 그런데 사망률이 낮아진다는 이야기는 중증 치료에 들어가는 비싼 의료비가 줄어든다는 뜻이다. 조기진단으로 폐암을 빨리 찾아내면 키트루다처럼 비싼 신약을 쓰지 않고도 치료할 수 있는 기회도 늘어난다.

재발과 전이에 대응하는 치료제 개발이 필요하지만, 낮은 진행 단계 폐암에서 치료가 활발해지는 것도 임상 현장의 변화다. 환자 입장에서는 다행스러운 일이다. 빨리 찾으면 잘 치료할 수 있는데, 더 잘 치료할 수 있는 치료제가 있다면, 생존율은 물론이고 투병과 투병 이후 삶의 질이 올라갈 것이다.

주로 재발과 전이라는 말기 단계 폐암 환자에게 처방되던 면역항암제도 장기적으로는 이와 같은 변화를 따라가는 것이 맞다. 심각한 재발과 전이를 치료하는 치료제의 연구개발과 임상시험이 진행되어야 하는 것이 맞지만, 초기 단계 치료제 시장에서 면역항암제가 어떤 효과를 보이며 치료에 참여할 수 있을지에 대한 고민이다.

초기 비소세포폐암은 보통 암이 폐에만 머물거나 국소적으로만 전이가 일어나 있는 상태다. 진단을 받는 전체 환자의 30~35% 정도가 초기(1~3A기) 비소세포폐암이며 수술로 절제가 가능하다.

초기 환자를 대상으로 하는 수술적 절제는 오랫동안 표준치료로 자리 잡았다. 그리고 수술적 절제에서 핵심은 암을 떼어내기 전후로 어떤 치료법을 처방할지에 대한 것이다. 수술 전 전신

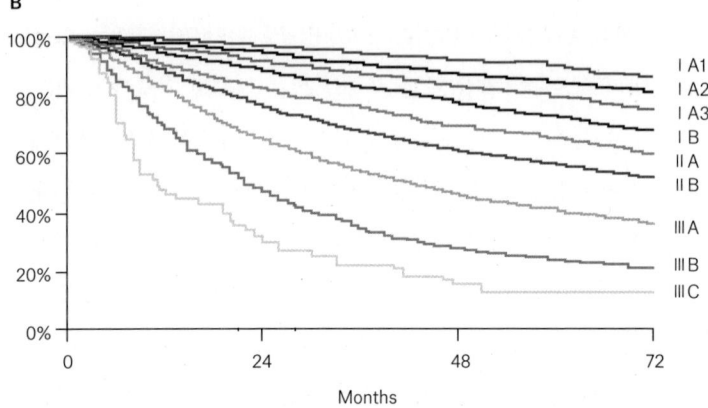

병기 단계	2년 후 생존율 (%)	5년 후 생존율 (%)
IA1	97	90
IA2	94	85
IA3	92	80
IB	89	73
IIA	82	65
IIB	76	56
IIIA	65	41
IIIB	47	24
IIIC	30	12

[표 7_01] 초기 비소세포폐암 환자 병리적 병기단계별(pathologic stage) 2년 후, 5년 후 생존율[15]

치료제 투여는 암의 크기를 줄여 수술 성공률을 높이기 위해서, 수술 후에는 미처 제거하지 못하는 미세 종양을 없애기 위해서 처방된다.

그러나 병기가 진행될수록 수술적 절제만으로 완치는 힘들다. 수술적 절제와 함께 보조요법으로 환자의 상태에 따라 화학항암제 또는 화학 방사선 치료를 같이 시행한다. 이 경우 1A단계 환자는 수술만으로 5년 후 생존율이 80~90% 정도까지 이른다. 그러나 1B~2A/B기로 가면서 환자 생존율은 50~70%대로 떨어지고, 경계에 있는 3A기 환자의 경우 5년 후 생존율은 40% 초반이다.

초기 비소세포폐암 환자에게 화학항암제를 처방하면 환자의 생존 기간을 늘릴 수 있지만, 한계점도 명확하다. 비소세포폐암 수술 후 보조요법으로 백금 기반 화학항암제인 시스플라틴(cis-platin)을 처방한 임상 데이터 5건(4,584명)의 데이터를 분석한 결과, 생존 기간에서 이점을 확인했다.[16] 수술 후 화학항암제로 추가 치료하자 생존 기간에서 약 5%의 이점이 있었으며, 통계적 유의성을 나타내는 p값도 0.005로 명확했다. 결과가 발표된 2008년 당시에는 의미 있는 개선이었으나, 인상적인 결과는 아니었다.

이때는 표적치료제도 명확한 이점을 보이지 못했다. 수술 후 보조요법으로 이레사(Iressa®, 성분명: gefitinib)를 투여했을 때 병기 진행이 멈춘 무사건생존율(DFS)은 개선됐지만, 전체생존기간(OS)에는 차이가 없었다. 의료진이 수술 전후 보조요법으로 전신치료제를 선택할 때 가장 중요하게 보는 기준은 '환자를 더 오래 살 수 있도록 도왔는가'이다. 치료 방식을 선택할 때 무사건생존

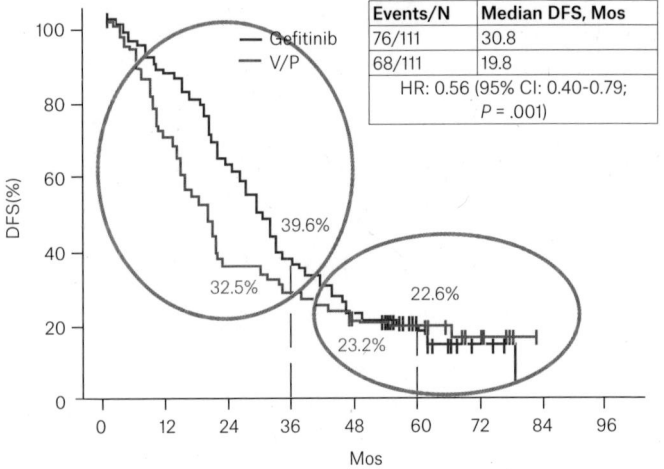

[그림 7_03] 비소세포폐암 수술 후 보조요법으로 이레사(gefitinib) 투여 시 임상 결과. 비소세포폐암 환자에게 수술 후 보조요법으로 이레사와 백금 기반 화학항암제를 비교한 CTONG 1104 임상3상 결과, 초기 무사건생존율(DFS)에서 두 그룹 사이의 차이가 점차 커지다가 다시 비슷해지는 양상을 볼 수 있다. 전체생존기간(OS) 지표에서는 차이가 없었다.[17]

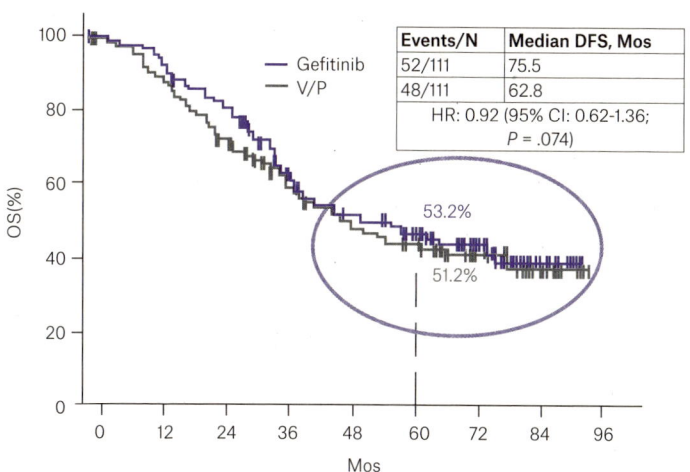

율(DFS)보다 전체생존기간(OS)에서 얼마나 이점이 있는지가 중요한 기준이다.

로슈, BMS, 머크의 최근 데이터
초기 환자라면 수술로만 완치되는 경우가 있으므로 수술 전후 보조요법에서 약물 안전성이 특히 중요하다. T세포의 장기기억을 유도해 재발을 낮추는 PD-1, PD-L1 면역항암제의 메커니즘도 치료적으로 중요하지만, 2022년 현재 나오고 있는 임상시험 결과에 따르면 약물 안전성 또한 기준을 충족하고 있는 것으로 보인다. 초기 비소세포폐암에서도 PD-1 면역항암제가 표준요법이 될 가능성을 보여주는 데이터이다.

초기 비소세포폐암 치료제 개발에서 가장 앞섰던 곳은 로슈다. 2021년 3월, 로슈는 초기 비소세포폐암에서 면역항암제의 첫 긍정적인 결과를 본 임상3상 결과를 발표한다. IMpower010 임상3상으로 암을 제거하는 수술 후 시스플라틴 기반의 화학항암제로 4사이클 치료를 받은 1B-3A기 비소세포폐암 환자 1,005명이 대상이었다. 1:1 비율로 티쎈트릭 또는 최적 지지요법(BSC)으로 치료받았다. 임상 1차 종결점은 PD-L1 발현 2기-3A기 환자에게 무사건생존율(DFS)을 평가했다. 2차 종결점은 모든 환자를 대상으로 전체생존기간(OS)을 평가했다.

임상시험 결과 PD-L1 발현 2기-3A기 비소세포폐암 환자에게 수술과 화학요법 치료를 한 다음 수술 후 보조요법으로 티쎈트릭을 투여하자, 대조군 대비 무사건생존율(DFS)이 통계적으로 유의미하게 개선됐다. 티쎈트릭 투여 시 환자의 사망 위험 또는 재발 위험을 34% 낮췄다(HR=0.66, 95% CI 0.50~0.88; p=0.0039). 이러한 무사건생존율(DFS)에서 이점은 환자의 PD-L1 발현이 높을수록 더 컸는데, PD-L1을 50% 이상 발현하는 2기-3A기 환자의 사망 위험 또는 재발 위험을 57%까지 낮췄다. 같은 해 10월, 이 결과를 바탕으로 로슈는 초기 폐암에서 첫 면역항암제 시판허가를 얻어낸다.

로슈는 머크의 전략대로 화학항암제 병용투여 전략을 고른 것으로 보인다. 2019년 12월, 로슈는 BMS보다 먼저 비소세포폐암 1차 치료제를 내놓았다. (BMS가 옵디보와 여보이 병용투여로 비소세포폐암 1차 치료제로 승인받은 것은 2020년 5월이었다).

2021년 4월, BMS는 수술 전 보조요법으로 옵디보와 화학항암제를 투여하자 병리학적 완전관해(pathologic response, pCR)에서 화학항암제 단독투여 대비 크게 개선한 결과를 낸다(pCR 24% vs 2.2%, p<0.0001).[18] CHECKMATE-816 임상 3상으로, 이러한 이점은 PD-L1 발현 정도나 조직학적 특성, 병리단계와 상관없이 나타났다. 화학항암제에 옵디보를 더하면서 나타난 추가적인 내약성 이슈는 없었으며, 부작용으로 인해 수술이 취소되는 빈도도 두 그룹에서 비슷했다(각 그룹에서 2명). 수술 전 보조요법으로 옵디보를 투여한 경우에도 환자가 수술을 받게 되는 비율은 비슷했으며(83% vs 75%), 종양이 완전히 절제되는 비율도 비슷했다(83% vs 78%). 그리고 시판허가 검토 후 5일 만에 승인을 받는, 유례없이 빠른 결정이 내려진다. 다만 지금까지 화학항암제 처방의 경우 수술로 잘라낸 조직에서 암세포가 관찰되지 않는 상태인 병리학적 완전관해(pCR)에 도달한 것이 반드시

무사건생존기간(EFS)로 이어지지 않으며, 무사건생존기간(EFS) 또한 전체생존기간(OS) 이점으로 이어지지 않는 사례가 있었다.

BMS는 AACR 2022에서 옵디보 병용투여 시 화학항암제 대비 무사건생존기간(EFS)을 37% 낮춘 결과를 발표한다(HR=0.63, 95% CI 0.43~0.91; p=0.0052). 숫자로 보면 병용투여 시 무사건생존기간(EFS) 중간값은 31.6개월, 단독투여는 20.8개월이었다. 특히 PD-L1을 1% 이상 발현하는 경우는 무사건생존기간(EFS) HR이 0.41로 차이가 났으며, PD-L1 50%를 기준으로 하면 HR 0.24로 더 차이가 났다. 병리학적 차이에 따라서는 편평세포(squamous) 타입에서는 HR 0.77, 비편평세포(non-squamous) 타입에서는 HR 0.50이었다. 전체생존기간(OS) 데이터는 추적 관찰하고 있으며, 2년 시점에서 생존해 있는 환자 비율은 병용투여 83%, 단독투여 71%이었다. 전체생존기간(OS)도 PD-L1 발현 환자에게서 이점이 더 큰 것으로 보이며, 2년 추적 기간에 생존해 있는 환자 비율이 병용투여 76%, 단독투여는 50%였다. 수술적 절제 후에도 환자의 재발 비율이 높기 때문에 향후 생존 기간을 늘릴 수 있다면, 초기 폐암에서 또 하나의 프레임 전환을 기대해볼 수 있다.

BMS의 수술 전 보조요법 데이터가 주목을 받은 이유로, 수술 후 보조요법보다 이점이 명확해 보인다는 점이 있다. 로슈와 BMS는 머크에 앞서 초기 폐암 치료제 개발 경쟁을 주도했지만, 여전히 머크가 어떤 개발 전략을 가지는지에 대해 관심이 쏠린다. 머크는 로슈와 달리 PD-L1 발현과 무관하게 이점을 확인했기 때문이다. 단 세부 결과가 발표되자 효능이 애매하다는 지적도 나온다.

2022년 1월, 머크는 비소세포폐암 수술 후 보조요법 세팅에서 PD-L1 발현과 상관없이 무사건생존율(DFS)을 늘린 KEY-NOTE-091(PEARLS) 임상3상 결과를 발표했다. 이 임상시험은 1B-3A기 환자를 대상으로 했기에 티쎈트릭의 임상시험보다 폭이 더 넓었다. 이미 임상 현장 의료진이 키트루다에 익숙하다는 점을 고려하면, 임상 데이터가 긍정적일 때 익숙한 치료제를 선택하는 경향이 있는 의료진의 특성상 머크가 유리할 수 있었다. 문제는 PD-L1 발현과 상관없이 이점을 확인했고 다른 1차 종결점으로 PD-L1 고발현(TPS≥50%) 환자에게서는 무사건생존율(DFS)을 수치적으로 개선했지만, 통계적 유의성에는 도달하지 못했다.

주요 결과를 보면 키트루다는 1B-3A기 비소세포폐암에서 무사건생존율(DFS)을 유의미하게 개선했으며, 환자가 재발하거나 사망할 위험을 24% 줄였다(HR=0.76, p=0.0014). 또한 무사건생존율(DFS) 중간값은 키트루다 53.6개월, 대조군 42.0개월로 1년 정도 차이가 났다. 그러나 공동 1차 종결점인 PD-L1을 과발현하는(TPS≥50%) 비소세포폐암 환자에게서 무사건생존율(DFS)은 통계적으로 유의미한 결과를 내지 못했다(HR=0.82, p=0.14). 전이성 비소세포폐암에서 PD-L1 고발현 환자는 키트루다 단독 투여를 표준치료제로 고려하는 주요 투여 대상이라는 점에서 의문이 생기는 결과다. 다만 임상에 참여한 전체 환자 1,177명 가운데 TPS 점수가 50% 이상인 환자가 333명으로 수가 충분치 않다는 점도 영향을 미쳤을 수 있다. 전체생존기간(OS) 데이터에서도

Progress in Lung cancer

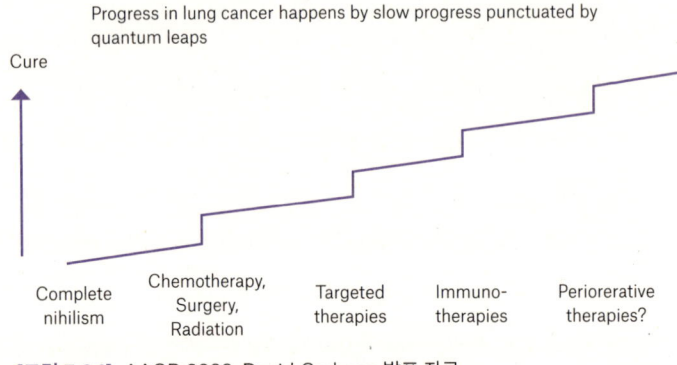

[그림 7_04] AACR 2022, David Carbone 발표 자료

Selected anti-PD-(L)1 MAb studies in perioperative NSCLC

	Neoadjuvant NSCLC	Adjuvant NSCLC
Tecentriq	Impower-030* Readout delayed from 2021 to 2022	Impower-010 FDA approved in PD-L1 +ve (≥1%) stage II-IIIA disease, 15 Oct 2021
Keytruda	Keynote-671 2024 readout	Keynote-091(Pearls) At interim, positive in stage IB-IIIA all-comers but not in ≥50% PD-L1 expressers
Opdivo	Checkmate-816 FDA approved in stage IB-IIIA all-comers, 4 Mar 2022	Checkmate-77T 2023-24 readout
Imfinzi	Aegean Readout delayed from 2022 to 2023	Mermaid-1 2024 readout

Source: clinicaltrials.gov & company expectations for timing. *Also has adjuvant stage.

[표 7_02] 비소세포폐암 수술 전후 요법 임상개발 현황. 초기 비소세포폐암의 각각 수술 전 요법(neoadjuvant), 수술 후 요법(adjuvant) 세팅에서 주요 PD-1, PD-L1 면역관문억제제의 임상개발 진행 현황. 프로젝트명과 임상 결과가 도출되는 시기를 알 수 있다. (출처: 이벨류에이트파마 2022)

통계적으로 유의미한 차이는 보이지 않았으나(HR=0.87, p=0.17), 아직 추적하고 있으며 경향은 보이고 있다. 키트루다의 수술 후 보조요법 결과가 나오자, 티쎈트릭 임상과 비교해 PD-L1 고발현/저발현, 3A기 병기 단계, EGFR 변이 여부, 평편세포암(squamous) 여부 등 하위그룹에서 서로 다른 데이터가 나왔다는 점도 지목됐다.

면역항암제는 여러 종류의 수술 전후 보조요법 비소세포폐암 임상시험에서 이점이 확인되고 있다. 쏟아져나오고 있는 데이터만 놓고 보면 특히 수술 전 보조요법에서 데이터가 긍정적으로 보인다. 2022년 6월, 아스트라제네카도 임핀지와 화학항암제가 폐암 수술 전 보조요법으로 병리학적 완전관해(pCR) 개선했다는 데이터를 발표했다. 수술 전후 보조요법 모두에서 전체생존기간(OS) 데이터가 기다려진다.

수술 전후 보조요법

임상 현장에서는 수술 전 또는 수술 후 보조요법 가운데 어떤 쪽이 선호될까? 각각 장단점이 있다. 옵디보는 수술 전 보조요법에서 세 번의 치료 사이클(cycle)로 치료 기간이 짧다는 장점이 있다. 옵디보를 수술 후 보조요법으로 처방하면 보통 16~18사이클이 필요한데, 이는 약 1년 동안 치료를 받아야 한다는 뜻이다. 단 수술 전 보조요법 처방은 다른 종류의 결정을 요구한다. 의료진과 환자는 초기 폐암에서 가장 효과적인 치료로 인정받고 있는 수술을 뒤로 미뤄야 한다. 그리고 의료진과 환자 대부분은 수술을 미루는 결정을 원하지 않는다. 또한 수술 전후 보조요법으로 혜택을 받지 못하는 환자가 10~20%에 이른다는 것도 따져볼 일이다. 물론 EGFR 변이와 같은 특정 유전자 변이를 갖고 있다면 표적치료제로 치료를 받는 것이 더 나은 옵션이다. 결과적으로 수술 전후 요법에서도 장기적으로 PD-L1 바이오마커 등 면역항암제가 줄 수 있는 혜택이 극적일 환자를 골라내는 연구로 개발의 방향이 잡혀야 한다.

메커니즘이라는 함정

면역항암제가 몸 안에서 우리가 알고 있는 메커니즘대로만 작동한다면 얼마나 좋을까? 그러나 우리가 알아낸 것은 '대부분이 그렇지 않았다'는 것이다. 2022년 현재를 기준으로 시판된 PD-1/L1, CTLA-4, LAG-3 4개 타깃을 제외하고는, 체내에서 항암 작용을 높여 환자에게 이점을 주는 약이라고 부를 수 있는 것이 없다.

메커니즘만으로 접근하지 않는 머크의 전략은 인상적이다. 보통의 경우라면 메커니즘을 바탕으로 여러 암에서 병용투여 조합을 테스트하고 효과가 있는 암을 찾아갈 것이다. 그런데 머크는 새로운 타깃을 발견하고, 전임상 검증을 거쳐 임상시험 단계로 넘어가서, 임상적으로 이점을 확인하기 전까지는 서두르지 않는다. 물론 머크가 키트루다라는 약물을 가지고 있기 때문에 가능한 일이다. 그럼에도 새 면역항암제를 가진 바이오테크가 차세대 면역항암제라고 홍보하면서 여러 임상시험을 무리해서 추진하다가, 정작 임상시험에서는 효능을 입증하지 못하면서 힘이 빠져버리는 것과는 분명 다르다.

머크가 바라보는 면역항암제 또한 일반적인 전문가들 사이에서 유통되는 시선과는 다르다. 머크는 PD-1에 이을 좋은 타깃이 있다는 점을 뚜렷하게 드러낸 적이 없다. 머크는 BMS의 임상시험 결과를 바탕으로 LAG-3이 흑색종에서 이점이 있다고 판단하고 있으며, 초기 임상 결과에서 가능성을 본 MSS 대장암(CRC)과 전형적인 호지킨 림프종(classic Hodgkin) 치료제로 LAG-3 약물을 개발하고 있다.[19] 머크는 경쟁사 데이터를 보면서 CTLA-4는 간암과 신장암에서 효능이 있다고 판단하고 있으며, 면역항암제에서 특히 중요한 폐암에서는 CTLA-4를 추가해도 이점이 없다는 것을 증명했다고 말한다. 또한 TIGIT은 비소세포폐암과 소세포폐암을 집중하는 식이다. 즉 '어떤 암에서 어떤 타깃이 이점이 있다', '우리는 어느 암에 포커스해서 진행하고 있다'는 식으로 말하는 것이 전부다.

머크는 다음 면역항암제 타깃으로 종양미세환경에서 면역세포를 억제하는 세포 타입인 골수종세포(myeloid)를 리프로그래밍하는 ILT4(immunoglobulin-like transcript 4)에 집중하고 있다. 골수종세포를 타깃하는 ILT3, 신규 면역관문분자 CD27, 사이토카인 약물 개발 등도 진행한다. 보통의 경우라면 이들 타깃에 대한 화려한 수사가 붙을 법도 하지만, 게다가 키트루다라는 걸출한 성공 사례를 가진 자신감이 있을 법도 하지만, 가능성에 대해서 침착한 태도를 유지한다. 좀더 구체적으로는 '가능성을 갖고 있다'고 말하지 않고, '가능성이 있다고 답하기 위해서는 초기 임상시험 결과가 필요하고, 결과를 봐야 답할 수 있다'는 입장이다. 머크의 태도는 늘 메커니즘 그 자체보다는 임상시험 결과에 몰두한다. 이런 태도는 머크가 하나의 타깃에만 베팅하지 않는 이유도 설명해준다. 메커니즘은 과학이고, 우리는 아직 과학을 정확하게 알지 못하니, 오직 결과값을 확인한 다음에야 무언가를 말할 수 있을 뿐이다. 그러니 머크는 LAG-3, TIGIT, CTLA-4를 모두 개발한다.

데이터라는 장벽

2020년으로 접어들어가면서 눈길을 끌었던 것은 '저가 PD-1 또는 PD-L1 전략'이다. 전 세계 면역항암제 시장에서 치열한 경쟁이 벌어지고 있을 때, 중국 제약기업과 바이오테크도 PD-1, PD-L1 약물을 개발했다. 중국이라는 거대한 내수 시장에 가능성을 걸었을 것이지만, 전 세계 시장까지 진출하는 것까지를 준비하는 전략도 있었다. 2019년부터 중국 제약기업과 바이오테크는 중국에서 PD-1 또는 PD-L1 약물을 출시하기 시작했다. 전 세계적 규모의 대형 글로벌 제약기업들이 개발한 약물보다 많게는 1/5 수준까지 가격을 내려, 차별화된 가격 경쟁력을 내세웠다. 놀랍게도 2022년 8월 기준으로 중국 안에서 시판된 PD-1/L1 약물은 13개며, PD-L1xCTLA-4 이중항체 1개가 시판돼 있다. 참고로 2022년 기준 미국에서 처방되고 있는 7개의 PD-1/L1 약물은 모두 1년에 15만 달러 정도의 비용을 지불해야 한다.

한편 면역항암제 개발 경쟁에 참여하지 못했던 대형 제약기업들은, 오히려 중국에서 개발하고 있는 PD-1, PD-L1 약물에 관심을 기울이고 있다. PD-1, PD-L1 약물을 중국에서 만들면, 전 세계로 유통하고 판매하는 방식으로 분업할 수 있을 것이라는 기대 때문이다. 2020년 일라이 릴리는 중국 이노벤트 바이오로직스(Innovent Biologics)와 공동개발한 티비티(Tyvyt™, 성분명: sintilimab)의 중국 외 전 세계 판권을 인수했으며, 2021년 노바티스는 베이진(BeiGene)의 PD-1 항체 티슬렐리주맙(tislelizumab)의 중국 외 미국 등 주요 국가에 대한 권리를 사들였다.

환자가 치료비 부담으로 파산에 이르는 등 삶의 질에 큰 영향을 미치는 것을 '재정적 독성'이라고 부른다. 면역항암제처럼 비싼 약물로 치료를 받을 경우, 보험 적용을 받지 못하면 빠지게 되는 문제다. EQRx는 미국 헬스케어 시스템에서 치료비를 파격적으로 낮춘(radically lower prices) 비즈니스 모델을 추구하며 나타난 신생 바이오테크다. EQRx는 설립 후 1년만에 시리즈A · B로 7억 달러의 투자금을 모았고, 일라이 릴리와 노바티스처럼 중국에서 약물을 도입했다. EQRx는 2020년 중국에서 처음으로 시판허가를 받은 PD-1 항체인 준시 바이오사이언스(Junshi Bioscience)의 토리팔리맙(toripalimab, 제품명: Tuoyi®) 등을 라이선스 인했다.

EQRx의 등장으로 치료제의 가격을 둘러싼 경쟁이 시작되었다. 일라이 릴리는 신틸리맙 가격을 기존 시판약물 대비 40%, EQRx도 가격을 40~50% 할인하는 목표를 내세웠다.

드디어 2022년에 중국산 PD-1 약물의 미국 시판허가 결정이 예고되었다. 그런데 예상치 못한 일이 일어난다. 규제기관, 즉 FDA의 엄격한 기준이 문제였다. 일라이 릴리의 신틸리맙과 화학항암제 병용요법을 비편평 비소세포폐암 1차 치료제로 허가를 신청했지만 FDA는 이를 거절한다.

FDA는 일라이 릴리의 허가 신청을 거절하는 결정을 내리기 전 열린 자문회의에서 '제약 업계의 가격이나 경쟁 상황 등은 논의에서 완전히 배제한다'며 단호했다. FDA가 밝힌 바에 따르면 '중국 임상 데이터' 신약을 검토하고 있거나, 검토할 계획이거나, 현재 개발하고 약물까지 합치면 약 25건이라고 했다. FDA는 미국 인구의 다양성을 반영한 추가 다국가 임상을 권고했다. 또한 해당 치료제 세팅에서 최근 변화된 표준치료제(머크의 키트루다는 이미 5년 이상 장기 데이터를 보유하고 있다) 대비 전체생존기간(OS) 임상종결점에서 비열등성(non-inferiority)을 증명하는 다국가 임상시험이 진행되어야 한다고 권고했다.

 2022년 7월 FDA는 노바티스의 식도암 대상 티슬렐리주맙 허가 결정을 연기했는데, 코로나19 팬데믹으로 인한 실사의 어려움으로 연기한 것이라고 설명했다. 그러나 이후 노바티스가 추진하던 비소세포폐암 2차 대상 티슬렐리주맙 단독투여의 시판허가 제출은 완전히 무산된다. 노바티스는 같은 달 2분기 실적발표 자리에서 FDA와 논의한 결과 '환자 수와 표준치료제 등의 측면에서 미국 인구를 적절히 반영하지 못해' 비소세포폐암에서 티슬렐리주맙 단독투여의 시판허가를 추진하지 않기로 결정했다고 밝혔다. 노바티스는 미국에서 PD-1, PD-L1 약물이 출시되지 않는 암에서 허가를 계속 추진할 계획이며, 유럽이나 다른 국가로도 허가를 추진하고 있다. EQRx는 FDA의 시각을 고려해 표준치료제와의 비교 임상도 시작했다.

 FDA가 보여준 태도는 '가격은 규제당국이 고려하는 요소가 아니며, 고려할 요소는 미국 내 허가의 근거가 될 표준치료제 대비 이점(또는 비열등성)을 보여줄 데이터가 있는가'이다.

머크는 저가 PD-1 약물 개발이라는 현상을 지켜보고 있다. 로버트 데이비스(Robert M. Davis) 머크 대표가 2022년 전년도 실적발표 자리에서 "저가 PD-1이 우리의 위치를 근본적으로 흔들 것이라고 생각하지 않는다. 항암제는 계속해서 데이터 중심이며, 결과가 중요한 시장이다. 이것은 종양별, 적응증별 싸움이다. 저가 PD-1 진입은 거시적인 수준에서 볼 수 없다. 특정 암의 특정 적응증 측면에서 봐야 하고, 우리 또한 가만히 있지 않을 것"이라고 말했다. 키트루다는 16개 암에 걸친 34개 적응증에 대해 시판허가를 받았으며, 병용투여 10개, 단독투여 7개 임상에서 전체생존기간(OS)에서 이점을 확인했다는 말도 덧붙였다.

깐깐한 장인(匠人)

머크와 BMS의 전략을 평면적으로 비교할 수는 없다. 또한 2022년 현재를 기준으로 도출된 결과값만으로 평가할 수도 없다. 여전히 그 누구도 '완벽한 암 치료제'라는 곳에 이르지 못했다. 지금 당연히 맞다고 여기는 것들이 내일이 되면 틀릴 수 있다. 머크와 BMS 모두 혁신적인 면역항암제 신약개발을 맨 앞에서 개척하고 있는 것도 사실이다.

그럼에도 머크와 BMS의 전략을 비교해볼 수 있을 것이다. 머크와 BMS 모두 넉넉함과 고집스러움을 가지고 있다. 그런데 넉넉함과 고집스러움을 보여주는 부분이 서로 다르다. BMS는 자신이 세운 과학적 가설에는 고집스럽지만, 그것을 입증해나가는데 넉넉하다. BMS는 여보이와 옵디보가 갖는 면역항암의 메커니즘이 결국 암을 치료할 것이라는 가설을 입증해내기 위해 밀어붙인다. 2022년 현재 스코어를 보면 키트루다가 여보이와 옵디보에 판정승을 거둔 것처럼 보이지만, 그럼에도 BMS는 자신의 가설에 대한 확신을 가지고 있는 것 같다. 신약개발에서 몇십 년이라는 시간이 그리 긴 시간이 아니라는 점, 면역항암제는 이제 막 시작한 개념이라는 점을 따져보면 앞으로 어떤 일이 벌어질 것인지에 대해 함부로 예측해서 단정 지을 수는 없기 때문이다.

BMS는 자신의 가설에는 고집스럽지만, 이를 입증하고 실현하기 위해서는 대문을 활짝 열어놓고 있다. 조금이라도 도움이 될 수 있을 것 같은 물질과 특허, 바이오테크를 사들이는 데 주저함이 없다. BMS는 가격도 후하게(?) 쳐주는데, 특히 면역항암제에 대한 관심이 높아짐에 따라 큰 규모의 계약을 연이어 맺었다. BMS는 IDO1 저해제를 가진 플렉서스 바이오사이언스(Flexus Biosciences)를 12억 5,000만 달러에 인수했고, 넥타(Nektar Therapeutics)와 IL-2 면역항암제 후보물질과 옵디보/여보이를 병용투여하는 권리만 계약금 10억 달러를 포함해 최대 36억 달러에 사들였으며, IFM 테라퓨틱스(IFM Therapeutics)에서 STING, NLRP3 면역항암제 후보물질을 계약금 3억 달러 포함 최대 23억 달러에 사들였다. 키트루다에 선두자리를 내준 다음해인 2019년, 항암제 부문을 강화하기 위해 셀진(Celgene)을 740억 달러에 인수하는 메가딜(mega deal)을 체결했다. 제약과 바이오 기업 인수합병 사상 네 번째 규모로 기록되는 딜이었다. BMS의 이런 태도는 수많은 가능성이 BMS로 모여들 수 있는 환경을 만든다.

머크는 과학적인 사실 앞에서는 유연하고 넉넉하다. 확실한 근거, 새로 밝혀진 사실이 있다면 기존에 어떤 가설을 가지고 있었든지 기꺼이 새로운 것을 받아들일 준비가 되어 있는 듯하다. 그러나 과학적 가설을 입증해내는 데는 고집스럽다. 정확하고 뚜렷한 인과관계를 보기 위해 기꺼이 위험을 감수한다.

BMS가 생각을 굽히지 않지만 인재를 받아들이는 데는 한없이 넉넉한 귀족 가문 같다면, 머크는 좋은 물건을 만드는 것 한 가지만 쳐다보는 깐깐한 장인 가문이라고 할 수 있을 것이다. 어쨌거나 머크의 부사장이자 R&D를 이끈 머크연구소(Merck Research Laboratories) 회장이었던 로저 펄뮤터(Roger M. Perlmutter)는 '바이오마커는 사업이나 전략이 아니라 과학'이라고 말했다. 머크는 처음부터 바이오마커에 접근하는 방식이 달랐다. 바이오마커를 새 시장을 열 수 있는 좋은 도구로 보지 않았다. 바이오마커가 과학이라면 확실한 근거가 있어야 하고, 근거를 바탕으로 확실하게 가설의 진위를 가려낼 수 있어야 한다. 전략이 전략다울 수 있으려면, 바이오마커라는 과학을 과학답게 연구해야 한다.

남은 변수

2022년 8월 면역관문억제제 개발은 또 다른 국면으로 접어들고 있다. 로슈가 PD-L1 면역관문억제제 '티쎈트릭(Tecentriq®, 성분명: atezolizumab)'의 피하투여 제형(subcutaneous formulation, SC)이 기존 정맥투여 제형(IV) 대비 비열등하다는(non-inferior) 임상3상 결과를 내놓았다.

로슈가 첫 적응증으로 삼은 것은 비소세포폐암 2차 치료제 세팅이며, 피하투여 제형이 혈액 내에서 약동학적(PK)으로 유사하게 작동한다는 것이 핵심이었다. 로슈는 이 임상시험 데이터로 피하투여 제형에 대한 시판허가를 추진하고 있다. 그동안 수면 아래 있던 피하투여 제형 개발이 표면으로 드러나는 사건이다.

현재 암 환자가 키트루다나 티쎈트릭를 투여받으려면 병원에서 정맥주사로 30~60분 동안 투여를 받아야 하는 데 반해, 피하투여 제형은 3~8분 만에 체내로 약물을 전달할 수 있다. 명목상으로는 암 환자의 투여 편의성을 개선할 수 있다는 취지다. 하지만 제약사 입장에서 '피하투여'라는 약물 전달 제형 개발은, 의약품의 특허 만료를 방어하기 위한 수단에 가깝다. 로슈는 이미 HER2 블록버스터 제품의 특허 만료를 피하투여 제형 개발로 방어한 경험이 있었다. 2028년 키트루다 특허 만료를 앞두고 있는 머크 역시 여러 피하투여 제형을 개발하고 있으며, BMS와 화이자 등도 뒤따르고 있다. 2023~2024년이 되면 여러 암에 걸쳐 피하투여 임상개발 결과 발표가 두드러질 것으로 보인다.

주석

1 Adam Schechter. (2015). Cowen 2015 Healthcare Conference. *Merck & Co.*
   https://s21.q4cdn.com/488056881/files/doc_presentations/2015/
2 미국 임상연구사이트(ClinicalTrials.gov).
   https://clinicaltrials.gov/ct2/show/NCT01024231?term=MDX-1106&phase=04&draw=2&rank=6
   미국 임상연구사이트(ClinicalTrials.gov).
   https://clinicaltrials.gov/ct2/show/NCT05507333?rank=1
3 김성민. (2018). BMS, Next 바이오마커 '종양변이부담' 기반 IO개발전략. *바이오스펙테이터(BioSpectator)*.
   http://www.biospectator.com/view/news_view.php?varAtcId=5732
4 Rogers J.E. (2017). Patient considerations in metastatic colorectal cancer - role of panitumumab. *Onco Targets Ther.* 10, 2033-2044.
   https://www.researchgate.net/figure/Panitumumab-development-in-mCRCNote-indicates-guideline-package-labeling-changes_fig2_315879225
5 미국식품의약국(FDA). (2014). Guidance for industry and Food and Drug Administration staff: in vitro companion diagnostic devices.
   https://www.fda.gov/media/81309/download
6 Maciejewski M. et al. (2021). Prediction of response of methotrexate in patients with rheumatoid arthritis using serum lipidomics. *Sci. Rep.* 11, 7266.
   https://www.nature.com/articles/s41598-021-86729-7
7 Merck & Co. (2017). Updated data from KEYNOTE-024 show continued overall survival benefit of Merck's KEYTRUDA® (pembrolizumab) compared to chemotherapy in the first-line treatment of patients with metastatic non-small cell lung cancer (NSCLC) with high levels of PD-L1.
   https://www.merck.com/news/updated-data-from-keynote-024-show-continued-overall-survival-benefit-of-mercks-keytruda-pembrolizumab-compared-to-chemotherapy-in-the-first-line-treatment-of-patients-with-metastatic/
8 Upadhaya S. et al. (2022) Challenges and opportunities in the PD1/PDL1 inhibitor clinical trial landscape. *Nat. Rev. Drug. Discov.* 21, 482-483.
9 Long G.V. et al. (2019). Epacadostat plus pembrolizumab versus placebo

plus pembrolizumab in patients with unresectable or metastatic melanoma (ECHO-301/KEYNOTE-252): a phase 3, randomised, double-blind study. *Lancet Oncol.* 20, 1083-1097.
https://www.thelancet.com/journals/lanonc/article/PIIS1470-2045(19)30274-8/fulltext

10 Amgen. (2011). Kevin Sharer, Amgen chairman and CEO, announces plan to retire with Robert Bradway to become CEO on May 23, 2012; sharer will continue as chairman of the Board until end of 2012.
https://www.sec.gov/Archives/edgar/data/318154/000119312511342747/d270128dex991.htm

11 Eric Palmer. (2014). The top 10 largest pharma layoffs in 2013. Fierce Pharma.
https://www.fiercepharma.com/special-report/top-10-largest-pharma-layoffs-2013
Katie Thomas (2013) Merck plans to lay off another 8,500 workers. *The New York Times.*
https://www.nytimes.com/2013/10/02/business/merck-plans-to-lay-off-8500-workers.html

12 Luke Timmerman. (2012). Xconomist of the week: Roger Perlmutter's parting thoughts on Amgen. *Xconomy.*
https://xconomy.com/national/2012/03/01/xconomist-of-the-week-roger-perlmutters-parting-thoughts-on-amgen/

13 Eikon Therapeutics. (2022). Eikon Therapeutics announces $517.8 million Series B raise and expansion of executive leadership team.
https://www.eikontx.com/news/eikon-therapeutics-announces-517-8-million-series-b-raise-and-expansion-of-executive-leadership-team

14 미국암학회(ACS). (2022). Risk of dying from cancer continues to drop at an accelerated pace.
https://www.cancer.org/latest-news/facts-and-figures-2022.html

15 Goldstraw P. et al. (2016). The IASLC Lung Cancer Staging Project: proposals for revision of the TNM stage groupings in the forthcoming (eighth) edition of the TNM classification for lung cancer. *J. Thorac. Oncol.* 11, 39-51.
https://www.jto.org/article/S1556-0864(15)00017-9/fulltext

16 Pignon J.P. et al. (2008). Lung adjuvant cisplatin evaluation: a pooled

analysis by the LACE Collaborative Group. *J. Clin. Oncol.* 26, 3552-3559.
https://pubmed.ncbi.nlm.nih.gov/18506026/

17   Wu Y.L. et al. (2020). CTONG1104: Adjuvant gefitinib versus chemotherapy for resected N1-N2 NSCLC with EGFR mutation—Final overall survival analysis of the randomized phase III trial 1 analysis of the randomized phase III trial. *J. Clin. Oncol.* 38, 9005-9005.
https://ascopubs.org/doi/abs/10.1200/JCO.2020.38.15_suppl.9005

18   Bristol Myers Squibb. (2021). Neoadjuvant Opdivo (nivolumab) Plus Chemotherapy Significantly Improves Pathologic Complete Response in Patients with Resectable Non-Small Cell Lung Cancer in Phase 3 CheckMate -816 Trial
https://news.bms.com/news/details/2021/Neoadjuvant-Opdivo-nivolumab-Plus-Chemotherapy-Significantly-Improves-Pathologic-Complete-Response-in-Patients-with-Resectable-Non-Small-Cell-Lung-Cancer-in-Phase-3-CheckMate—816-Trial/default.aspx

Bristol Myers Squibb. (2022). Neoadjuvant Opdivo (nivolumab) with chemotherapy significantly improves event-free survival in patients with resectable non-small cell lung cancer in phase 3 CheckMate -816 trial.
https://news.bms.com/news/corporate-financial/2022/Neoadjuvant-Opdivo-nivolumab-with-Chemotherapy-Significantly-Improves-Event-Free-Survival-in-Patients-with-Resectable-Non-Small-Cell-Lung-Cancer-in-Phase-3-CheckMate--816-Trial/default.aspx

19   Refinitiv. (2022). Edited Transcript: Q1 2022 Merck & Co Inc Earnings Call.
https://s21.q4cdn.com/488056881/files/doc_financials/2022/q1/MRK-USQ_Transcript_2022-04-28-(2).pdf

찾아보기

A
ADC 158
ARV-471 188

B
BCG(bacillus calmette-guerin) 200
BMS 56
BRCA 147

C
CB-839 210
CD28 58
CDK4/6 189
CHECKMATE-227 115
COX 180
CTLA-4 62, 64, 134, 177

D
DLL3 항체-약물접합체(ADC) 43
dMMR(MMR-deficient) 92, 95
DNA 불일치 복구(DNA mismatch repair, MMR) 92
DNA 손상반응(DNA damage response, DDR) 156

E
EGFR 53, 147
EGFR 엑손20 삽입변이 34
EGFR 저해제 158
EQRx 275
ER 양성 188

G
gp100(glycoprotein 100) 66
GPNMB 158
GSK 131

H
HER2 144, 146, 147
HER2 수용체 143
HER2 저발현(HER2 low) 151, 152
HIF-2α 203, 213, 223, 224, 225
HIF-2α 저해제 212
HIF-α 223, 224

I
ICOS 134
IFN-α 202, 211
IL-2 66, 200, 201, 228, 229
ILT3 273
ILT4(immunoglobulin-like transcript 4) 273

K
KEYNOTE-001 71, 72, 74, 75, 77
KEYNOTE-024 35, 88
KEYNOTE-189 38
KEYNOTE-407 38
KRAS 32

L
LAG-3 128
LIV-1 171

M

MSI-H/dMMR 93, 95, 96, 100, 103, 104, 129
MSI-H(microsatellite instable-high) 95
mTOR 144, 206
MYSTIC 114

N

NEPTUNE 114, 117
NRAS 241

P

PARP 131
PARP 저해제 158, 172
PI3K 144
pMMR(MMR-proficient) 92
PROTAC(proteolysis-targeting chimera) 188
PT2977 223, 225

R

ROR1 171

T

TGN1412 58
TMB 112, 114, 115, 120
TRK 102
TROP2 169

V

VEGF 158, 206
VHL(von Hippel-indau) 203, 224, 226

ㄱ

가속승인(accelerated approval) 186
골수종세포(myeloid) 273
글렘바투무맙
    베도틴(glembatumumab vedotin) 158
글루타미나아제(glutaminase) 210

ㄴ

나프록센(naproxen) 124
넥사바(Nexavar®, 성분명: sorafenib) 206
넥타 테라퓨틱스 210, 228
노바티스 275, 276

ㄷ

다이이찌산쿄(Daiichi Sankyo) 150
대장암 104
데룩스테칸(deruxtecan) 150

ㄹ

라디라투주맙
    베도틴(ladiratuzumab vedotin) 171
렌바티닙 218, 227
렌비마(Lenvima®, 성분명: lenvatinib) 206, 212
로슈 54, 149, 159
로저 펄뮤터(Roger M. Perlmutter) 239, 241, 257, 279
록소온콜로지 102
루마크라스(Lumakras™, 성분명: sotorasib) 32
리브레반트(Rybrevant®, 성분명: amivantamab-vmjw) 34

리피토(Lipitor®) 56
린치 증후군(Lynch syndrome) 96
린파자(Lynparza®, 성분명:
　olaparib) 172

ㅁ
머크 56
메다렉스(Medarex) 62
메토트렉세이트 245
메포민(Meformin) 124
면역원성 세포사멸(immunogenic
　cell death, ICD) 248
면역절제 치료요법(immunoablative
　therapy) 133
모세혈관 누출 증후군(capillary leak
　syndrome) 202
미리어드(Myriad) 147
미세부수체 불안정성(microsatellite
　instable, MSI) 92

ㅂ
바벤시오(Bavencio®, 성분명:
　avelumab) 217
바이랄리틱스(Viralytics) 226
바이오마커 85
바이옥스(VIOXX®, 성분명:
　rofecoxib) 176, 180, 181
발스틸리맙(balstilimab) 187
베이진(BeiGene) 275
벡티빅스(Vectibix®, 성분명:
　panitumumab) 240
벨로스 바이오(VelosBio) 171
벨주티판(Welireg™, 성분명:
　belzutifan) 226, 227
벰펙(bempeg, NKTR-214) 228

종양 변이부담(tumor mutational
　burden, TMB) 70
보트리엔트(Votrient®, 성분명:
　pazopanib) 206
비소세포폐암(non small cell lung
　cancer, NSCLC) 25
비트락비(Vitrakvi®, 성분명:
　lacrotrectinib) 102
비편평상피세포암(non-squamous
　cell carcinoma) 25

ㅅ
사산리맙(sasanlimab) 43, 217
사이토카인(cytokine) 200
삼중음성유방암(triple negative
　breast cancer, TNBC) 155
생물학적 항류머티즘
　제제(biological DMARD,
　bDMARD) 245
선암(adenocarcinoma) 25
선택적 에스트로겐수용체
　조절제(SERM) 144
셀덱스(Celldex) 158
셀진(Celgene) 57
소세포폐암(small cell lung cancer,
　SCLC) 25, 43
손상연관 분자패턴(damage-
　associated molecular patterns,
　DAMP) 248
수니티닙(sunitinib) 206
수술 전 요법(neoadjuvant) 130,
　267, 270, 271
수술 후 요법(adjuvant) 269, 270,
　271
수텐트(Sutent®, 성분명: sunitinib)
　206

쉐링플라우(Schering-Plough) 57, 61, 182
스타틴(statin) 181
스템센트릭스(Stemcentrx) 43
스티븐 로젠버그(Steven A. Rosenberg) 200
시애틀 제네틱스(Seattle Genetics) 171
신생혈관 형성 저해제(antiangiogenesis) 158
신소릭스(Synthorx) 229
신항원(neoantigen) 70
심바스타틴(simvastatin) 182

ㅇ
아두헬름(Aduhelm™, 성분명: aducanumab) 253
아로마타제 저해제(aromatase inhibitor, AI) 144
아밀로이드베타(Aβ) 253
아바스틴(Avastin®, 성분명: bevacizumab) 158, 203, 211
아브락산(Abraxane®, 성분명: nab-paclitaxel) 160, 162, 167
아비나스(Arvinas) 188
아스트라제네카(AstraZeneca) 53, 151, 149
아제너스(Agenus) 187
아피니토(Afinitor®, 성분명: everolimus) 206
알츠하이머병 124
알커머스(Alkermes) 229
암젠 257
애브비(Abbvie) 43, 244

얼비툭스(Erbitux®, 성분명: cetuximab) 240
에스트로겐수용체(ER) 143
에이콘 테라퓨틱스(Eikon Therapeutics) 259
에제티미브(ezetimibe) 181, 182
에파카도스타트(epacadostat) 254
엑셀리시스(Exelixis) 210, 220
엑스키비티(Exkivity®, 성분명: mobocertinib) 34
엑시티닙(axitinib) 217
엔허투(Enhertu®, 성분명: trastuzumab deruxtecan; DS-8201) 149, 150, 151, 152
여보이 64, 68, 177, 178
오가논(Organon) 60
옵디보(Opdivo®) 68, 118
와이어스(Wyeth) 56
웰리레그(Welireg™, 성분명: belzutifan) 213
유방암 143
이노벤트 바이오로직스(Innovent Biologics) 274
이레사(Iressa, gefitinib) 263, 264
이뮤노메딕스(Immunomedics) 170
이뮨디자인(Immune Design) 226
이브란스(Ibrance®, 성분명: palbocicli) 189
이중항체 155
이질성(heterogeneous) 156
이필리무맙(ipilimumab, MDX-010) 62
인간면역결핍 바이러스(Human Immunodeficiency Virus, HIV) 260

인라이타(Inlyta®, 성분명: axitinib)
206, 212
인사이트(Incyte) 254
인터페론감마(IFN-γ) 242
인터페론-알파(IFN-α) 200
일라이 릴리 274, 275
일루미나(Illumina) 241
임핀지(Imfinzi®, 성분명:
durvalumab) 114

ㅈ
자궁경부암 187
자운스 테라퓨틱스(Jounce
Therapeutics) 134
전향적 연구 123
전형적 호지킨림프종(classical
hodgkin's lymphoma, cHL)
128
제넨텍(Genentech) 56, 145
제임스 앨리슨(James P. Allison) 68
젬펄리(Jemperli, 성분명:
dostarlimab) 131
조셉 디조지(Joseph DeGeorge)
251
조절T세포(regulatory T cells,
Treg) 65
종양침투림프구 200
죽상경화증(atherosclerosis) 181,
182
준시 바이오사이언스(Junshi
Bioscience) 275
중국 274
중추신경계 혈관모세포종(CNS
hemangioblastomas) 226
직장암(rectal cancer) 129

짐 앨리슨(Jim Allison) 134

ㅊ
초고해상도 현미경(super-resolution
microscopy) 259
췌장신경내분비종양(pancreatic
neuroendocrine tumor, pNET)
226

ㅋ
카보메틱스(Cabometyx®, 성분명:
cabozantinib) 206
카보자티닙 212, 216, 220
캐싸일라(Kadcyla®, 성분명:
trastuzumab emtansine;
T-DM1) 149, 150, 151
켈룬 바이오텍(Kelun-Biotech) 171
켈리테라
바이오사이언스(Calithera
Biosciences) 210
쿼본리맙(quavonlimab) 227
키트루다(Keytruda®) 69, 118

ㅌ
타그리소(Tagrisso®, 성분명:
osimertinib) 53
타목시펜(tamoxifen) 144
탈젠나(Talzenna®, 성분명:
talazoparib) 172
테라퓨틱스(Peloton therapeutics)
213
테사로(Tesaro) 131
테제네로(TeGenero) 58
토리셀(Torisel®, 성분명:
temsirolimus) 206

토리팔리맙(toripalimab®, 제품명: Tuoyi) 275
투카이사 155
트라스투주맙(treastuzumab) 145
트레멜리무맙(tremelimumab) 113
트로델비(Trodelvy™, 성분명: sacituzumab govitecan) 170
티비티(Tyvyt™, 성분명: sintilimab) 275
티슬렐리주맙(tislelizumab) 275, 276
티쎈트릭(Tecentriq™, 성분명: atezolizumab) 159, 162, 167, 168, 219, 266, 280

ㅍ

파베젤리맙(favezelimab) 128
파조파닙(pazopanib) 206, 207
파클리탁셀 160, 167
퍼제타(Perjeta®, 성분명: pertuzumab) 149
펠로톤 테라퓨틱스 223
편평상피세포암(squamous cell carcinoma) 25
폐암 24, 46
표적단백질 분해 188
표적합성 항류머티즘 제제(targeted synthetic DMARD, tsDMARD) 245
표적항암제 36
풀베스트란트(fulvestrant) 144, 188
프로게스테론수용체(PR) 144
프로류킨(Proleukin®, 성분명: aldesleukin) 201

피터 김(Peter Kim) 260
피하투여 제형(subcutaneous formulation, SC) 280

ㅎ

합성치사(syntheic lethality) 172
항류머티즘 약물(conventional synthetic disease-modifying antirheumatic drugs, csDMARD) 245
항염증제(NSAIDs) 124
항체-약물 접합체(antibody-drug conjugate, ADC) 169, 249
허셉틴(Herceptin®) 145
혁신치료제 지정(breakthrough therapy designation) 74
호세 바셀가(José Baselga) 154
혼조 다스쿠(Tasuku Honjo) 68
화이자 189, 217
화학항암제 247
확장기 소세포폐암(extensive stage small cell lung cancer, ES-SCLC) 25, 43
환자의 삶의 질(QoL, Quality of Life) 41
후향적 연구 123
휴미라(Humira®, 성분명: adalimumab) 23, 43, 244, 245
흑색종 70
희귀백혈병(hairy cell leukemia, HCL) 202